I0072644

Fuzzy Logic

Band 2
Anwendungen

herausgegeben von
Prof. Dr. Dr. Hans-Jürgen Zimmermann
und
Dipl.-Ing. Constantin v. Altrock M.O.R.

mit Beiträgen von
C. von Altrock · H.-O. Arend · K. Becker · H. Behr
R. Burkard · Prof. D. Dyntar · J. Faßmer
G. Flinspach · T. Froese · N. Funke · Dr. Granderath
J. Högener · J. Hundrieser · K. Juffernbruch
H. Kaesmacher · G. Kalff · B. Krause · A. O. Krebs
A. Kummert · K. Limper · Dr. W. Linke · A. Lopatta
A. Nieder · A. Osswald · Dr. D. Pfannstiel
R. Prediger · G. Rau · Dr. W. Schäfers · L. Schuh
E. Schulte · H. Steinmüller · H. Surmann
Dr. M. Thuillard · A. Walter · P. Wolf
Prof. Dr. H.-J. Zimmermann

2., bearbeitete Auflage

mit 197 Bildern

R. Oldenbourg Verlag München Wien 1995

Die Deutsche Bibliothek - CIP-Einheitsaufnahme

Fuzzy Logic. - München ; Wien : Oldenbourg.

Bd. 2. Anwendungen / hrsg. von Hans-Jürgen Zimmermann
    und Constantin v. Altrock. Mit Beitr. von C. von Altrock ...
    - 2., bearb. Aufl. - 1995
    ISBN 3-486-23413-7
NE: Zimmermann, Hans-Jürgen [Hrsg.]; Altrock, Constantin v.

© 1995 R. Oldenbourg Verlag GmbH, München

Das Werk einschließlich aller Abbildungen ist urheberrechtlich geschützt. Jede Verwertung außerhalb der Grenzen des Urheberrechtsgesetzes ist ohne Zustimmung des
Verlages unzulässig und strafbar. Das gilt insbesondere für Vervielfältigungen, Übersetzungen, Mikroverfilmungen und die Einspeicherung und Bearbeitung in elektronischen Systemen.

Gesamtherstellung: R. Oldenbourg Graphische Betriebe GmbH, München

ISBN 3-486-23413-7

Vorwort

Im Jahre 1964 entwickelte der auf Systemtheorie spezialisierte Elektronikprofessor Lotfi Zadeh die "Fuzzy Logic" als eine Technologie, die komplexen Systemen zu einer übersichtlichen Beschreibung verhilft. Heute - fast 30 Jahre später - sind Fuzzy-Technologien Grundlage vieler innovativer Lösungen. Sie werden als eine Schlüssel-technologie für das nächste Jahrtausend gesehen.

Viele der an der Entwicklung der Fuzzy Logic beteiligten Wissenschaftler beklagen, daß es 30 Jahre lang gedauert hat, bis Fuzzy Logic von einem Forschungsthema zur breiten Anwendung gelangte. Im Vergleich mit anderen Technologien steht Fuzzy Logic aber noch recht gut da. Wie bei vielen Schlüsseltechnologien fehlten zum Zeitpunkt der Erfindung noch wesentliche Voraussetzungen für einen breiten Einsatz. Damals mangelte es vor allem an geeigneter Hardware zum Einsatz in Echtzeitsystemen. Erst wenige industriell geführte Prozesse waren komplett automatisiert und preiswerte Microcontroller für Massenprodukte gab es nicht.

Neben den technischen Voraussetzungen waren es aber vor allem Akzeptanzprobleme, an denen der praktische Einsatz der Fuzzy Logic scheiterte. Wissenschaftler und Ingenieure akzeptierten Fuzzy Logic nur zögerlich, vor allem weil der Begriff des "Unscharfen" so nahe bei "ungenau" und "unpräzise" liegt. Ein Wissenschaftler, der ungenaue Aussagen macht, ist nun aber kein guter Wissenschaftler und ein Ingenieur der unpräzise konstruiert, kein guter Ingenieur. Diese Denkweise führt beispielsweise in den U.S.A. zu Wettervorhersagen, die Sonnenschein mit 67,5%-iger Wahrscheinlichkeit voraussagen. Darüber, ob damit ein ganzer Tag stahlblauen Himmels gemeint ist oder aber auch einzelne Wölkchen auftreten können, wird keine Aussage getroffen.

Neben solchen Unsinnigkeiten verursacht diese "Liebe zur Präzision" in manchen technischen Entwicklungen auch hohe Kosten durch unnötig lange Entwicklungszeiten. Japanische Unternehmen, deren Entwicklungszyklen in der Regel wesentlich kürzer sind, wollen sich den Luxus langer Entwicklungszeiten nicht leisten. Sie setzten daher bereits früher Fuzzy Logic ein, speziell um Entwicklungszeiten und -kosten zu vermindern.

Doch warum beschleunigt Fuzzy Logic Entwicklungen in der Automatisierung von Prozessen und in Produkten? Grundsätzlich besteht die Aufgabe, ein Verständnis für technische Abläufe in einen Algorithmus zu bringen. Hierfür setzen Entwickler bereits eine Vielzahl von hauptsächlich mathematischen Methoden ein. Allerdings ist es in den meisten Fällen notwendig, diese mathematischen Verfahren durch ingenieurmäßiges "know-how" zu ergänzen, das Erfahrung aus vorherigen Entwicklungen, Ergebnisse von Experimenten und Beobachtungen der Regelstrecke in die Lösung einbringt. Diese Aufgabe erleichtert Fuzzy Logic dadurch, daß sie Zusammenhänge der technischen Abläufe - mit umgangssprachlichen Elementen - automatisch in einen Algorithmus übersetzt.

Es gibt allerdings auch noch einen weiteren Grund, warum Fuzzy Logic zunächst in Japan einen so großen Erfolg fand. Während in Europa und den U.S.A. Entwicklungsarbeiten meist Einzelleistungen sind, arbeitet man in Japan in der Regel in größeren Teams, deren Mitglieder auch an allen technischen Details beteiligt sind. Während komplexe Algorithmen zur Automatisierung von Systemfunktionen, die auf Basis von Erfahrung und Experimenten erstellt sind, meist nur noch dem eigentlichen Entwickler selbst verständlich sind, bleiben Fuzzy-System auch in komplexen Aufgabenstellungen selbsterklärend und für andere Entwickler übersichtlich und nachvollziehbar.

Dieser große Einsatzvorteil der Fuzzy Logic kann jedoch auch zum Einsatzhemmnis werden. Häufig liegt das "know-how" zum Führen eines Prozesses oder zur Automatisierung einer Aufgabe in der Hand eines Experten, der in seinem Unternehmen "Gurustatus" genießt. In industriellen Projekten zeigt sich mitunter, daß durch die Umsetzung dieses "know-hows" in ein für alle transparentes Fuzzy-System, der Experte fürchtet ersetzbar zu werden, und seine weitere Kooperation in dem Projekt verweigert. Auch sehen einige Unternehmen in der Transparenz von Fuzzy-Systemen eine potentielle Gefahr durch Industriespionage. So ist beispielsweise bei Fermentationsprozessen die Ausbeute der Produktion wesentlich von der Führung des Prozesses abhängig. Typischerweise liegt das "know-how" der Prozeßführung in der Hand mehrerer Personen, wodurch es in geschlossener Form nur schwer aus dem Unternehmen abgezogen werden kann.

Während die genannten Aspekte in den letzten 30 Jahren Gegenstand vieler theoretischer Diskussionen über den möglichen Einsatz der Fuzzy Logic waren, setzten andere Entwickler bereits sehr erfolgreich Fuzzy Logic in Produkte und Anwendungen um. Diesen "Pionieren" ist das vorliegende Buch gewidmet. Nachdem im ersten Band dieser Reihe die Technologie selbst mit sehr kurzen Darstellungen realisierter Anwendungen vorgestellt ist, beschreiben in diesem Buch 21 Entwickler ihre Anwendungen und Erfahrungen im Einsatz der Fuzzy-Technologien ausführlich. Die Anwendungen selbst umfassen ein breites Spektrum: Von Hausgeräten über die Industrieautomatisierung und Prozeßleittechnik bis zu Datenanalysesystemen reicht es und liefert einen guten Überblick über den aktuellen Anwendungsstand in Deutschland, der Schweiz und Österreich. Allerdings konnte hier nur ein Bruchteil der zur Zeit durchgeführten Anwendungen gezeigt werden, da viele Unternehmen den Einsatz der Fuzzy-Techniken derzeit nicht publizieren möchten. Die Gründe hierfür sind vielfältig, häufig stehen geplante Patentanträge oder der durch den Einsatz erzielte Wettbewerbsvorteil im Vordergrund.

An dieser Stelle möchten wir uns noch einmal bei allen Autoren herzlich bedanken, insbesondere auch für ihre Bereitschaft, ihre Arbeiten zu publizieren, während in vielen anderen Unternehmen geplante Patentanträge oder Wettbewerbsvorteile durch den Einsatz im Vordergrund stehen. Die Autoren haben, als andere noch über das Für und Wider diskutierten, Pionierarbeit geleistet und in ihrem technischen Bereich unter hohem persönlichen Einsatz gezeigt, was Fuzzy Logic in der Praxis leisten kann. Ihnen ist es zu verdanken, daß die in den letzten Jahren teilweise recht ideologisch geführte Diskussion, ob Fuzzy Logic das "Ende herkömmlicher Regelungstechnik" oder aber nur ein "vorübergehender Marketinggag" ist, einer sachlichen und fachlich fundierten Abwägung der Einsatzvorteile gewichen ist. Wir haben uns bemüht, die Beiträge einheitlich wiederzugeben. Bei der Zahl der Autoren sind diesem Bemühen jedoch Grenzen gesetzt.

Meinen Dank auch an Herrn Prof. Dr. Dr. hc. Zimmermann, der mit seinen Forscherteams in den letzten 20 Jahren kontinuierlich die Fuzzy Set Theorie weiterentwickelt hat, sowie für die wissenschaftliche Leitung des 3. Aachener Fuzzy-Symposiums , aus dem die meisten der vorliegenden Buchbeiträge hervorgegangen sind. Vielen Dank auch an Frau Birgit Rengel und Herrn Bernhard Neeser für Satz und Gestaltung dieses Buches.

Aachen, im Herbst 1993   Die Herausgeber

Vorwort zur Zweiten Auflage

Auch im 5. Jahr der deutschen „Fuzzy-Welle" bleibt die Technologie ein heißes Thema bei Elektronikexperten und Regelungstechnikern. Allerdings läßt sich der praktische Nutzen einer Technologie erst an ihren industriellen Anwendungen messen. Das vorliegende Buch „Fuzzy Logic 2 - Anwendungen" hat zum ersten Mal in deutscher Sprache ein breites Spektrum solcher Fuzzy-Anwendungen gezeigt. Der Erfolg dieses Buches war so groß, daß die erste Auflage in weniger als einem Jahr vergriffen war und hier bereits in zweiter Auflage vorliegt.

Wurde die Diskussion um die Fuzzy Logic auch anfangs mangels konkreter Erfahrung teilweise als „Glaubensdiskussion" geführt, so hat in den letzten Jahren die Vorlage von Erfahrungsberichten der Anwender die Diskussion versachlicht. Dieses Buch enthält hierzu 21 Fallstudien erfolgreicher Anwendungen, die dem Praktiker den Einstieg erleichtern.

Inhalt

1.

Fuzzy Logic in der Auswertung von akustischen Sensorsignalen

Anton Kummert
Atlas Elektronik GmbH

Im Bereich der Passiv-Sonarsignalverarbeitung spielt die Klassifikation eines detektierten Wasserfahrzeuges eine wichtige Rolle. Zwei wesentliche Merkmale, die für diese Aufgabe mit herangezogen werden können, sind Drehzahl und Blattzahl der Schiffsschraube des zu klassifizierenden Fahrzeuges. Diese können aus den charakteristischen Frequenzlinien des sogenannten DEMON-Spektrums (DEMON = detection of envelope modulation on noise) von Experten bestimmt werden. Für die Automatisierung dieser Aufgabe wird ein Fuzzy-System vorgestellt, das die Leistungsfähigkeit eines bislang eingesetzten konventionellen Algorithmus bei weitem übertrifft. Die hervorragenden Eigenschaften des Fuzzy-Algorithmus werden durch Testergebnisse dokumentiert, die mit realen Sonarsignalen gewonnen wurden.

1. Einführung

Die unscharfe Logik und die Methode des unscharfen Entscheidens und Schließens, gemeinhin unter den Schlagwörtern "Fuzzy-Sets", "Fuzzy-Logic" oder "Fuzzy-Inference" bekannt, führten im Bereich der Regelungstechnik und beim Entwurf von Diagnosesystemen zu völlig neuen Konzepten, die der Denkweise des Menschen besser angepaßt sind als konventionelle Methoden. Die Brauchbarkeit und Anwendbarkeit dieser Theorie für praxisrelevante Aufgabenstellungen soll in dieser Arbeit anhand einer Anwendung im Bereich der Passiv-Sonarsignalverarbeitung gezeigt werden, die bei Atlas Elektronik erarbeitet wurde.

Es wird ein Fuzzy-Algorithmus vorgestellt, mit dem die Anzahl der Schraubenblätter und die Schraubendrehzahl von Wasserfahrzeugen aus normierten DEMON-Spektren automatisiert bestimmt werden können. Hierzu wird kurz die Berechnung von DEMON-Spektren aus Sonarsignalen erläutert, um das Verständnis für die einzelnen Schritte des Algorithmus zu erleichtern. Anschließend werden die wesentlichen Funktionsschritte des Verfahrens selbst vorgestellt und diskutiert. Hierbei werden grundlegende Begriffe der Fuzzy-Theorie als bekannt vorausgesetzt. Die Leistungs- fähigkeit des Verfahrens wird eindrucksvoll durch Ergebnisse von Testreihen belegt, die anhand von realen Unterwasserschallsignalen gewonnen wurden.

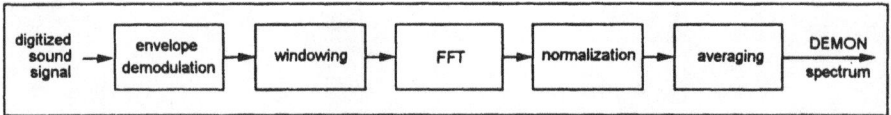

Bild 1: Erzeugung des DEMON-Spektrums

Neben den Werten für Drehzahl und Blattzahl liefert der Fuzzy-Algorithmus zusätzlich ein Gütemaß, das die Aussagesicherheit der bestimmten Werte wider- spiegelt. Mit anderen Worten, die Qualität der ausgewerteten DEMON-Spektren läßt sich an diesem Gütewert ablesen, so daß die Zuverlässigkeit der angezeigten Dreh- zahl- und Blattzahlwerte vernünftig eingeschätzt werden kann. Denn in der Praxis treten stets auch Situationen auf, wo das vorliegende DEMON-Spektrum nahezu einem Rauschspektrum entspricht, wodurch die Bestimmung der Parameter Drehzahl und Blattzahl selbst für einen Experten unmöglich wird.

Das hier beschriebene Verfahren stellt streng genommen einen hybriden Algorithmus dar, der aus konventionellen Signalverarbeitungsschritten und Fuzzy-Modulen zusam- mengesetzt ist. Die Fuzzy-Elemente wurden mit dem Entwicklungs-Tool *fuzzy*TECH entworfen und der mit dem zugehörigen Precompiler erzeugte C-Quellcode auf einem Signalprozessor der neuesten Sonaranlagengeneration compiliert und implementiert.

2. Interpretation von DEMON-Spektren

Passiv-Sonargeräte sind für den Empfang der von fremden Objekten ausgesandten Unterwassergeräusche konzipiert. Diese Schallsignale können sowohl Aktivimpulse als auch betriebsbedingte Geräusche fremder Schiffe und Umgebungsrauschen sein. Die Geräusche sind teilweise niederfrequent amplitudenmoduliert, wie z.B. das durch Kavitation von einem Schiffspropeller erzeugte Geräusch. Die charakteristischen Frequenzen der niederfrequenten Modulationsanteile werden Gegenstand der weiteren Betrachtungen sein.

Die von einer Passiv-Sonaranlage empfangenen Schallsignale werden einerseits zur Ableitung einer Zielpeilung und andererseits zur Klassifizierung der Schallquellen genutzt. Eine Teilkomponente einer solchen Anlage demoduliert das breitbandig aufgenommene Rauschsignal, um eine Untersuchung der eventuell vorhandenen niederfrequenten Modulationsanteile zu ermöglichen. Hierbei spielt das Spektrum des demodulierten Signals eine entscheidende Rolle. Diese Komponente der Signalverarbeitung einer Passiv-Sonaranlage wird als DEMON-Analyse (detection of envelope modulation on noise) bezeichnet.

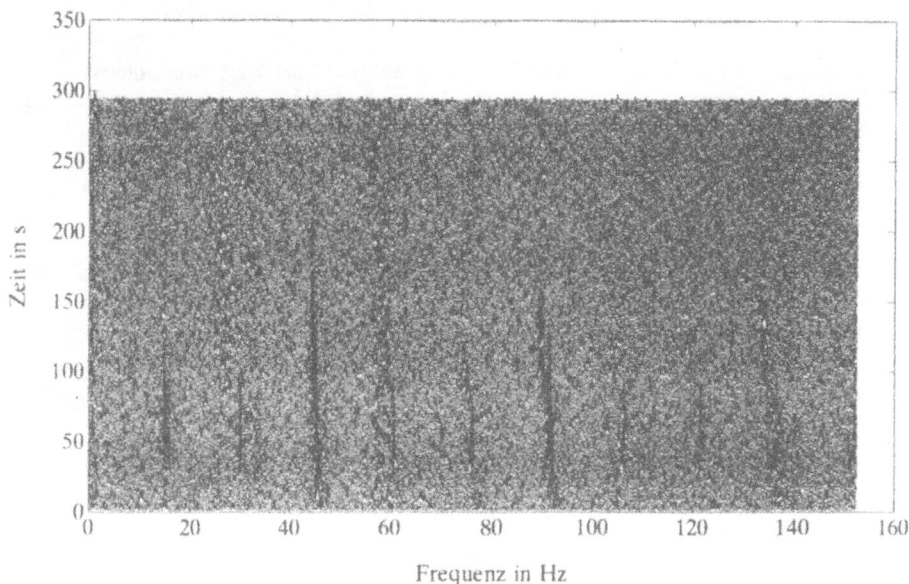

Bild 2: Beispiel für die Wasserfalldarstellung von DEMON-Spektren

Wie bereits erwähnt, muß bei der DEMON-Analyse das intensitätsmodulierte breitbandige Empfangsgeräusch zunächst demoduliert werden. Bei der sogenannten Hüllkurvendemodulation wird das Zeitsignal entweder linear oder quadratisch gleichgerichtet (Betragsbildung oder Quadrierung) und anschließend tiefpaßgefiltert. Das so erhaltene demodulierte Signal kann anschließend spektral untersucht werden.

Mittels FFT werden Spektren berechnet, die anschließend einer Normierungsprozedur unterworfen werden, um einen über alle Frequenzen konstanten Rauschhintergrund zu erzeugen, aus dem sich die charakteristischen Frequenzen deutlich herausheben sollen. Die abschließende Mittelung über mehrere aufeinanderfolgende Spektren dient der Verkleinerung der Varianz der Rauschlinien. Der geschilderte Algorithmus zur Erzeugung von DEMON-Spektren ist im Bild 1 dargestellt.

In vielen Fällen sind Experten in der Lage, Schraubendrehzahl und Schraubenblattzahl eines detektierten Schiffes aus der Wasserfalldarstellung (zeitlicher Verlauf) von DEMON-Spektren ablesen zu können (siehe Bild 2). Aufgabe des vorgestellten Fuzzy-Algorithmus ist es, den Experten zu ersetzen und dieses Klassifikationsproblem automatisiert zu lösen. Bevor das entsprechende Verfahren vorgestellt wird, sollen die Merkmale des DEMON-Spektrums betrachtet werden, die eine Lösung der oben beschriebenen Klassifikationsaufgabe ermöglichen.

Wie bereits erwähnt, erzeugen Schiffspropeller aufgrund der Kavitation intensitätsmodulierte Schallsignale. Mathematisch läßt sich ein solches Signal wie folgt beschreiben:

$$s(t) = (1 + \sum_{i=1}^{I} A_i \, sin(i2\pi f_D t + \varphi_i))n(t)$$

wo die Größen $i \cdot f_D$ die niederfrequenten Modulationsfrequenzen sind und $n(t)$ ein breitbandiges Rauschsignal ist. Mit anderen Worten, die Amplitude des Rauschsignals $n(t)$ ist niederfrequent durch eine Harmonischenschar moduliert. Die Amplituden A_i dieser Sinussignale sind in der Regel wesentlich kleiner als 1. Aufgabe der DEMON-Analyse ist es unter anderem, aus dem vorliegenden Zeitsignal $s(t)$ die Frequenz f_D zu bestimmen.

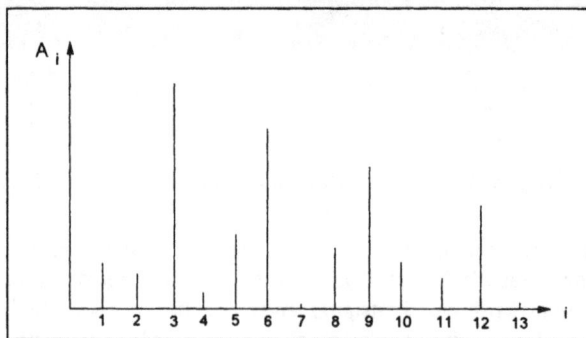

Bild 3: Mögliche Verteilung der A_i bei B = 3

Die Grundfrequenz f_D in Hz entspricht der Schraubendrehzahl des Schiffes ausgedrückt in Umdrehungen pro Sekunde. Damit ist f_D ein wesentlicher Parameter, der zur Klassifizierung der im allgemeinen unbekannten Schallquelle beitragen kann. Ein weiterer wesentlicher Parameter für die Klassifizierung eines Schiffes ist die Anzahl der Blätter der Schiffsschraube. Diese läßt sich aus den Größenverhältnissen zwischen den Amplituden A_i ablesen. Sei B die Blattzahl, so ist in der Regel jede B-te Amplitude besonders stark ausgeprägt. Bild 3 zeigt eine Amplitudenverteilung, die auf B = 3 schließen ließe. Selbstverständlich können einige Amplituden auch den Wert Null annehmen, d.h., die betreffenden Harmonischen treten nicht auf.

Zur Vereinfachung der Schreibweise sei noch die Frequenz f_B definiert:

$$f_B = B \cdot f_D,$$

die als Blattfrequenz bezeichnet wird.

Die beiden Parameter Grundfrequenz f_D (Drehzahl) und Blattzahl B sind Gegenstand der vorliegenden Betrachtungen.

3. Drehzahl-/Blattzahlbestimmung mit Fuzzy Logic

Der Algorithmus zur automatisierten Drehzahl- und Blattzahlbestimmung setzt sich aus Fuzzy-Modulen und konventionellen Prozeduren, wie Maximasuche, Abstände zwischen Frequenzlinien berechnen oder den Median eines Vektors ermitteln, zusammen. Mittels konventioneller Methoden werden ungefähr 20 Kandidaten für f_D bestimmt, wobei angenommen wird, daß sich der korrekte Wert von f_D darunter befindet.
In einem zweiten Schritt werden die gefundenen möglichen Werte der Schraubendrehzahl mit einem Fuzzy-System getestet, das für jeden von ihnen einen Glaubwürdigkeitswert berechnet.
Jeder dieser Glaubwürdigkeitswerte wird mit einem weiteren Qualitätsfaktor kombiniert, der bereits im konventionellen Teil des Algorithmus bestimmt wird. Derjenige Kandidat für f_D mit dem größten resultierenden Glaubwürdigkeitswert wird akzeptiert und angezeigt. Für die Praxis sind lediglich die Blattzahlen 3,4,...,9 von Bedeutung, so daß sich die möglichen Blattfrequenzen (Kandidaten für f_B) durch Multiplikation des eben bestimmten Wertes von f_D mit 3,4,...,9 ergeben. Diese 7 Kandidaten werden mit einem weiteren Fuzzy-Modul getestet, das für jeden von ihnen einen Glaubwürdigkeitswert berechnet. Der Kandidat für f_B mit dem größten Glaubwürdigkeitswert wird akzeptiert. Die Schraubenblattzahl ergibt sich schließlich aus

$$B = f_B / f_D,$$

wo f_B und f_D die beiden akzeptierten Werte sind.

Zum Schluß wird der bereits erwähnte globale Gütewert aus den beiden Glaubwürdig-
keitsfaktoren der akzeptierten Werte für f_D und f_B abgeleitet. Die beiden ange-
sprochenen Fuzzy-Systeme sind in Bild 4 dargestellt. Offensichtlich entsprechen sie
der im letzten Kapitel diskutierten allgemeinen Struktur. Beide Systeme besitzen
jeweils drei Eingänge und einen Ausgang.

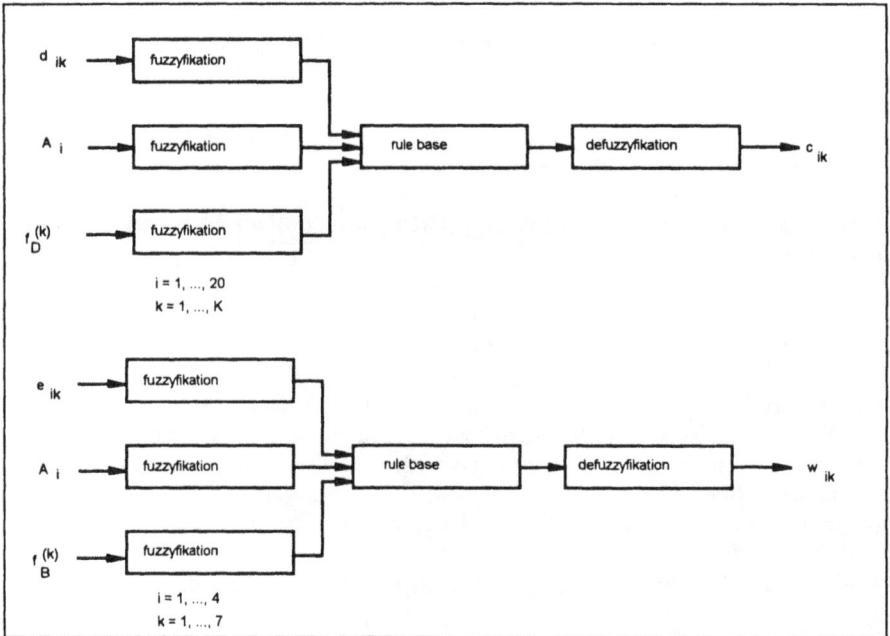

Bild 4: Fuzzy-Systeme 1 und 2

Seien $f_D^{(k)}$, $k=1,...,K$, die Kandidaten für f_D, f_i, $i=1,...,20$, die Frequenzwerte der
20 größten Frequenzlinien des DEMON-Spektrums und A_i, $i=1,...,20$, die zugehörigen Amplituden, so werden Abstände d_{ik} definiert:

$$d_{ik} = \min_{q \in N} \left| f_i - q f_D^{(k)} \right| .$$

Mit anderen Worten, d_{ik} ist ein Maß dafür, inwieweit f_i als eine Harmonische von
$f_D^{(k)}$ betrachtet werden kann. Der Glaubwürdigkeitswert eines jeden der Kandidaten
$f_D^{(k)}$ ist das Mittel der Werte c_{ik}, mit $i=1,...,20$ und k fest. Entsprechend sind die

$f_B^{(k)}$, $k=1,\ldots,7$, die Kandidaten für f_B, f_i, $i=1,\ldots,4$, die Frequenzwerte der 4 größten Frequenzlinien des DEMON-Spektrums und A_i, $i=1,\ldots,4$, die zugehörigen Amplituden.

Der Abstand:

$$e_{ik} = \mathop{min}_{q \in N} \left| f_i - q f_B^{(k)} \right|$$

zeigt an, ob f_i als Harmonische von $f_B^{(k)}$ betrachtet werden kann. Der Glaubwürdig-keitswert eines jeden der Kandidaten $f_B^{(k)}$ ist das Mittel der Werte w_{ik}, mit $i=1,\ldots,4$ und k fest.
Beispiele für in den Regelbasen enthaltenen Produktionsregeln sind:

1. WENN d_{ik} = small UND A = medium UND $f_D^{(k)}$ = medium
   DANN c_k = very high.

2. WENN d_{ik} = large UND A_i = small UND $f_D^{(k)}$ = medium
   DANN c_{ik} = medium.

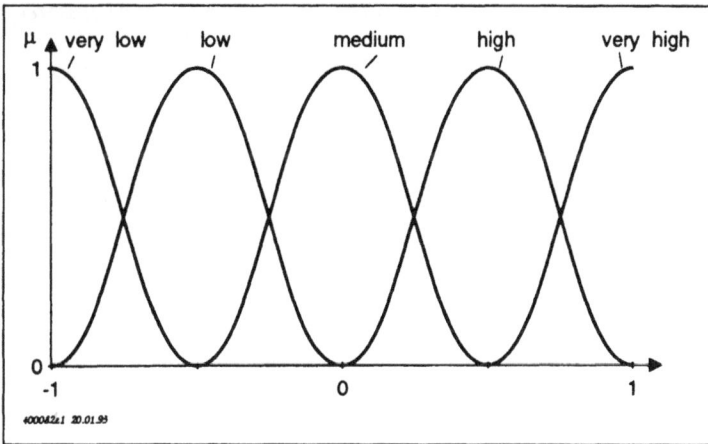

Bild 5: Zugehörigkeitsfunktionen der linguistischen Variablen c_{ik}

Als Beispiel sind die Zugehörigkeitsfunktionen der Fuzzy-Mengen "very low", "low", ..., "very high" der linguistischen Variablen c_{ik} in Bild 5 gezeigt. Wie erwähnt, wurden die Fuzzy-Systeme mittels eines Entwicklungssystems entworfen, das über

einen C-Precompiler verfügt. Dies bedeutet, daß die Produktionsregeln und Zugehörigkeitsfunktionen mit einer graphischen Benutzeroberfläche definiert wurden und
daß der resultierende Fuzzy-Algorithmus automatisch in Form von C-Quellcode ausgegeben wurde. Dieser Quellcode konnte anschließend auf der Zielhardware (Signalprozessor der Sonaranlage) compiliert und in die bereits vorhandene Systemumgebung
eingebunden werden.

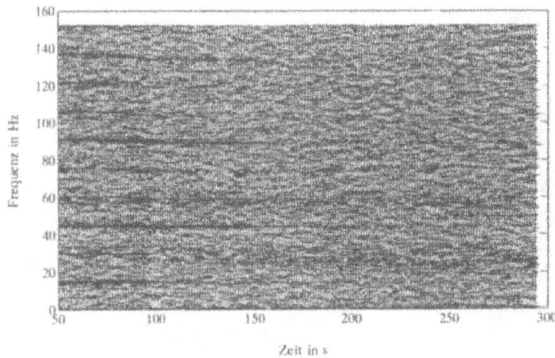

Bild 6: Beispiel für die Wasserfalldarstellung von DEMON-Spektren

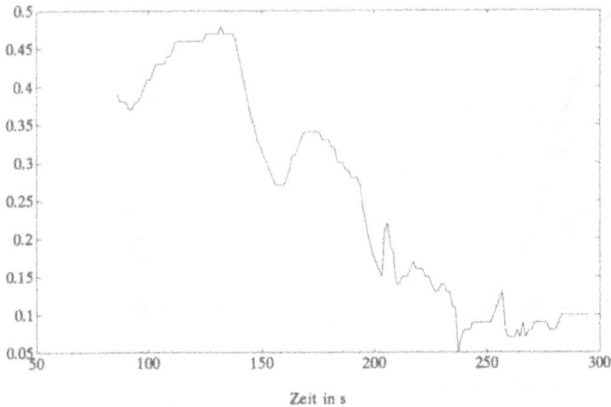

Bild 7: Verlauf des globalen Gütewertes

Falls demnach leistungsfähige Fuzzy-Entwicklungssysteme verfügbar sind, so ist oftmals der Entwurf und die Implementierung von Fuzzy-Algorithmen effektiver als die
Realisierung konventioneller Verfahren. Ein Beispiel für das Verhalten des oben
beschriebenen Algorithmus zur Bestimmung von f_D und B aus DEMON-Spektren ist

in den Bildern 6 bis 9 gezeigt. Im Bild 6 ist ein Beispiel für die Wasserfalldarstellung von DEMON-Spektren gegeben, wo die Intensität der Spuren offensichtlich im Laufe der Zeit abnimmt. Man beachte, daß im Gegensatz zu üblichen Wasserfalldarstellungen die Zeit- und die Frequenzachse miteinander vertauscht wurden, um den Vergleich mit den Bildern 7 bis 9 zu erleichtern.

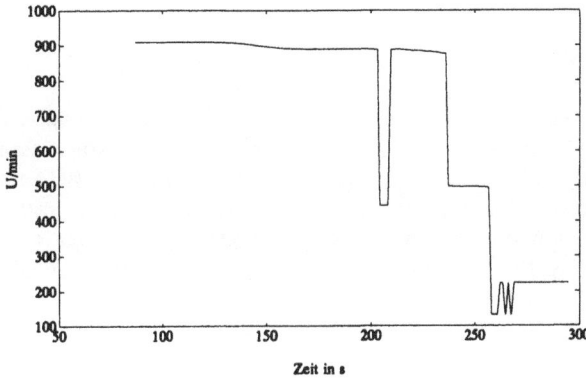

Bild 8: Detektierte Drehzahl , korrekter Wert = 900 U/min.

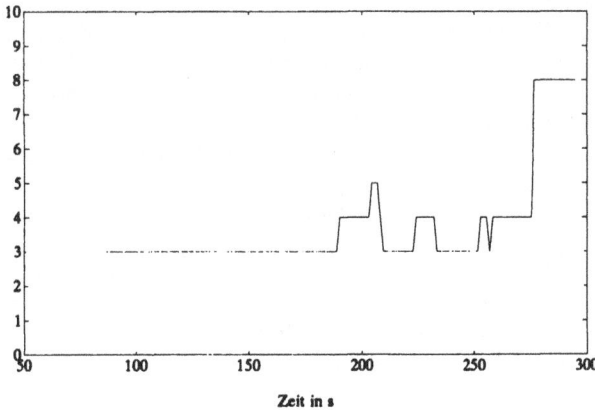

Bild 9: Detektierte Blattzahl, korrekter Wert = 3

Der zugehörige Verlauf des Gütewertes, der mittels des Fuzzy-Algorithmus ermittelt wurde, ist in Bild 7 dargestellt. Die mit zunehmender Zeit offensichtliche Verschlechterung der Qualität der DEMON-Spektren (siehe Bild 6) wird in der Tat durch einen deutlichen Abfall des Gütewertes angezeigt. Die von dem Algorithmus detektierten

Werte für Drehzahl und Blattzahl sind in den Bildern 8 und 9 über der Zeit aufgetragen. Die korrekten Werte waren 900 - 920 U/min und 3 Schraubenblätter. Ähnliche Resultate wurden mit den weiteren untersuchten Sonarsignalen erzielt, d. h., falsche Werte wurden nur bei schlechten Gütewerten angezeigt. Demnach war eine vernünftige Interpretation der detektierten Werte stets möglich.

4. Zusammenfassung

Es wurde ein Verfahren zur automatisierten Bestimmung der Schraubendrehzahl und Schraubenblattzahl von Wasserfahrzeugen vorgestellt, das die von diesen abgestrahlten und von einer Sonaranlage aufgenommenen betriebsbedingten Geräusche analysiert. Den Kern dieses Algorithmus bilden zwei Fuzzy-Systeme, die mittels eines Entwicklungs-Tools entworfen wurden. Die Leistungsfähigkeit dieser Methode wurde durch die Ergebnisse von Testreihen belegt, die mit einem realen Sonarsignal durchgeführt wurden.

5. Literatur

[1]   Zimmermann, H.-J., "Fuzzy Set Theory and its Applications", Boston: Kluver, 1991.

[2]   "fuzzyTECH 2.0 - Schlüssel zur Fuzzy-Technologie", Benutzerhandbuch zum fuzzyTECH-Precompiler-Paket der Firma INFORM GmbH, Aachen.

[3]   Tilli, T., "Fuzzy-Logik: Grundlagen, Anwendungen, Hard- und Software", München: Franzis-Verlag, 1991.

[4]   Kosko, B., "Neural Networks and Fuzzy Systems", Englewood Cliffs: Prentice Hall, 1992.

[5]   Zadeh, L.A., "Fuzzy Sets", Information and Control, Band 8, S. 338 - 253, 1965.

[6]   Altrock von, C., "Industrielle Anwendung von Fuzzy Logic", c't-Zeitschrift für Computertechnik, März 1991.

[7]   Altrock von, C. und Weber, R., "Fuzzy Logic", mc-Die Mikrocomputer-Zeitschrift, S. 34 - 36, Januar 1991.

2.

Fehlalarmreduktion durch den Einsatz von Fuzzy Logik bei Brandmeldern

Dr. Marc Thuillard
Cerberus AG

Das Ionisationsprinzip ist fundamental für die elektronische Früherkennung von Bränden. Ein Nachteil des Ionisationsprinzips ist seine Empfindlichkeit auf Luftbewegungen. Das kann zu unerwünschten und kostspieligen Fehlalarmen führen. Dieses Problem kann mittels Fuzzy Logik gelöst werden. Zunächst wird der Zeitverlauf des Ionisationssignals mit Hilfe von Kendall-Tau Funktionen als Schätzer des Signalrauschen und des Signalgradients bewertet. Das Fuzzy-System verwendet als Eingangsgrößen das Ionisationssignal und die zwei vom Signalrauschen und dem Gradienten abgeleiteten Signale. Außerdem wird ein Ionisationsbrandmelderprinzip aufgezeigt, das sowohl die Messung als auch eine Diagnose über mögliche Störeinflüsse zuläßt.

1. Problemstellung

Ein Brandschutzkonzept gehört heutzutage zu jedem neuen Gebäude. Ein wichtiger Aspekt ist eine zuverlässige Brandmeldeanlage. Eine Brandmeldeanlage besteht aus im Gebäude installierten Meldern, die mit einer Zentrale verbunden sind. Eine Brandmeldeanlage muß die zwei folgenden Bedingungen erfüllen:

- einen Brand zuverlässig entdecken und
- nicht irrtümlicherweise einen Alarm auslösen, wenn kein Brand vorhanden ist.

Vom Standpunkt der menschlichen und wirtschaftlichen Konsequenzen aus betrachtet, muß die Wahrscheinlichkeit der Nichtentdeckung eines Brandes ausgeschlossen sein. Auf der anderen Seite verursacht jeder Fehlalarm großen Aufwand und Kosten. Es ist deshalb sehr wichtig, die Anzahl unerwünschter Alarme auf einem sehr kleinen Niveau zu halten, damit das sicherheitsbeauftragte Personal die Motivation nicht verliert. Große Fortschritte auf dem Gebiet der Signalverarbeitung und der verwendeten Materialien haben in den letzten Jahren dazu beigetragen, die Zuverlässigkeit einer Anlage zu erhöhen. Weitere Anstrengungen in diese Richtung sind aber noch notwendig. Diese Arbeit zeigt, wie Fuzzy Logik zur Reduktion der Anzahl Fehlalarme beitragen kann.

Die am meisten verbreiteten Meßprinzipien zur Brandentdeckung beruhen auf 3 verschiedenen physikalischen Prinzipien:

- Optisch, das heißt die Entdeckung von Rauch durch Absorption oder Streuung von Licht durch die Rauchteilchen.

- Thermisch durch die Messung der Temperaturerhöhung verursacht durch einen Brand.

- Ionisch, das heißt durch die Messung der Ablagerungsrate von kleinen Ionen auf große Rauchteilchen [1,2,3].

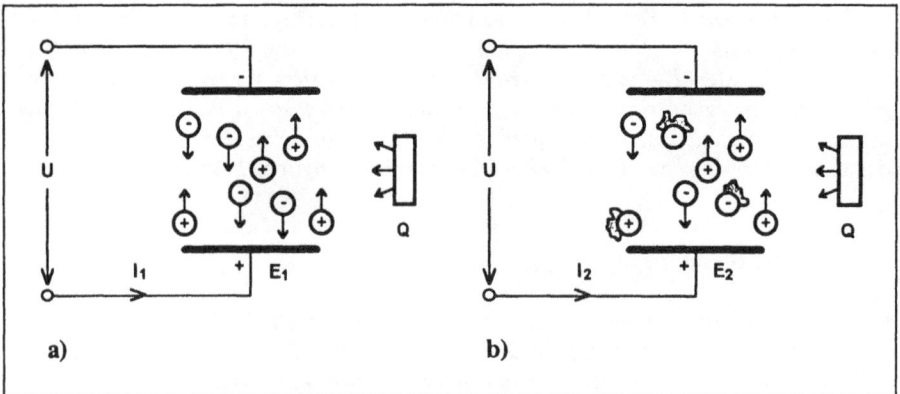

Bild 1: a) Schema eines Ionisationsbrandmelder; eine radioaktive Quelle
ionisiert die Luft zwischen beiden Elektroden
b) Kleine Ionen lagern sich auf großen Rauchteilchen ab

Auf Grund des Ionisationsbrandmelderprinzips ist der weltweite Industriezweig der elektronischen Brandentdeckung entstanden. Der Ionisationsbrandmelder ist gegen Fehlalarme besonders robust und seine Ansprechempfindlichkeit auf die verschiedenen Brandarten ist sehr gut. Ein Nachteil des Ionisationsprinzips ist seine Empfindlichkeit auf starke Luftbewegungen, die zum Beispiel durch Klimaanlagen erzeugt werden können. Das kann zu unerwünschten Alarmen führen, die oftmals kostspielige und unnötige Interventionen der Feuerwehr nach sich ziehen.

2. Fehlalarme durch Windeinwirkungen

Ionisationsbrandmelderprinzip

Bild 1 zeigt das Prinzip eines Ionisationsbrandmelders. Eine Meßkammer ist durch den Raum zwischen zwei Elektroden definiert. Die Luft wird durch eine radioaktive Quelle ionisiert, die α-Teilchen aussendet. Kleine positiv und negativ geladene Cluster - später kleine Ionen genannt - bilden sich durch Van-der-Waalsche Anziehungskräfte.

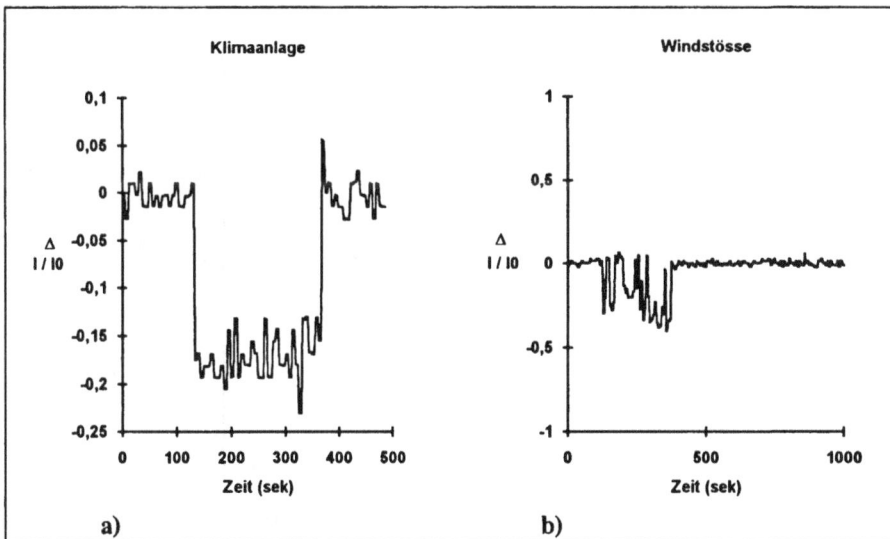

Bild 2: Normalisiertes Ausgangssignal $\Delta I/I0$, das durch Wind gestört ist :
a) Klimaanlage, b) Windstöße. I0 ist der Ruhewert ohne Störung oder Rauch einer Ionisationskammer, I0 ist linear proportional zu dem Kammerstrom

Die Luftleitfähigkeit zwischen beiden Elektroden ist nun im wesentlichen durch die Anzahl und Beweglichkeit der kleinen Ionen gegeben. Der Ionisationsbrandmelder nützt den Effekt aus, daß die elektrische Leitfähigkeit abnimmt, wenn Rauchteilchen in die Meßkammer eindringen. Bei einem Brand lagern sich die kleinen Ionen auf große und träge Rauchteilchen ab, wie in Bild 1b) dargestellt. Weil die elektrische Leitfähigkeit für Rauchteilchen mehrere Größenordnungen kleiner als diejenige für kleine Ionen ist, wird die abgelagerte Ladung schnell durch ein anderes kleines Ion neutralisiert. Dadurch nimmt der Strom mit zunehmender Rauchmenge ab.

Ein Nachteil dieses in der Praxis sehr bewährten Prinzips ist die Störbarkeit durch starken Wind. Sehr starke Windströme von über 15 m/s transportieren die kleinen Ionen aus dem Bereich zwischen den zwei Elektroden weg. Dadurch ergibt sich eine Abnahme des Ionisationsstroms. Starke Windströme können daher zu Fehlalarmen führen, wenn keine geeigneten Maßnahmen ergriffen werden. Die beiden Arten von Windeinflüssen, die am meisten auftreten sind:

- Einschalten einer Klimaanlage (Bild 2a)
- Windstöße (Bild 2b)

Bild 3 zeigt den Signalverlauf im Fall eines Holzschwelbrandes. Während der Signalverlauf bei Windstößen sehr wechselhaft und manchmal erratisch ist, zeigt der Signalverlauf im Fall von auftretendem Rauch eine relativ konstante Abnahme.

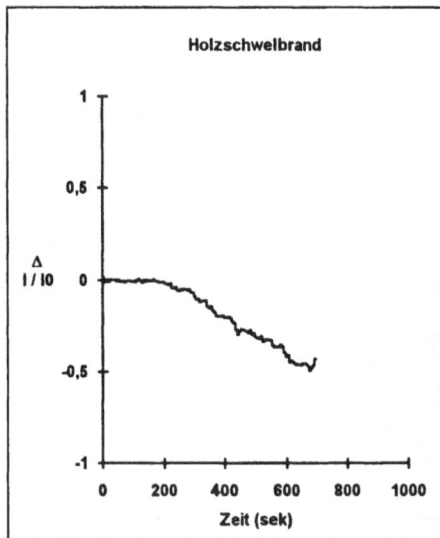

Bild 3. Normalisiertes Ausgangssignal eines Brandmelders während einem Holzschwelbrand nach EN54-Norm [7]

Signalvorverarbeitung

Um aus dem Zeitverlauf des Meßsignals Brände von Windstößen zu unterscheiden, wird das Eingangssignal zeitlich mit Hilfe von Kenngrößen analysiert. Als Bewertungsfunktionen für die Ableitung dieser Kenngrößen werden Kendall-Tau Funktionen [4] als Schätzer des Signalrauschens und des Signalgradienten eingesetzt. Das Fuzzy-System verwendet dann das aktuelle Meßsignal sowie die zwei vom Signalrauschen und dem Gradienten abgeleiteten Signale.

Abschätzung des Signalrauschens

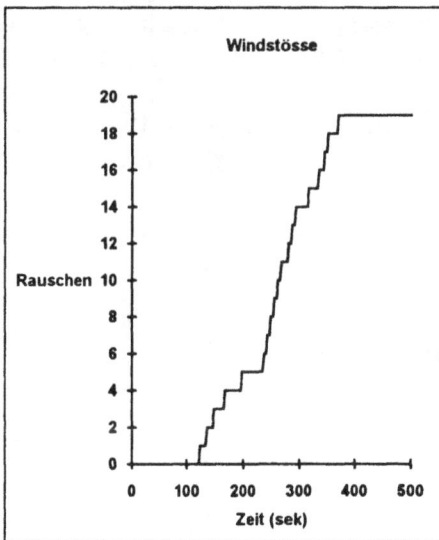

Bild 4: Mit Algorithmus (1) umgewandeltes Meßsignal für Windstöße
(c₁ = 0,1, Abtastfrequenz: 1/3 Hz). Im Fall von Rauch oder einer
Störung durch eine Klimaanlage bleiben die Werte unter 2

Wie im letzten Abschnitt gesehen, fluktuiert das Signal im Fall vom Wind sehr schnell mit der Zeit, während das Signal im Fall von Rauch relativ ruhig bleibt. Der Unterschied im Signalrauschen kann anhand einem Kendall-Tau Algorithmus analysiert werden, indem das Meßsignal mit folgenden Algorithmus umgewandelt wird:

(1)	$S(K+1) = \begin{cases} S(K) + 1 & \text{wenn:} \quad |y(K+1) - y(K)| > c_1 \\ S(K) & \text{sonst} \end{cases}$

mit $S(0) = 0$ und $y(K)$ den K^{sten} Wert nach Zeit Null. Wenn der Unterschied zwischen zwei aufeinanderfolgenden Werten größer als c_1 ist, dann inkrementiert man S. Ein solcher Algorithmus quantifiziert das Rauschen in einer einfachen Weise. Bild 4 zeigt, daß die Funktion S im Fall vom Windstößen sehr schnell ansteigt.

Abschätzung des Signalgradients

Ein Brandsignal unterscheidet sich von einer durch eine Klimaanlage verursachten Störung durch die Tatsache, daß das Brandsignal im Durchschnitt mit der Zeit zunimmt. Um beide Signale zu unterscheiden, wird eine andere Kendall-Tau Funktion eingesetzt, die die Eigenschaft besitzt, große Fluktuationen herauszufiltern, steile Signaländerungen zu dämpfen und eine regelmäßige Signalabnahme stark zu gewichten. Der Algorithmus verwendet eine im Vergleich zu (1) leicht korrigierte Kendall-Tau Funktion.

$$(2) \qquad T(K+1) = \begin{cases} T(K) + 1 & \text{wenn } y(K+1) - y(K) > c_2 \\ T(K) - 1 & \text{wenn } y(K) - y(K+1) > c_2 \\ T(K) & \text{sonst} \end{cases}$$

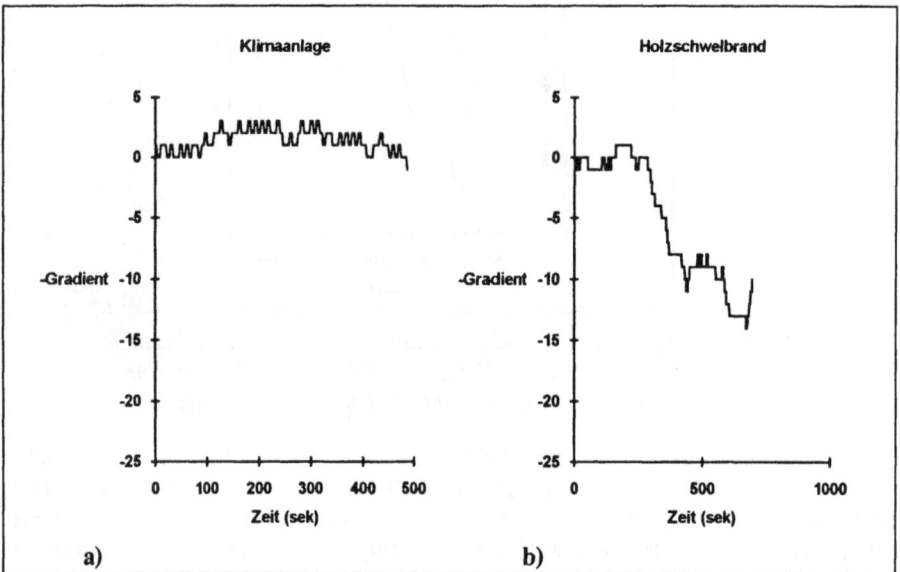

Bild 5: Gradienschätzung mit dem Algorithmus (2) für a) Klimaanlage, b) Holzschwelbrand. Ein Windstoß verursacht einen ähnlichen Verlauf wie a)

Bild 5 zeigt das umgewandelte Signal bei Rauch und bei Wind. Bei Rauch nimmt die
Funktion T zu, bei Wind nicht.

Definitionen eines Fuzzy-Datenanalysesystems

Wie aus den Bildern 3, 4 und 5 ersichtlich, kann Rauch von Wind unterschieden
werden:

	Gradient	Rauschen
Rauch	groß	groß oder klein
Windstoß	klein	groß
Klimaanlage	klein	klein

Die Ausdrücke "klein" und "groß" müssen noch für die verschiedenen Werte der
Kendall-Tau Funktionen (1), (2) und das Ausgangssignal definiert werden. Als erste
Möglichkeit könte eine feste Schwelle als Grenzwert zwischen "klein" und "groß"
definiert werden. Die hierdurch entstehende "starre" Struktur des Entscheidungs-
prozesses würde aber bei Sonderfällen, die "auf der Kippe liegen", falsche
Entscheidungen treffen. Aus diesem Grund werden die drei Eingangsgrößen mit Hilfe
von linguistischen Variablen fuzzifiziert (Bild 6).

Aus dem "know-how" über die Signalverläufe in Experimenten leiten sich dann
beispielsweise folgende Fuzzy-Regeln ab:

1. WENN Gradient = groß UND Ausgangssignal = groß DANN Rauch

2. WENN Gradient = klein UND Rauschen = groß UND Ausgangssignal = groß
    DANN Windstoß

3. WENN Gradient = klein UND Rauschen = klein UND Ausgangssignal = groß
    DANN Klimaanlage

4. WENN Ausgangssignal = klein DANN Normal

Für die linguistische Verknüpfung UND wird der Produktoperator verwendet. Die
Resultate sind in Bild 7 für die Fälle "Rauch", "Windstoß" und "Klimaanlage"
verglichen. Das Fuzzy-System vermag in allen Fällen nach kurzer Zeit die richtige
Interpretation der Signale anzugeben. Die Unterscheidung zwischen Rauch und Wind
erfolgt unmittelbar, während die Unterscheidung zwischen Windstoß und Klimaanlage
erst nach einigen Sekunden möglich ist.

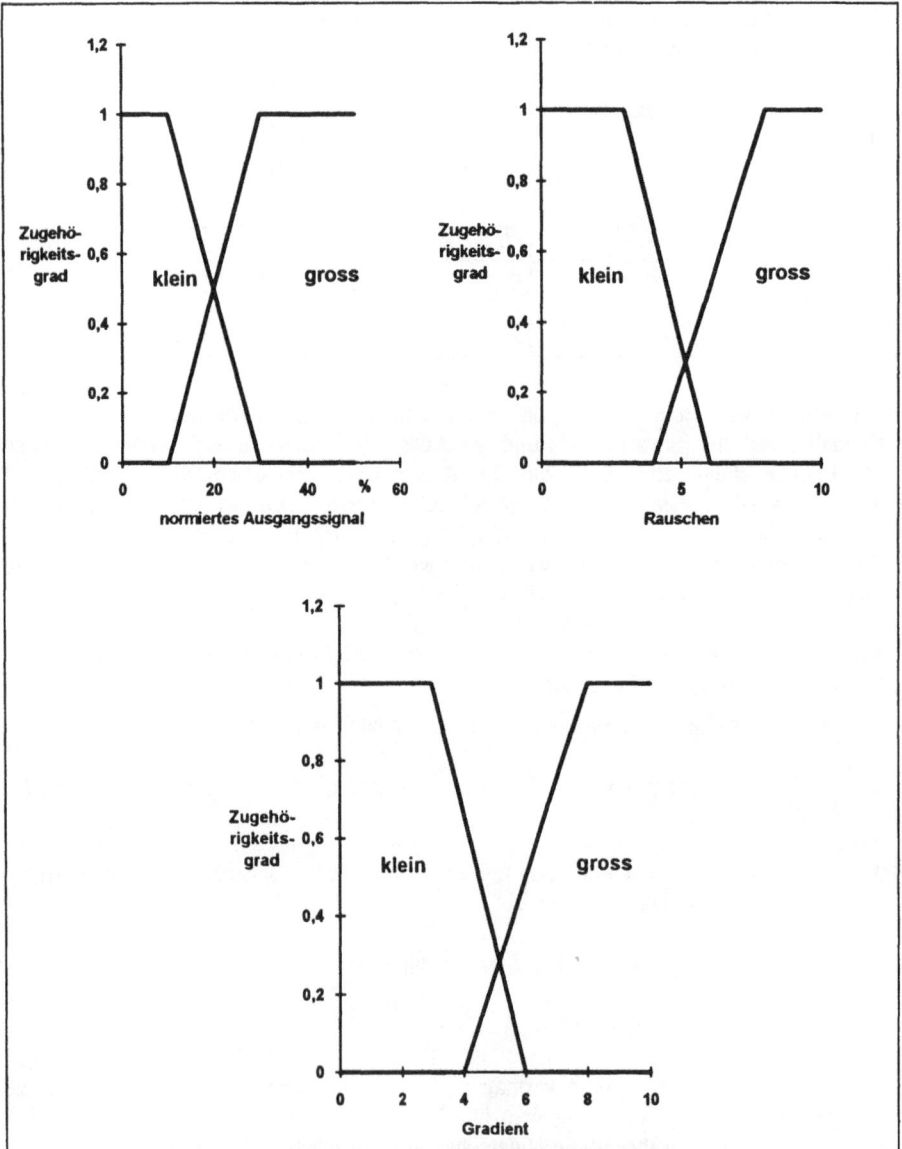

*Bild 6: Definition des linguistischen Variablen für die drei Kenngrößen,
mit denen der Signalverlauf des Ionisationssensors interpretiert wird*

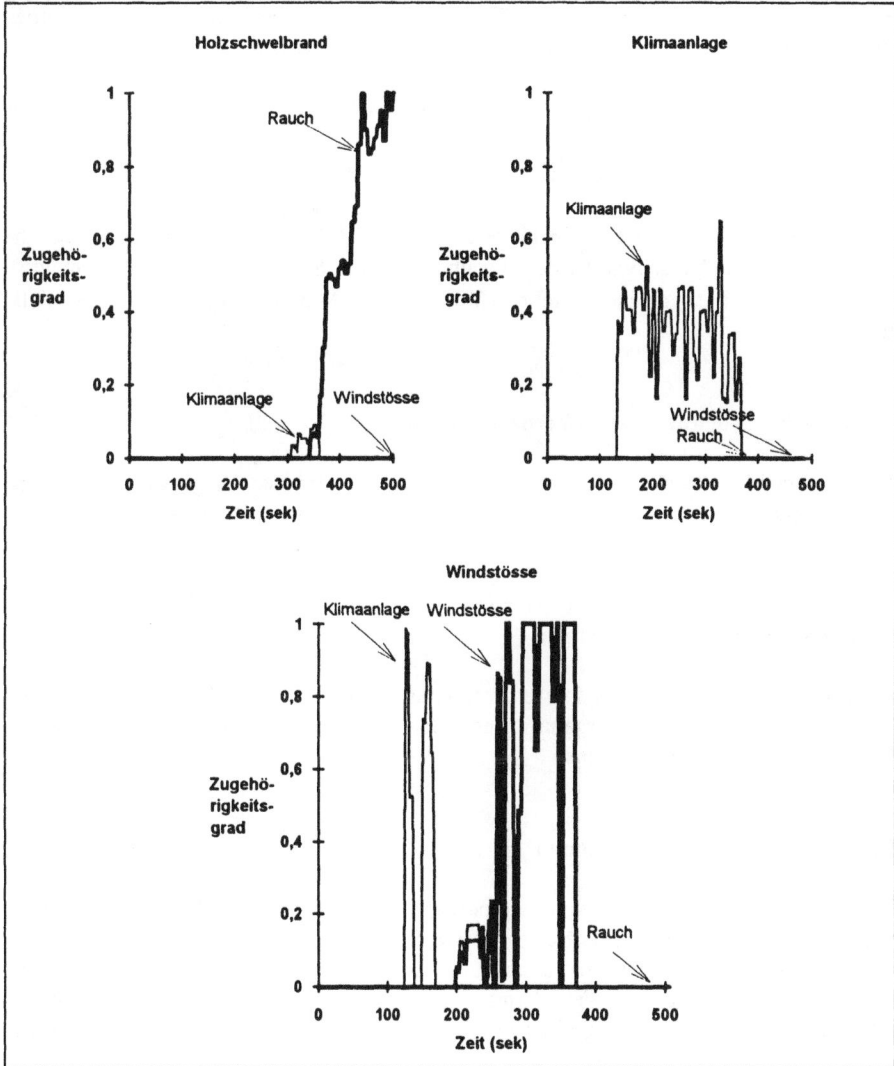

Bild 7: Resultate des Fuzzy-Systems für
a) Holzschwelbrand, b) Klimaanlage und c) Windstoß

Eine weitere Verbesserung des Verfahrens wurde erzielt, indem die Kendall-Tau Schätzer mit einem "begrenzten Gedächtnis" erhielten. Damit soll erreicht werden, daß die Schätzer bei normalem Ausgangssignal wieder auf niedrige Werte zurückgesetzt werden. Für den Rauschschätzer bedeutet das:

$$(3) \qquad S_m(K + 1) = \begin{cases} S_m(K) + b & \text{wenn } |y(K+1) - y(K)| > c_3 \\ d\, S_m(K) & \text{sonst,} \quad \text{mit } 1 > d > 0 \end{cases}$$

Ist die Bedingung $|y(K+1) - y(K)| > c_3$ immer erfüllt, so wächst S_m linear durch $S_m = b \cdot (K+1)$. Verschwindet der Rauch oder die Störung, so ist die Bedingung $|y(K+1) - y(K)| > c_3$ nicht mehr erfüllt und die Funktion S_m geht exponentiell zurück.

3. Weiterverarbeitung des Inferenzresultates

Als Ergebnis der Fuzzy-Inferenz stehen für die drei Terme der Ausgangsvariablen die Zugehörigkeitsgrade zur Verfügung. Diese können in verschiedener Weise weiterverwendet werden.

Unterdrückung von Fehlalarmen

Bei einer Defuzzifikation des Inferenzresultates mit Hilfe des MoM-Verfahrens wird der plausibelste Fall als Ergebnis verwendet. So ergibt sich eine zuverlässige Unterdrückung eines Fehlalarms.

Diagnose von Problemsituationen

In bestimmten Anwendungen kann ein periodisches Auftreten von Windstößen durch das verbesserte Verfahren gut abgefangen werden. Falls dieses häufiger auftritt, steigt allerdings auch im Fall der Branderkennung mit dem beschriebenen Fuzzy-Verfahren die Wahrscheinichkeit eines Fehlalarms. Es ist daher sinnvoll, solche Situationen zu erkennen, um Maßnahmen ergreifen zu können. Zur Diagnose werden weitere Regeln formuliert, wie beispielsweise:

5. WENN Rauschen = groß UND Ausgangssignal = klein DANN Warnung = Wind

So kann eine vorübergehende Windstörung detektiert werden (Bild 8).

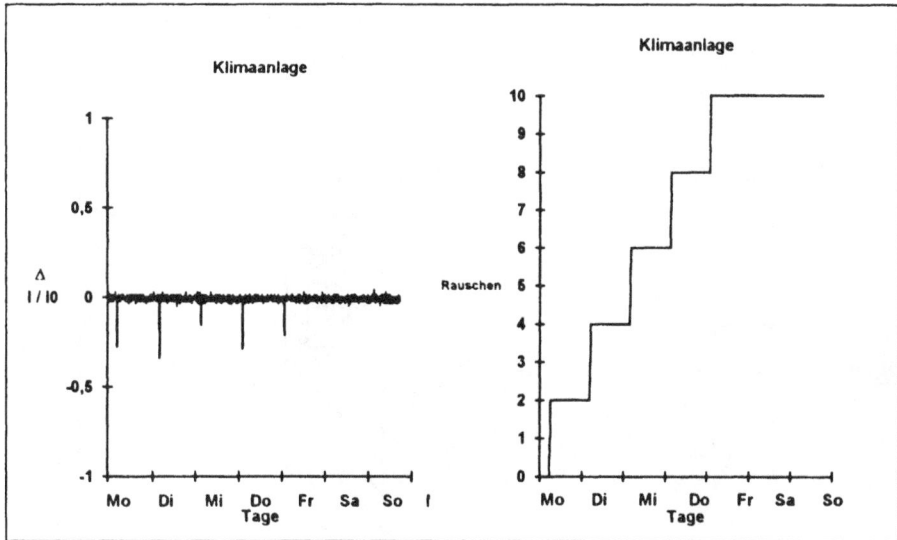

Bild 8: Beispiel einer Frühwarnung vor vorübergehenden Windeinflüssen, die ungefähr einmal am Tag auftreten; a) Ausgangssignal, b) Mit Algorithmus (1) umgewandeltes Signal

Sanierung einer Problemanlage

Fuzzy Logik ist für die Sanierung von Problemanlagen besonders geeignet. Verschiedene Probleme können hier gleichzeitig auftreten. Die verschiedenen Störungen können je nach abnehmendem Zugehörigkeitsgrad eingeordnet sein, indem angenommen wird, daß die wahrscheinlichste Störung den höchsten Zugehörigkeitsgrad besitzt. Die Algorithmen sind dieselben wie im Fall von einer Unterdrückung eines Fehlalarms oder einer Frühwarnung, einzig ist diese Information nur per Anfrage verfügbar.

4. Erweiterung der Diagnosemöglichkeiten

Über das gezeigte Beispiel hinaus bestehen für den Einsatz von Fuzzy Logic in Brandmeldern weitere Anwendungsgebiete. So sind beispielsweise erweiterte Diagnosemöglichkeiten für auftretende Fehler mit Hilfe von Fuzzy Logic effizient implementierbar. Das Prinzip beruht auf der Nichtlinearität einer Ionisationskammer [5,6]. Der Ionisationsstrom in der Kammer wird in zwei Spannungsbereichen gemessen. Die beiden zugehörigen Ionisationsströme können in einem Diagramm miteinander verglichen werden (Bild 9).

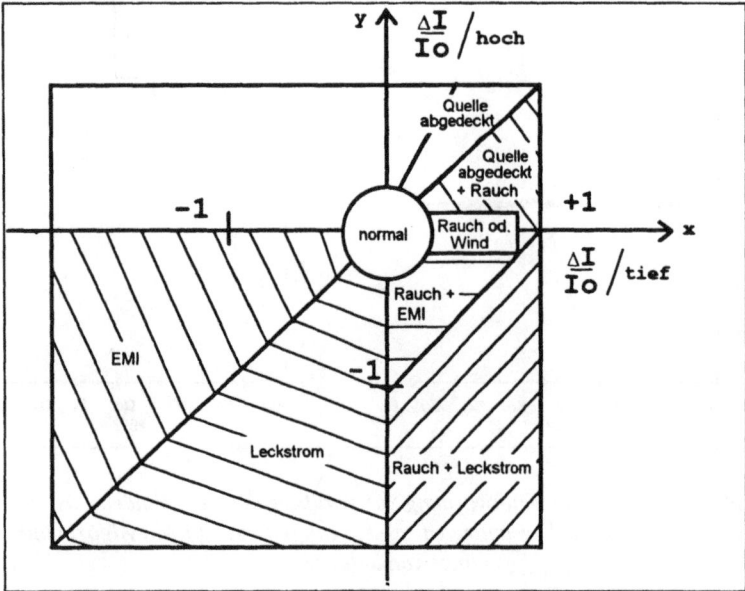

Bild 9: Vergleich der Ionisationsströme bei 2 verschiedenen Spannungen über den Elektroden. Auf der X-Achse ist die Messung bei niedriger Spannung angegeben, auf der Y-Achse die Messung bei hoher Spannung

Duch den Einsatz dieses erweiterten Prinzips in einem Ionisationsbrandmelder sind folgende Fehler zu diagnostizieren und zu differenzieren:

- Kondensation von Luftfeuchte im Sensor
- Verschmutzung
- elektrische Leckströme
- Ausfallen von elektronischen Komponenten
- elektromagnetische Interferenz

Speziell das Niederschlagen von Luftfeuchte im Sensor ist ein in asiatischen Ländern häufig auftretendes Problem. Durch die automatische Diagnose mit Hilfe von Fuzzy Logic ist der Melder auch in der Lage beim Auftreten von Feuchtigkeit einen Brandfall zuverlässig zu erkennen.

5. Zusammenfassung

Am Beispiel eines Ionisationsbrandmelders wurde gezeigt, wie der Einsatz von Fuzzy Logic eine Interpretation von komplexen Signalverläufen effizient ermöglicht. Als Resultat konnte die Fehleralarmrate des Brandmelders gesenkt werden.
An dieser Stelle auch herzlichen Dank an Herr Dr. G. Pfister (Cerberus AG) für seine Unterstützung.

6. Literatur

[1]   W. Jaeger, Bull. SEV **31**, 197 (1940); E. Meili, Bull. SEV, (1952).

[2]   J. Bricard, Journ. of Geophys. Res **1**, 54 (1949).

[3]   A. Scheidweiler, Fire Technology **113**, (1976).

[4]   R. Siebel, Proceedings 9. Internationale Konferenz über automatische Brand-entdeckung (Duisburg), Ed. H. Lück (Aachen), 391 (1989).

[5]   M. Thuillard, Europäische Patentanmeldung, 0423 489 A1, (1990).

[6]   M. Thuillard, Europäische Patentanmeldung, 91 115 061.3, (1991).

[7]   EN54-9: Components of automatic fire detection systems, Part 9. Fire sensitivity test. European Commitee for Standardization, Brussels (1992).

3.

Reifebestimmung zur Optimierung von Entwicklungsprozessen

Andreas Nieder
GPS mbH

Unter dem Einfluß eines verstärkten Konkurrenzdrucks erlangt ein kostenoptimierter Entwicklungsablauf für alle Sparten des Maschinenbaus immer größere Bedeutung. Ziel ist es, durch eine möglichst effiziente Entwicklung marktgerechte Produkte zu schaffen. Hierbei entsteht ein Zielkonflikt zwischen kurzen Entwicklungszyklen und kundengerechten, technisch ausgereiften Produkten. Es muß eine Optimierung des nötigen Entwicklungsaufwandes und der entstehenden Kosten angestrebt werden. Bild 1 zeigt den Verlauf der Kosten und der erreichbaren technischen Verbesserungen über dem betriebenen Entwicklungsaufwand.

1. Kostenfaktoren bei der Entwicklung

Die Kosten werden durch die direkten Einflüsse des Entwicklungsaufwandes in Form von :
- konstruktivem Aufwand,
- Erprobungsaufwand,
- Berechnungsaufwand etc.,

sowie durch Opportunitätskosten, wie
- Imageverlust,
- Nichtverfügbarkeit am Markt und
- Garantie und Kulanzkosten

bestimmt.

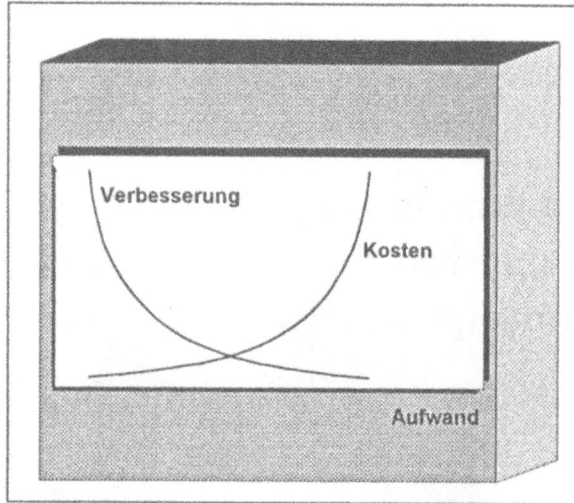

Bild 1: Beeinflußbarkeit und Kosten im Verhältnis zum Aufwand

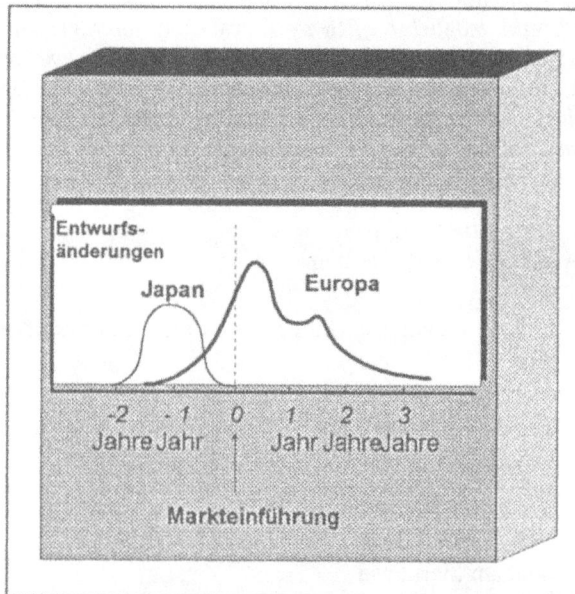

Bild 2: Änderungshäufigkeit bei Markteinführung

Die nötigen Entwicklungsanstrengungen lassen sich nur mit dem Wissen um den jeweiligen Entwicklungsstand eingrenzen. Die Problematik besteht in der Aufteilung der Entwicklungsressourcen auf die Bereiche der Entwicklung, in denen Handlungsbedarf besteht. Zur Beurteilung des Entwicklungsstandes fehlt allerdings bislang eine konsistente Beschreibung. Bild 2 verdeutlicht dies durch die Darstellung eines typischen Verlaufs der Änderungshäufigkeit während der Markteinführung.

Der Verlauf zeigt, daß ein Informationsdefizit über den zum Zeitpunkt der Markteinführung tatsächlich bestehenden Reifegrad des Produktes besteht. Aus diesem Grund wurden im Bereich Nutzfahrzeug-Erprobung von Mercedes-Benz Überlegungen angestellt, für einzelne Aggregate (Getriebe, Achsen, Lenkungen, ...) eine fortlaufende Bewertung und Dokumentation des aktuell erzielten Reifegrades durchzuführen. Diese zu einer Größe verdichtete Beschreibung aller kostenrelevanten Reifeindikatoren erleichtert die konsistente Beurteilung des Entwicklungsstandes. Außerdem ermöglicht die Betrachtung der Produktreife die Vergleichbarkeit aufeinanderfolgender Entwicklungen. Die einheitliche Bewertungsgröße erleichtert die Kommunikation zwischen den Entwicklungsabteilungen und bietet den Entscheidungsträgern eine Grundlage zu schnellen Reaktionen auf die speziellen Anforderungen verschiedener Entwicklungssituationen.

2. Reifeindikatoren

Die Reife eines Produkts läßt sich in erster Näherung in die Bereiche Reife der Entwicklung und Reife der Serienfertigung unterteilen. Zunächst soll die Bestimmung der Entwicklungsreife betrachtet werden. Diese wird durch die Erfüllung der an das Produkt gestellten Erwartungen bezüglich:

• Funktionsgüte,

• Funktionssicherheit (Zuverlässigkeit) und

• Prozeßqualität

beschrieben (Bild 3).

Die Ermittlung geeigneter, den Entwicklungsstand beschreibender Reifeindikatoren und deren Bewertung erweist sich als problematisch. Die Möglichkeiten der Informationsgewinnung während der Entwicklung sind beschränkt. Es werden keine Daten der sich im zeitlich Verlauf schnell ändernden konstruktiven Zustände dokumentiert. Die Entwicklungstätigkeit gliedert sich in verschiedene Unternehmensbereiche, aus denen jeweils nur Teile der nötigen Informationen bereitgestellt werden. Eine herkömmliche Methode zur Veranschaulichung des Entwicklungsstandes bedient sich dem ersten Anschein nach objektiver Kenngrößen, wie beispielsweise:

• Konstruktionsänderungsrate,
• Freigabestand der Konstruktionszeichnungen und
• Anteil verwendeter Versuchsbauteile.

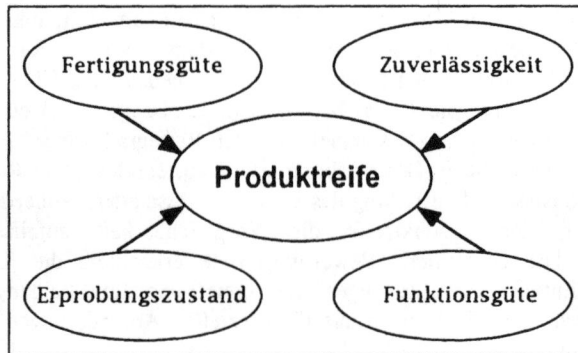

Bild 3: Einflüsse auf die Reife eines Produkts

Diese Vorgehensweise ist kritisch zu betrachten. Die verwendeten Größen suggerieren eine Objektivität, die bei genauerer Betrachtung nicht gegeben ist. Beispielsweise fehlt bei der Größe "Konstruktionsänderungsrate" die Beurteilung wie schwerwiegend die durchgeführten Änderungen sind. Die Aussage der einzelnen Größen kann nicht zur Erhöhung ihres Informationswertes zusammengefaßt werden. Schließlich lassen diese Größen nur durch ihre Fortschreibung eine tendenzielle Aussage zu. Im konkreten Fall (Änderungen: 153, freigegebene Zeichnungen: 30 %) sind sie zu abstrakt, um Basis für Entscheidungen zu sein. Im Gespräch mit Mitarbeitern verschiedener Entwicklungsabteilungen von Mercedes-Benz zeigte sich, daß Bewertungen über den Reifestand der jeweiligen Entwicklungen sehr wohl in Form von ingenieurmäßigem "know-how" verfügbar sind. Das Wissen liegt allerdings in schlecht strukturierter Form vor ("... das Geräuschverhalten ist noch nicht ganz zufriedenstellend ..."). Um diese heuristisch formulierten Zusammenhänge in einem Algorithmus abbilden zu können wurden Fuzzy-Technologien verwendet.

3. Bewertung durch Fuzzy-Produktionsregeln

Zur Bewertung des technischen Reifegrades werden insgesamt 19 Reifeindikatoren berücksichtigt (Bild 4). Um einen ganzen Produktlebenszyklus abbilden zu können, werden auch Einflußgrößen der Serie berücksichtigt. Jeder der Indikatoren bezieht sich auf ein beschreibendes Kriterium, und der Grad, in dem dieses Kriterium erfüllt ist, wird als Wert von 0% (nicht erfüllt) bis 100% (voll erfüllt) eingegeben.

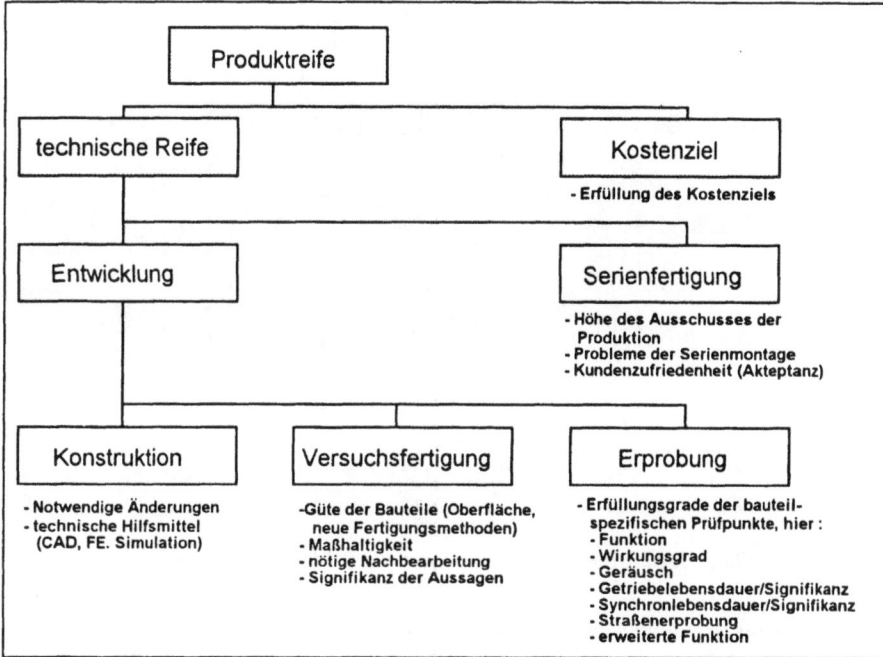

```
                          ┌──────────────────┐
                          │   Produktreife   │
                          └──────────────────┘

┌──────────────────┐                          ┌──────────────────┐
│ technische Reife │                          │    Kostenziel    │
└──────────────────┘                          └──────────────────┘
                                              - Erfüllung des Kostenziels

┌──────────────────┐                          ┌──────────────────┐
│   Entwicklung    │                          │  Serienfertigung │
└──────────────────┘                          └──────────────────┘
                                              - Höhe des Ausschusses der
                                                Produktion
                                              - Probleme der Serienmontage
                                              - Kundenzufriedenheit (Akteptanz)

┌──────────────┐  ┌──────────────────┐  ┌──────────────┐
│ Konstruktion │  │ Versuchsfertigung │  │   Erprobung  │
└──────────────┘  └──────────────────┘  └──────────────┘
```

- Notwendige Änderungen
- technische Hilfsmittel
  (CAD, FE. Simulation)

-Güte der Bauteile (Oberfläche,
  neue Fertigungsmethoden)
- Maßhaltigkeit
- nötige Nachbearbeitung
- Signifikanz der Aussagen

- Erfüllungsgrade der bauteil-
  spezifischen Prüfpunkte, hier :
- Funktion
- Wirkungsgrad
- Geräusch
- Getriebelebensdauer/Signifikanz
- Synchronlebensdauer/Signifikanz
- Straßenerprobung
- erweiterte Funktion

Bild 4: Berücksichtigte Reifeindikatoren

Hierzu geben die leitenden Mitarbeiter der Abteilungen ihre subjektive Schätzung auf der Skala von 0% bis 100% ab. Dabei bedeutet allerdings eine Eingabe von 70 % nicht genau 70%, dies kann der jeweilige Entscheidungsträger so exakt nicht quantifizieren. Eine Aussage von 68% oder 73% soll eine ganz ähnliche Einschätzung ausdrücken. Aus diesem Grund werden die Erfülltheitsgrade zunächst "fuzzifiziert". Dies geschieht durch die Definition von "linguistischen Variablen", die eingegebene Erfülltheitsgrade sprachlich bewerten. Bild 5 zeigt die Definition einer solchen linguistischen Variablen: Ein Erfülltheitsgrad der Vorserienreife von 8% wird hier als "niedrig, fast schon sehr niedrig" bewertet. Diese Bewertung ist Grundlage des nächsten Schrittes, der Fuzzy-Inferenz.

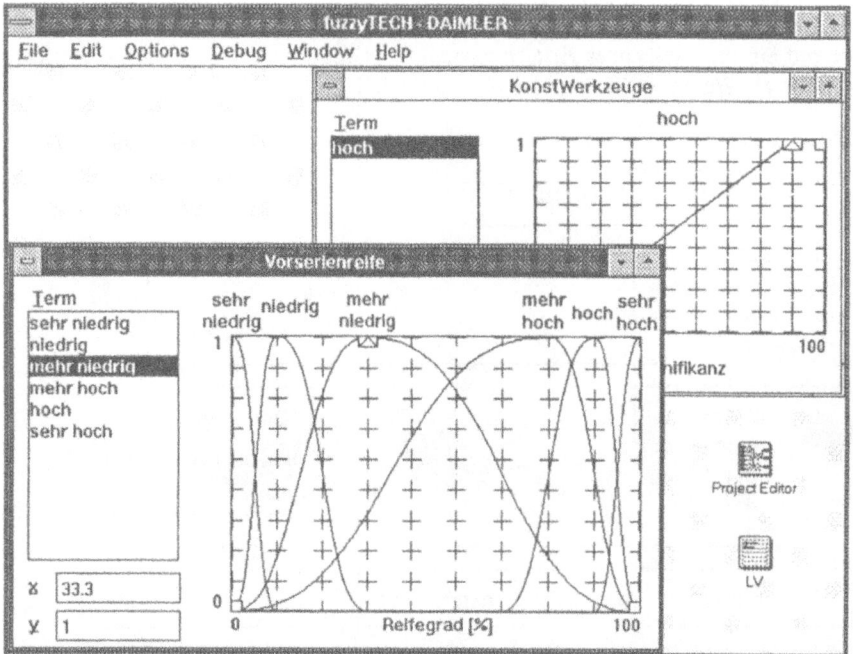

Bild 5: Definition von linguistischen Variablen (Bildschirmfoto)

Die Folgerung von Schlüssen wird durch Fuzzy "wenn-dann"-Regeln formuliert. Insgesamt besteht das realisierte System aus 84 solcher Regeln. Zur Verknüpfung der Vorbedingungen in den Regeln wurde der Gamma-Operator verwendet, für den in empirischen Studien nachgewiesen werden konnte, daß er das menschliche Entscheidungsverhalten auch in komplexen Zusammenhängen angemessen modellieren kann.

Nach abgeschlossener Fuzzy-Inferenz steht die Gesamtbewertung der Produktreife als Wert einer linguistischen Variablen zur Verfügung. Zahlenmäßig gibt das linguistische Ergebnis für alle Terme der linguistischen Variablen "Produktreife" (sehr niedrig, niedrig, eher niedrig, eher hoch, hoch, sehr hoch) an, in welchem Maße sie das Ergebnis beschreiben.

Dieses Ergebnis kann entweder als Bewertungsvektor (0, 0, 0, 0, 0.8, 0.2) oder auch sprachlich formuliert werden ("ziemlich hoch, fast schon sehr hoch"). Um allerdings verschiedene Produktreifen auch absolut miteinander vergleichen zu können, muß dieses vektorwertige Ergebnis in eine reelle Zahl umgewandelt werden. Diesen Schritt bezeichnet man auch als "Defuzzifikation". In der Fuzzy Set Theorie verwendet man hierzu verschiedene Methoden, die sich in ihrer Charakteristik voneinander unterscheiden.

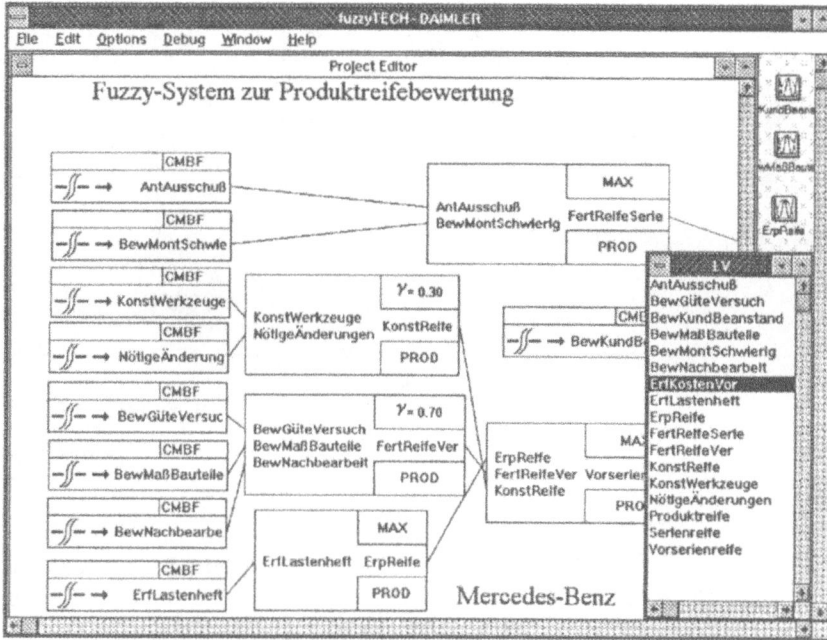

Bild 6: Struktur der Fuzzy-Inferenz (Bildschirmfoto)

Da im vorliegenden Fall dieser Schritt am ehesten einer "Kompromißbildung" entspricht, findet das Maximumschwerpunktverfahren Verwendung. Als Ergebnis nach der Defuzzifizierung steht nun der prozentuale Grad der Produktreife zur Verfügung. Dieser Wert kann zum Vergleich verschiedener Projekte und zur Ermittlung des kostenoptimalen Zeitpunkts der Serieneinführung verwendet werden.

Zur Implementation wurde das Software-Entwicklungswerkzeug *fuzzy*TECH verwendet, das für die Definition von linguistischen Variablen, Fuzzy-Regeln und der Systemstruktur grafische Editoren zur Verfügung stellt (Bild 5 und 6). Die *fuzzy*TECH-Shell setzt dieses System zunächst in das hardwareübergreifendes Datenformat FTL um. Der *fuzzy*TECH-Precompiler wandelt dieses Format in eine portable C-Funktion um. Zur Optimierung des Systemverhaltens simuliert der *fuzzy*TECH-Debugger bereits vor der Codegenerierung das gesamte Systemverhalten grafisch (Bild 7).

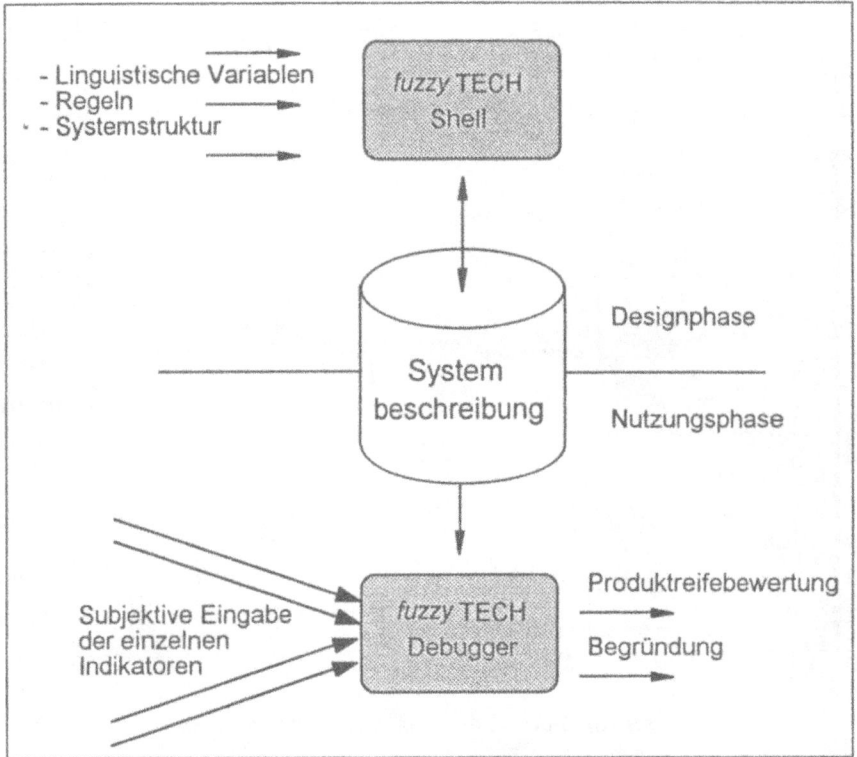

Bild 7: Design und Nutzungsphase des Bewertungssystems

Der erste Prototyp benötigte etwa 6 Wochen zu seiner Erstellung. Die Optimierungsphase mit Fallbeispielen und Realdaten erforderte weitere 8 Wochen.

4. Erfahrungen

Das vorgestellte Modell zur Reifebestimmung von Nutzfahrzeug-Aggregaten zeigte mit Realdaten der Getriebeentwicklung von Mercedes-Benz ein realistisches Beurteilungsverhalten. Bild 8 zeigt den resultierenden Reifeverlauf für eine

Entwicklung, für die ein optimaler Fortgang prognostiziert wird und für eine mit problematischem Fortgang. Die Bewertungsdaten wurden dabei aus der Retrospektive für bereits abgeschlossene Entwicklungen zusammen mit den jeweiligen Abteilungsleitern ermittelt.

Es zeigt sich, daß bei dem Entwicklungsablauf, der nach bisherigen Wissensstand als optimal erachtet wurde, Einbrüche des Reifenstandes zum Zeitpunkt der Serieneinführung auftreten. Zum Zeitpunkt der Serieneinführung unterscheidet sich der als optimal erachtete Entwicklungsablauf nicht mehr von dem als problematisch erachteten.

Hier hätte eine Umverteilung der Entwicklungsressourcen zu einem ausgewogenerem Entwicklungsablauf geführt.

In der gegebenen Aufgabenstellung, bei der eine Vielzahl unterschiedlicher Parameter auch mit zeitlicher Trennung auftritt, ermöglicht das erstellte System eine konsistente Bewertung des Entwicklungsfortschritts.

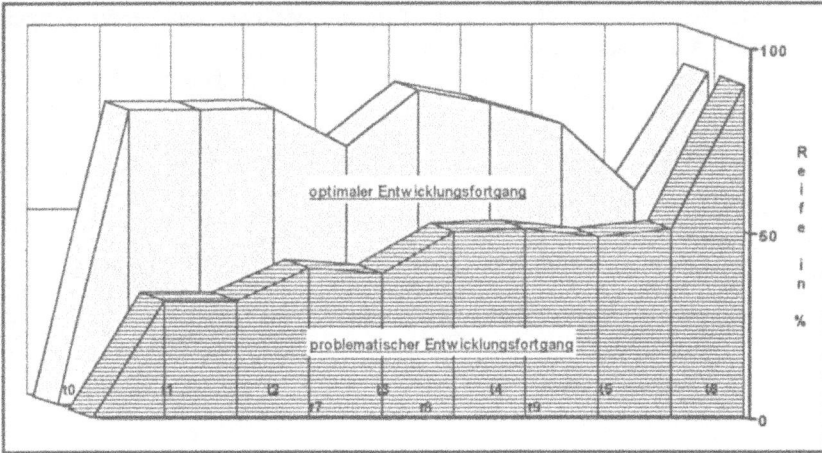

Bild 8: Darstellung eines Reifeverlaufs

Die vorgenommene Strukturierung, bei der in jeder Aggregationsstufe nur eine geringe Anzahl von Eingangsgrößen (max. 3) zu einer Zwischenbewertung zusammengefaßt werden, macht auch weitere Modifikationen und Optimierungen übersichtlich möglich. Pro Aggregationsstufe sind durch die Verwendung des Gamma-Operators nur je 6 Regeln erforderlich.

Wesentlicher Einsatzvorteil des gezeigten Systems ist die Zusammenfassung des bisher nicht genutzten Potentials an Einzelurteilen zu einer Gesamtbewertung. Die hierdurch erzielte Transparenz der Produktreife für alle Entwickler unterstützt zudem die Einführung des "Simultaneous Engineering".

5. Literatur

[1]   H.-J. Zimmermann und P. Zysno, "Latent Connectives in Human Decision Making", Fuzzy Sets and Systems 4 (1980), Seite 37-51

[2]   H.-J. Zimmermann, L. A. Zadeh und P. Gaines, "Fuzzy Sets and Decision Analysis, North-Holland (1984)

[3]   INFORM GmbH Aachen, "*fuzzy*TECH Version 3.0", User Manual (1992)

[4]   C. v. Altrock, "Fuzzy Logic in wissensbasierten Systemen", Elektrotechnische Zeitschrift "etz", Sonderheft Expertensysteme 11 (1991), Seite 532 - 534

[5]   H.-J. Zimmermann, "Fuzzy Sets and its Applications", Kluver Academic Publishers (1991)

[6]   H.-J. Zimmermann, "Fuzzy Sets, Decision Making, and Expert Systems", Kluver Academic Publishers (1987)

[7]   F. J. Brunner, "Wege zu einem modernen Zuverlässigkeitsmanagement", Karl Hanser Verlag (1991)

4.

Neue Heizungsregelungen durch den Einsatz von Fuzzy Logik

H.-O. Arend, D. Pfannstiel
Viessmann Werke GmbH & Co., Allendorf/Eder.

Dieser Beitrag beschreibt ein neues Regelkonzept für Heizungsanlagen basierend auf der Fuzzy Logik. Die Heizungsregelung mit Fuzzy Logik kann das Wärmeangebot direkt an die Lastverhältnisse anpassen (bedarfsgerechte Wärmeerzeugung), denn der momentane Wärmebedarf wird aus systeminternen Größen (z. B. Verlauf der Kesselwassertemperatur) abgeleitet. Eine nur der Außentemperatur angepaßte Regelung kann sich den momentanen Lastspitzen- und -senken nicht oder nur unzureichend angleichen. Die Heizungsregelung mit Fuzzy Logik ermöglicht eine direkte Anpassung an die Anlagen- und Gebäudedynamik, verbesserte Vorregelung und eine flexiblere Anpassung des Wärmeangebots an den momentanen Wärmeverbrauch. Auftretende Störungen (Fremdwärme durch Sonneneinstrahlung, Lüftung) werden erkannt und ausgeregelt. Daher kann der Außentemperatursensor entfallen. Dies führt zu einfacherer Bedienung, Inbetriebnahme, geringerem Montageaufwand und Reduzierung der Kosten.
Diese neue Generation der Heizungsregelung mit Fuzzy Logik wurde in einem Standard 8-bit Mikrocontroller implementiert, wie er bereits bei der Viessmann Heizungsregelung Trimatik-MC eingesetzt wird. Die Entwicklung, Optimierung und Implementierung der Heizungsregelung mit Fuzzy Logik wurde durch das Software-Entwicklungssystem fuzzyTECH unterstützt.

1. Einleitung

Ein Großteil des gesamten Energiebedarfs entfällt auf Raumheizungs- und Prozeßwärme für den privaten und gewerblichen Bereich. Die Wärme wird zum weitaus größten Teil in Feuerungsanlagen durch Verbrennung fossiler Brennstoffe wie

Erdöl, Erdgas und Kohle erzeugt. Die begrenzten Vorräte dieser Energieträger sowie die Steigerung der Energiekosten und der Umweltbelastung durch Schadstoffe führte zu der Forderung, daß weitere Maßnahmen zur Verminderung des Brennstoffverbrauchs dringend erforderlich sind. Nach dem Beschluß der "Toronto-Konferenz" haben sich die Länder der Erde dazu verpflichtet, die CO_2- Emissionen bis zum Jahr 2005 um 20% zu reduzieren, um der drohenden Klimakatastrophe in Folge der Aufheizung der Atmosphäre durch den gesteigerten Treibhauseffekt Einhalt zu gebieten. Aus diesem Grund soll der Energieverbrauch in der Bundesrepublik Deutschland bis zum Jahr 2005 um etwa 25 bis 30% gesenkt werden, im Bereich Haushalte und Kleinverbraucher sogar um 40%. Jensch und Moises [1] geben eine Übersicht, wie durch bauliche Maßnahmen der Energieverbrauch entscheidend reduziert werden kann. Der Kabinettsbeschluß der Bundesregierung vom 7.11.1990 enthält für den Gebäudebereich den Auftrag, eine Reihe heizungsrechtlicher Verordnungen zu novellieren [2]:

• Heizungsanlagenverordnung

• Wärmeschutzverordnung

• 1. BImSchV (Kleinfeuerungsanlagenverordnung)

Nach dem Kabinettsbeschluß soll bei der Novellierung der Heizungsanlagenverord-nung/Wärmeschutzverordnung ein Niedrigenergie-Hausstandard für Neubauten zugrundegelegt werden. Die nach der geltenden Wärmeschutzverordnung errichteten Wohngebäude weisen je nach Gebäudetyp einen Heizenergiebedarf zwischen 120 und 180 kWh/(m²a) auf. Unter Niedrigenergiehäusern sollen Gebäude verstanden werden, bei denen der Heizenergiebedarf unter 100 kWh/(m²a) liegt.

Die in der Vergangenheit durchgeführten theoretischen und praktischen Untersuchungen über Planung und Errichtung von Gebäuden mit sehr geringem Heizenergiebedarf haben ergeben, daß die heutigen bestehenden technischen Möglichkeiten deutlich geringere Energiebedarfswerte, im Vergleich zu den geltenden Verordnungen und auch zu vertretbaren Kosten, erlauben. Wichtige Größen für einen niedrigen Heizwärmebedarf sind:

• Eine Heizungsanlage mit hohem Nutzungsgrad (z. B. NT-/Brennwertkessel).

• Die Minimierung der Transmissionswärme-Verluste durch Verbesserung des baulichen Wärmeschutzes.

• Die Reduzierung des Energiebedarfs für die Be- und Entlüftung (Reduzierung der Lüftungswärmeverluste).

• Eine möglichst weitgehende Nutzung solarer und innerer Wärmegewinne.

Die Außentemperatur, die heute meist als Führungsgröße für die Einstellung der Kessel- bzw. Heizungsvorlauftemperatur dient, ist somit nur noch zum Teil repräsentativ für die tatsächliche Heizlast (momentaner Wärmebedarf). Bild 1 zeigt den Einfluß der Außentemperatur auf den Wärmebedarf als Funktion der Wärmedämmung eines Gebäudes. Je besser die Wärmedämmung eines Gebäudes ist, desto geringer ist der Einfluß der Außentemperatur auf den Wärmebedarf und umgekehrt.

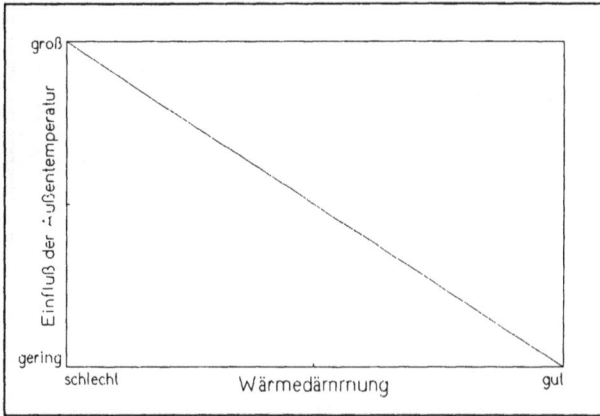

Bild 1: Einfluß der Außentemperatur auf den Wärmebedarf
als Funktion der Wärmedämmung eines Gebäudes

Betrachtet man die Gebäudebauweise (leicht oder schwer), so ergibt sich durch diese eine Phasenverschiebung und eine Dämpfung zwischen Außentemperaturänderung und Raumtemperaturänderung. Schwere Bauweise hat eine große Phasenverschiebung zwischen Außentemperatur und Raumtemperatur zur Folge, umgekehrt ist es bei einer leichten Bauweise. Dort wirkt sich eine Außentemperaturänderung schneller auf die Raumtemperatur aus, entsprechend schneller muß reagiert werden. Bei einem Haus in schwerer Bauweise paßt die jeweilige Außentemperatur dann nicht zu dem momentanen Wärmebedarf, und die Außentemperatur ist in diesem Fall als Führungsgröße nicht gut geeignet. In Bild 2 ist dieser Zusammenhang grafisch dargestellt.

Es müssen somit neue Führungsgrößen gefunden werden, die den aktuellen Wärmebedarf des Hauses widerspiegeln, damit das aktuelle Wärmeangebot besser an den momentanen Wärmebedarf angepaßt werden kann.
Eine Heizungsregelung mit Fuzzy Logik macht es möglich, den Sollwert für die Kessel- bzw. für die Heizungsvorlauftemperatur besser an die Anlagen- und

Gebäudedynamik anzupassen und somit das Wärmeangebot an den momentanen
Wärmebedarf flexibler anzugleichen. Dadurch kann der Außentemperatursensor
entfallen, zumal mit einer außentemperaturgeführten Regelung das Wärmeangebot nur
unzureichend an innere Lastspitzen- und -senken angepaßt werden kann. Zumindest
ist es nicht immer ohne weiteres möglich, einen Außentemperatursensor zu plazieren
(z.B. Etagenwohnungen, Reihenhäuser).

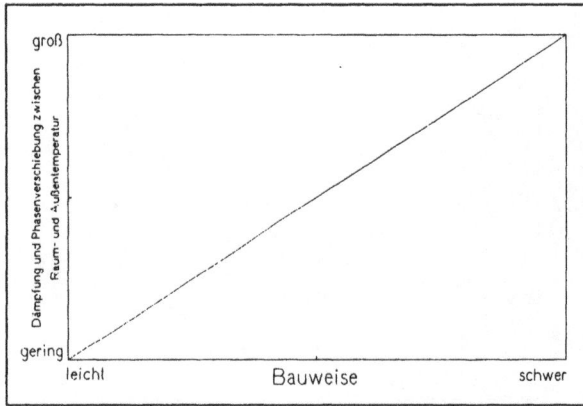

Bild 2: Dämpfung und Phasenverschiebung zwischen
Raum- und Außentemperatur als Funktion der Bauweise

Innere Störgrößen wie Fremdwärme (Personen im Raum, Sonneneinstrahlung) und
Lüftung (danach erhöhter Energiebedarf) werden sowieso nicht über den Außentemperatursensor erfaßt. Solche Störgrößen können nur dann ausgeregelt werden,
wenn die innere Last des Gebäudes ermittelt wird. Die Heizungsregelung mit Fuzzy
Logic erfaßt diese Größen und paßt die Kessel- und damit die Heizungsvorlauftemperatur automatisch an die momentane innere Last an. Das steigert die
Behaglichkeit und führt zum effektiven Einsatz des Brennstoffs - ein Beitrag, die
Vorgaben der Bundesregierung zur Reduzierung der CO_2-Emissionen wirkungsvoll
in die Tat umsetzen.

2. Stand der Technik

Die Heizungsanlagen-Verordnung [3] schreibt vor, daß Zentralheizungen mit
zentralen selbsttätig wirkenden Einrichtungen zur Verringerung und Abschaltung der
Wärmezufuhr in Abhängigkeit von

• der Außentemperatur oder einer anderen geeigneten Führungsgröße und
• der Zeit

auszustatten sind.

Zur Vorgabe der Kesselwasser- bzw. der Heizungsvorlauf-Solltemperatur wird meist
die Außentemperatur als Führungsgröße herangezogen [4], [5]. Der Wärmebedarf für
ein Haus wird nach DIN 4701 [6] entsprechend der jeweiligen Klimazone für die
Normaußentemperatur (z.B. -14 °C) und für eine Raumtemperatur (z.B. 20 °C)
ermittelt (= 100 %). Basierend auf der einfachen Wärmebilanzgleichung für den
stationären Fall läßt sich der aktuelle Wärmebedarf $\dot{Q}_{akt}$ in Abhängigkeit der
Außentemperatur ϑ_A (hier bezogen auf eine Außentemperatur von -20 °C), für eine
konstante Raumtemperatur wie folgt angeben:

$$\varphi = \frac{\dot{Q}_{akt}}{\dot{Q}_{Nenn}} = f(\vartheta_A) \tag{1}$$

Daraus ergibt sich der in Bild 3 dargestellte Zusammenhang. Dieser Wärmebedarf
$\dot{Q}_{akt}$ beinhaltet den Transmissionswärmeverlust und den Lüftungswärmeverlust.
Eingerechnet sind dann z. B. auch Zuschläge für die Himmelsrichtung.

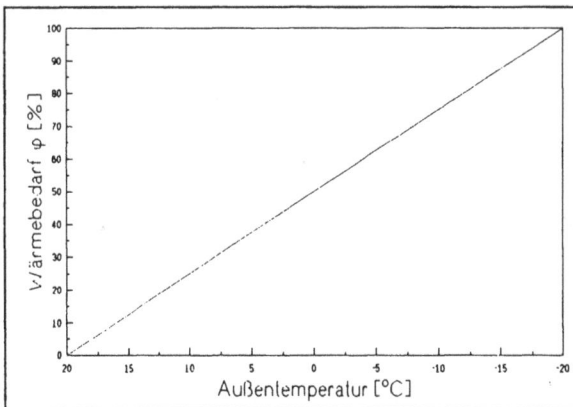

Bild 3: Wärmebedarf in Abhängigkeit der Außentemperatur

Mit Hilfe der DIN 4703 [7] läßt sich dann der Zusammenhang zwischen
Kesselwasser- bzw. Heizungsvorlauf-Solltemperatur und Wärmebedarf $\dot{Q}_{akt}$ herstellen

und man erhält den Zusammenhang zwischen den Sollwerten (Kesselwasser, Heizungsvorlauf) und der Außentemperatur in Form der Heizkennlinie (Bild 4).

Der gekrümmte Verlauf ergibt sich dabei durch den Heizkörperexponenten n [7]. Wenn die Heizungsanlage für die Normaußentemperatur ausgelegt ist und die Heizflächen an den jeweiligen Raum (Fläche) optimal angepaßt sind, stellt die Heizkennlinie mit einer Neigung von z.b. 1,4 den Optimalfall für eine Anlage mit einer maximalen Vorlauftemperatur von 70 °C dar. Bei Altanlagen, die z. B. für eine Vorlauftemperatur von 90 °C ausgelegt wurden, reicht diese Kennlinie (1,4) dann nicht aus, um das Gebäude bei jeder Außentemperatur optimal mit Wärme zu versorgen. Hier hat man über die Neigung und das Niveau die Möglichkeit der Anpassung. Möchte man eine andere Raumtemperatur als 20 °C, hat man durch die Verschiebung der Kennlinie die weitere Möglichkeiten der Korrektur.

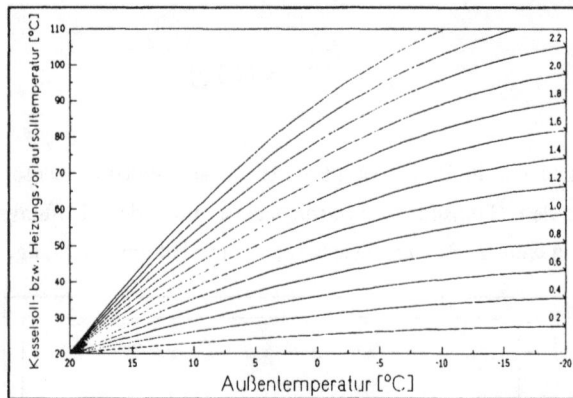

Bild 4: Heizkennlinie

Die Heizkennlinie ist somit ein wichtiger Parameter, um das Wärmeangebot an den Wärmebedarf optimal anzupassen, wobei die örtliche bauliche Gegebenheit eines Gebäudes individuell berücksichtigt werden kann, aber jeweils eingestellt werden muß.

Die Anpassung der Heizkennlinie ist eine langwierige Angelegenheit und läßt sich nicht an einem Tag durchführen. Um die Heizkennlinie wirklich optimal anzupassen, muß theoretisch der ganze Außentemperaturbereich durchlaufen werden. Dies erfordert eine ständige manuelle Kontrolle der Anlage (Außentemperatur, Vorlauftemperatur, Raumtemperatur), um die Heizkennlinie für das Haus optimal einzustellen. Bei manueller Einstellung müssen diese Informationen (z. B. Soll-/Istwertabweichungen, zu kalt, zu warm) von dem Heizungsfachmann oder Anlagenbetreiber erfaßt und verarbeitet werden. Daraus kann er dann ableiten, wie die Heizkennlinie zu verstellen ist (etwas steiler, etwas flacher, etwas höher, ...). Bild 5 zeigt das Prinzip der außentemperaturgeführten Heizungsregelung, die dem heutigen Stand der Technik entspricht (ATS = Außentemperatursensor).

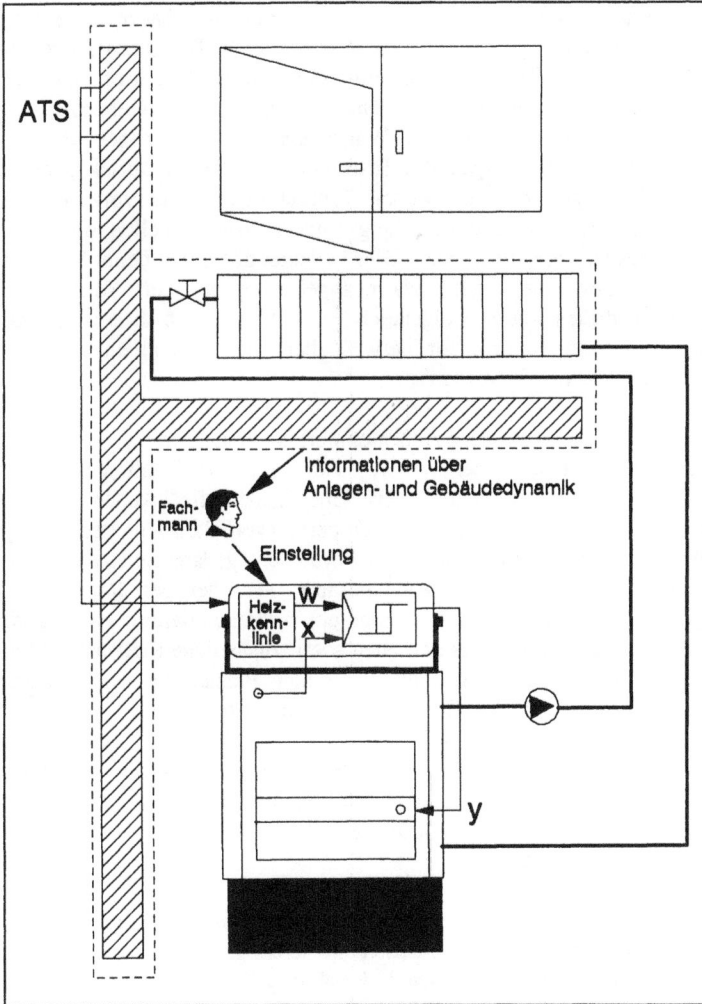

Bild 5: Außentemperaturgeführte Heizungsregelung

Mikroprozessor-Regler bieten die Möglichkeit, die Heizkennlinie automatisch zu adaptieren d.h. selbständig an das Gebäude anzupassen [5]. Um diese Adaption nutzen zu können, muß zusätzlich ein Raumfühler installiert werden. Über den Raumfühler werden dann die Soll-/Istwert-Abweichungen erfaßt und als Korrekturwert bei der Heizkennlinienadaption berücksichtigt.

Wird die Außentemperatur nicht als Führungsgröße benutzt, hat man die Möglichkeit, direkt nach der Raumtemperatur (Vergleichsraum oder Testraum) zu regeln [5]. In einem Vergleichs- oder Testraum wird ein Raumtemperatursensor angebracht, über den die Temperatur in diesem Raum unabhängig vom Wärmebedarf der übrigen Räume konstant gehalten wird. Die Wärmeleistung der übrigen Heizkörper des Gebäudes gleicht sich derjenigen des Testraumes an. Da weiterhin auch selbsttätig wirkende Einrichtungen zur raumweisen Temperaturregelung vorzusehen sind [3], können Einflüsse wie Sonneneinstrahlung, innere Wärmequellen direkt in jedem Raum des Hauses ausgeregelt werden. Dies bedeutet aber, daß beim Auftreten solcher Störungen (Fremdwärme) das Wärmeangebot gegenüber dem momentanen Wärmebedarf in diesen Räumen eigentlich zu hoch ist, denn diese Einflüsse können über den Außentemperatursensor bzw. über den Raumtemperatursensor im Vergleichsraum nicht erfaßt werden.

Damit große Änderungen der Außentemperatur nicht zu großen momentanen Änderungen der Kesselwasser- bzw. Heizungsvorlauf-Solltemperatur führen, verwendet man heute zur Regelung meist eine "gedämpfte" Außentemperatur. Man erhält dadurch ein gleichmäßigeres Temperaturverhalten in der Anlage unter Berücksichtigung der Gebäudedynamik in Form der "gedämpften" Außentemperatur. Bei der Regelung nach der Außentemperatur oder bei der Regelung nach der Raumtemperatur (Testraum) muß entweder ein Außentemperatursensor und/oder ein Raumfühler installiert werden. Es entstehen somit zusätzliche Kosten für Montage und Leitungsverlegung; bei einer eventuell falschen Plazierung des Sensors können Komforteinbußen bzw. erhöhter Energieverbrauch auftreten.

Durch Einbeziehung der Fuzzy Logik in die Heizungsregelung war es möglich, die Kesselwasser- bzw. die Heizungsvorlauf-Solltemperatur direkt an die momentanen Lastverhältnisse (Wärmebedarf) anzupassen und somit auf den Außentemperatursensor verzichten zu können.

Fuzzy Logik und deren Anwendung wird in der Meß- und Regelungstechnik seit 2-3 Jahren intensiv und seit einiger Zeit auch im heizungstechnischen Bereich diskutiert [8]. Einen Überblick über den Stand der Fuzzy-Technologie in Prozeßautomatisierungssystemen anläßlich der INTERKAMA '92 zeigt [9]. Der Schwerpunkt liegt dabei im Bereich der Prozeßleitsysteme.
Die bislang bekannt gewordenen Anwendungen [10], [11], [12], [13], [14] lassen erkennen, daß das Fuzzy-Konzept für die Regelung von komplexen Prozessen prädestiniert ist, die nicht oder allenfalls mit sehr großem Aufwand mathematisch

beschreibbar und deshalb mit den herkömmlichen "exakten" regelungstechnischen Methoden kaum automatisierbar sind [15].

Adaptive Regler [16] passen sich in ihrem Verhalten den sich ändernden Eigenschaften der zu regelnden Prozesse an. Die Verwendung von nicht-parametrischen Modellen gegenüber parametrischen Modellen [17] hat den Vorteil, daß keine Prozeß-Modellstruktur (Ordnung und Totzeit) vorgegeben werden muß. Eine zeitraubende mathematische Modellbildung ist somit auch hier nicht notwendig. Der Stand und die Entwicklungstendenzen bei adaptiven Regelungen ist in [18] ausführlich dargestellt. Wie die Fuzzy Logik zur Einstellung von klassischen Reglern eingesetzt werden kann ist in [19] an verschiedenen Beispielen gezeigt. Mit Hilfe der Fuzzy Logik werden die Reglerparameter eines PI-Reglers (P- und I-Anteil) automatisch eingestellt - selbsteinstellende Regelung mit Fuzzy Logik.

Mit Hilfe der Fuzzy Logik wird ein Weg gesehen, das vorhandene Know-how des Anlagenbetreibers in den Regler einfacher mit einzubinden. In solchen Fällen kann mit Hilfe der Fuzzy-Technik eine Regelungsstrategie rationeller und übersichtlicher aus dem intuitiven Konzept des Entwicklers gebildet werden. Dies eröffnet somit die Möglichkeit, vage Informationen, empirisch gewonnenes Wissen, verbal beschreibbare Steuerstrategien eines Fachmannes unverfremdet in die Prozeßautomatisierung einzubringen. Wie das vorhandene Know-how des Entwicklers auch einfach in einen herkömmlichen Regler mit integriert werden kann, ist in [20] am Beispiel einer adaptiven Vorlauftemperatur-Steuerung (-Regelung) gezeigt.

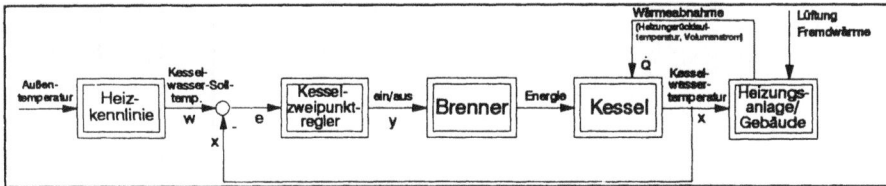

Bild 6: Blockschaltbild der außentemperaturgeführten Heizungsregelung

Von Pilotanwendungen abgesehen, sind in Deutschland bisher nur wenige Anwendungen der Fuzzy Logik in der Praxis zu finden [10], [12]. Diese Anwendungen beziehen sich dann meist auf den Konsumbereich (z.B. verwackelungsfreier Camcorder, bedienungsfreundliche Hausgeräte).

3. Heizungsregler mit Fuzzy Logik

Bei einer konventionellen außentemperaturgeführten Heizungsregelung wird, wie
bereits dargestellt, über die Heizkennlinie in Abhängigkeit der Außentemperatur (=
Führungsgröße) der Sollwert für die Kesselwassertemperatur-Regelung vorgegeben.
Das in Bild 5 dargestellte Prinzip der außentemperaturgeführten Heizungsregelung ist
in Bild 6 als regelungstechnisches Blockschaltbild dargestellt.

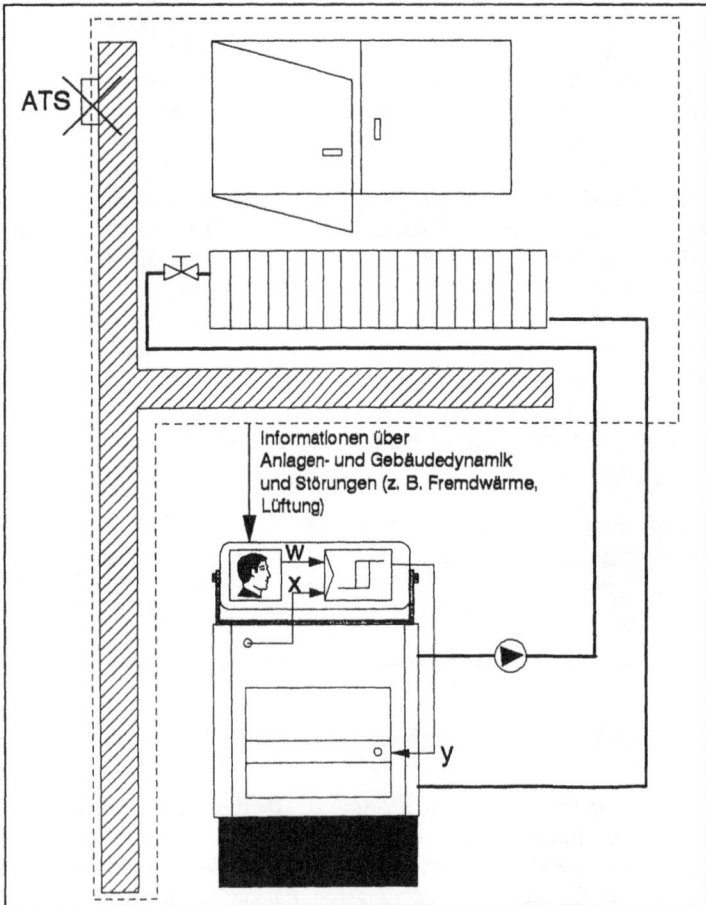

Bild 7: Prinzip der Heizungsregelung mit Fuzzy Logik

Bei der außentemperaturgeführten Regelung handelt es sich um eine Folgeregelung, da sich die Führungsgröße (Außentemperatur bzw. Kesselwasser-Solltemperatur) dauernd ändert.Die Regelgröße x (= Kesselwassertemperatur) muß den Änderungen der Führungsgröße möglichst getreu folgen.
Die Führungsgröße "Außentemperatur" gibt aber nicht immer den momentanen (aktuellen) Wärmebedarf des Gebäudes wieder, da dieser noch von anderen Einflüssen abhängt (z. B. Lüftung, Fremdwärme,...). Mit der Fuzzy Logik ist eine Berücksichtigung dieser Größen möglich (bedarfsgerechte Wärmeerzeugung). Der Fuzzy-Regler paßt die Kesselwasser-Solltemperatur an die jeweils aktuell benötigte Wärme (momentane Heizlast) an. Das Prinzip dieser Heizungsregelung mit Fuzzy Logik ist in Bild 7 dargestellt..

Daraus läßt sich dann einfacher der Unterschied zur außentemperaturgeführten Heizungsregelung (mit Außentemperatursensor) erkennen (vgl. Bild 5). Bild 8 zeigt das zu Bild 7 gehörende Blockschaltbild. Die Heizkennlinie braucht nicht mehr eingestellt zu werden, da der momentane Wärmebedarf direkt ermittelt wird.

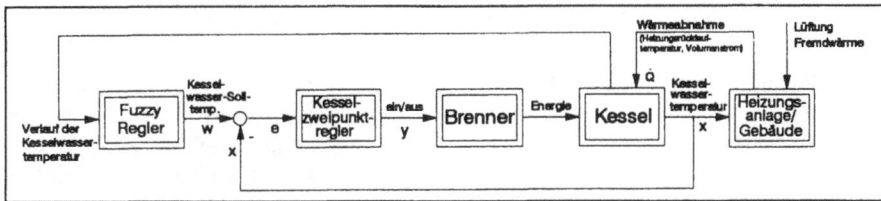

Bild 8: Blockschaltbild der Heizungsregelung mit Fuzzy Logik

Das Wissen des Fachmannes (Heizungsfachmann, Anlagenbetreiber) ist mit Hilfe der Fuzzy Logik in der Regelung hinterlegt. Die Führungsgröße Außentemperatur bei einer außentemperaturgeführten Heizungsregelung ist bei der Heizungsregelung mit Fuzzy Logik durch die Führungsgröße "Wärmebedarf" ersetzt. Wie sehr der momentane, individuelle Wärmebedarf (Last) eines Hauses variiert, läßt sich am besten in der "Energieverbrauchskurve" zeigen (Bild 9). Sie veranschaulicht gleichzeitig das Potential der Einsparung von Primärenergien.

Der Fuzzy-Regler benutzt 5 Eingangsgrößen; 4 davon werden mit konventionellen digitalem Filter aus dem Verlauf der Kesselwassertemperatur gemessen (Bild 10):

- Durchschnitt des gestrigen Energieverbrauchs (zeigt die allgemeine Situation und den Heizzustand des Hauses).
- Laufender (aktueller) Energieverbrauch (zeigt den aktuellen Wärmebedarf).
- Wärmetendenz (zeigt globale Richtung).

- Kurzzeittendenz (zeigt Störungen wie das Öffnen von Türen oder Fenstern, Fremdwärme).

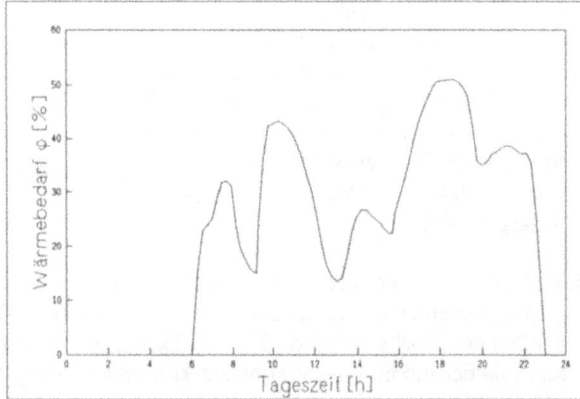

Bild 9: Energieverbrauchskurve (ein Durchschnittstag)

Diese Parameter sind wichtig für die Formulierung der heuristischen Grundsatzregeln. Damit Plausibilitätsregeln formuliert werden können (wie z.B.: Temperaturen
unter 10 °C sind im August sehr selten), ist das Tages-/ Jahresbelastungsprofil eine
weitere Eingangsgröße für den Fuzzy-Regler. Dieses wird aus einer im Controller
hinterlegten Tabelle in Abhängigkeit der aktuellen Zeit (Datum, Uhrzeit) entnommen.
Die Ausgangsgröße des Fuzzy-Reglers stellt dabei den ermittelten momentanen
Wärmebedarf des Hauses dar. Aus dem ermittelten Wärmebedarf wird dann der
Sollwert für die Kesselwassertemperaturregelung über die Wärmebedarfskennlinie
abgeleitet.

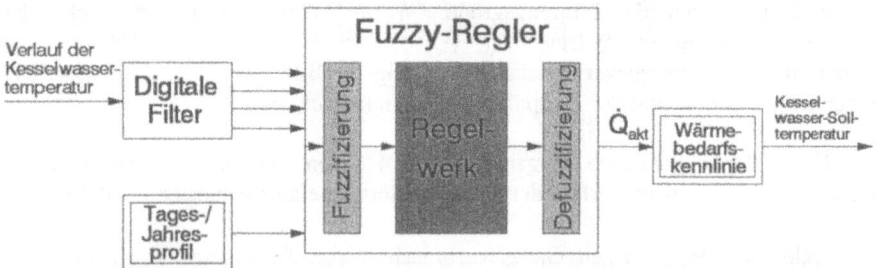

Bild 10: Blockschaltbild des Fuzzy-Reglers mit den Ein- und Ausgangsgrößen

Dafür wurden *WENN-DANN*-Regeln, die das heuristische Wissen beschreiben, aufgestellt. Als Beispiel ist in Bild 11 eine Regel aufgeführt.
Insgesamt sind 405 heuristische Grundsatzregeln definiert. Um ein solches umfangreiches System wirkungsvoll entwickeln und auch optimieren zu können, wurde die Matrix-Darstellung des *fuzzy*TECH-Systems verwendet [21]. Diese Technik erlaubt die Entwicklung der Grundregeln auf grafischem Wege. Bild 12 zeigt die Aufstellung einer solchen Matrix mit Hilfe des Regel-Editors. In dieser Darstellung werden alle linguistischen Werte (labels) zweier ausgewählter linguistischer Variablen dargestellt (in Bild 12 als Beispiel: Wärmetendenz und gestriger Energieverbrauch).
Die gesamte Matrix kann durchgeblättert werden, indem für die linguistischen Variablen andere Werte eingesetzt werden. In der Matrix zeigt dann ein weißes Quadrat die Plausibilität der Regel an. Ein schwarzes Quadrat zeigt die Nicht-Plausibilität der Regel. Als Beispiel ist in Bild 12 die unterlegte Regel gewählt. Diese Regel im unteren Bereich des Bildschirmes als Test wiedergegeben lautet:

WENN
der gestrige Energieverbrauch gering war
UND
die Wärmetendenz gleichbleibend ist
DANN
ist der momentane Wärmebedarf sehr gering.

Die hier benutzte Inferenzmethode basiert auf dem unscharfen Schließen (approximate reasoning). Der erste Schritt der Fuzzy-Inferenz (Aggregation) besteht darin, den Grad, zu dem die erste und die zweite Bedingung erfüllt sind, zu ermitteln. Die Auswertung erfolgt dabei durch Minimumbildung der Wahrheitswerte einer UND-Verknüpfung [22].

Im zweiten Schritt (Composition) wird aus der Gültigkeit der Vorbedingungen die Gültigkeit der Schlußfolgerung ermittelt. Im unscharfen Schließen wird zu jeder Regel ein sogenannter "Plausibilitätsgrad" (degree of support) berücksichtigt, der die Gültigkeit einer Regel angibt. Auf diese Weise kann eine Regel "fuzzy" definiert werden. Eine Plausibilität von "1" entspricht dabei einer völlig und uneingeschränkt gültigen Regel, und ein Plausibilitätsgrad von "0" einer nicht definierten, also einer völlig ungültigen Regel.
Zur Beschreibung der Gültigkeit der Schlußfolgerung wird die Gültigkeit der Vorbedingung und die Plausibilität der Regel über den Compositionsoperator miteinander verknüpft. Verwendet wurde hier der Produkt-Operator, dies entspricht einer Gewichtung der Regel mit ihrem Plausibilitätsgrad [23], [24].

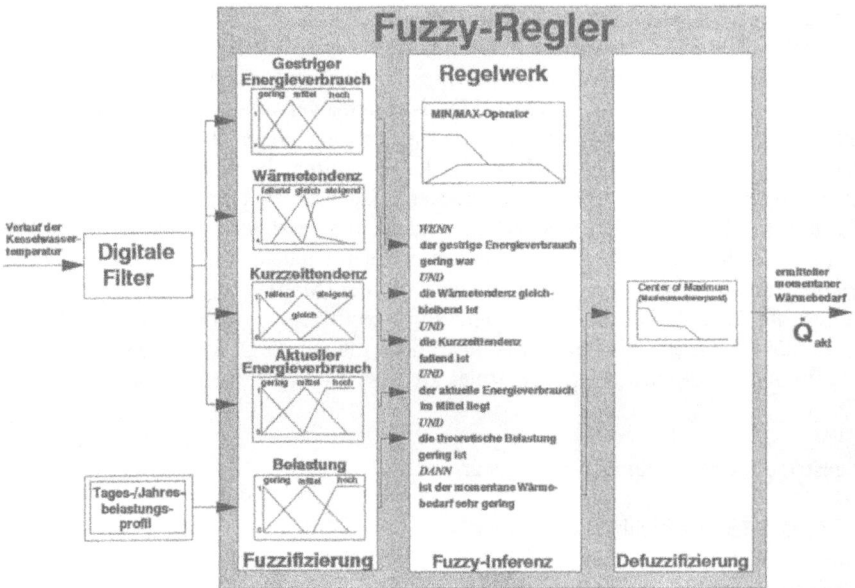

Bild 11: Beispiel für eine Regel

Liefern mehrere Regeln die gleiche Schlußfolgerung, so wird für alle weiteren Inferenz- oder Defuzzifikationsschritte das Maximum der Gültigkeitsgrade der Schlußfolgerungen gewählt. Läßt man nur Plausibilitäten von entweder "0" oder "1" zu, man berücksichtigt also nicht die Möglichkeit der Feineinstellung, so entspricht dies der sogenannten MAX-MIN-/ MAX-PROD-Inferenz. Die Einschränkung, alle Regeln nur entweder als völlig gültig oder völlig ungültig zu betrachten, erschwert besonders die Optimierung von Fuzzy-Systemen, wo feinere Abstufungen durchaus sinnvoll und auch notwendig sind. Zum Abschluß aller Fuzzy-Inferenzvorgänge liegen die Ausgangsvariablen des Fuzzy-Systems als Fuzzy-Werte vor. Da ein Stellglied im allgemeinen mit einer "fuzzy" - Stellgröße nichts anfangen kann, muß die Variable dann "defuzzifiziert" werden, um eine scharfe Stellgröße zu erhalten (vgl. Bild 10). Diese Defuzzifizierung erfolgt in zwei Schritten.

Im ersten Schritt werden durch "Clipping" oder "Scaling" für jede Variable das Ergebnis der Inferenz in eine einzige unscharfe Menge umgewandelt. Beim Clipping werden die Zugehörigkeitsfunktionen aller Terme jeweils bei ihrem Gültigkeitsgrad "abgeschnitten" und die entstehenden Flächen überdeckt. Bei Scaling werden die Zugehörigkeitsfunktionen aller Terme jeweils mit ihrem Gültigkeitsgrad multipliziert und die entstehenden Flächen werden ebenfalls überdeckt.

Im zweiten Schritt muß die berechnete Fläche, deren Umrandung die unscharfe Menge des Ergebnisses beschreibt, in eine reelle Zahl umgewandelt werden. Da der Informationsgehalt in der unscharfen Menge größer ist als der einer reellen Zahl, entspricht dieser Schritt einer Informationsreduktion. Für diese Reduktion sind zwei unterschiedliche Strategien möglich: entweder man sucht "den besten Kompromiß" oder aber die "plausibelste Lösung". Die Defuzzifikationsmethoden, die diesen Strategien entsprechen, sind das Flächenschwerpunktverfahren (Center-of-Area, CoA) und das Maximumsmittelwertverfahren (Mean-of-Maximum, MoM).

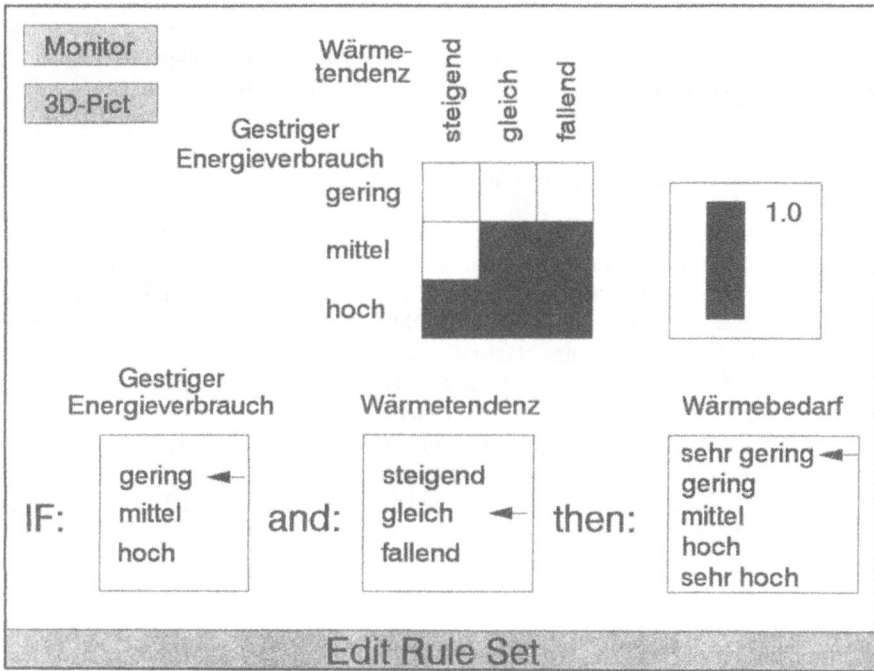

Bild 12: fuzzyTECH Regel-Editor

Beide Defuzzifikationsmethoden unterscheiden sich deutlich hinsichtlich ihres Rechen-aufwandes. Je nach den verwendeten Algorithmen ist das MoM-Verfahren um Größenordnungen schneller. CoA und MoM weisen noch einen weiteren Unterschied auf. Während sich die CoA-Ausgabewerte bei einer minimalen Änderung der Eingangswerte des Fuzzy-Systems nur in geringem Maße ändern, können die Ausgabewerte des MoM-Verfahrens "springen". Dies liegt daran, daß es einen Punkt geben kann, ab dem eine minimale Änderung der Eingangswerte eine völlig andere Lösung plausibler macht. Daher wurde hier als Defuzzifikationsmethode die Maximumschwerpunktmethode (Center-of-Maximum, CoM) verwendet [25]. Das CoM-Verfahren bestimmt zunächst die Basiswerte, bei denen die Maxima in den Zugehörigkeitsfunktionen auftreten. Der scharfe Ausgabewert ergibt sich dabei als Mittelwert der Basiswerte aller Terme, gewichtet jeweils mit dem Ergebnis der Fuzzy-Inferenz. Wenn die Zugehörigkeitsfunktionen aller Terme eine gleiche symmetrische Kurvenform aufweisen und sich nicht überlappen, so sind die Resultate von CoM und CoA identisch. Das CoM-Verfahren ist in etwa so recheneffizient wie das MoM-Verfahren und stellt somit eine Approximation des CoA-Verfahrens für zeitkritische Anwendungen dar. Basierend auf unserer Anwendung, kann die Maximumsschwerpunktmethode CoM bei den meisten Regelungsanwendungen als gute Approximation der Flächenschwerpunktmethode eingesetzt werden.

4. Implementierung und Optimierung

Nach dem Design des Fuzzy-Reglers und nach der Definition der linguistischen Variablen, der Zugehörigkeitsfunktionen und der Regeln wurde das System für die Zielhardware in 8051-Maschinensprache compiliert. Durch diese Technik benutzt der Fuzzy-Regler ca. 1,1 kByte des internen ROM-Speichers. Danach wurde der Fuzzy-Regler in die Heizungsregelung integriert und das System optimiert. Der effizienteste Weg, einen Regler zu entwickeln und auch zu optimieren stellt die on-line-Entwicklung dar. Hier kann dann am laufenden Prozeß die gesamte Informationsverarbeitung verfolgt und geändert werden. Die Änderungen am Fuzzy-Regler sind dabei in Echtzeit möglich. Hierzu wurde das *fuzzy*TECH On-line-Modul [21] verwendet und die vorhandene Hardware (Mikrocontroller 8051) wurde über eine serielle Schnittstelle mit dem Entwicklungsrechner verbunden (Bild 13). Diese on-line-Technik erlaubt dabei die grafische Darstellung des Informationsflusses, während das System läuft. Alle Fuzzifizierungs-, Defuzzifizierungs- und Regelinferenzstufen können grafisch in Echtzeit "cross-debugged" dargestellt werden. Zusätzlich kann der Fuzzy-Regler während des Programmablaufs, unter Zuhilfenahme des grafischen Editors, modifiziert und optimiert werden. Die Kesselregelung wurde dabei bezüglich der Systemrobustheit gegenüber Prozeßstörungen wie z.B.:

- Brauchwassererwärmung
- Öffnen von Fenstern
- Abwesenheit (Urlaub)

sowie weiteren Einflußgrößen optimiert.

5. Ergebnisse

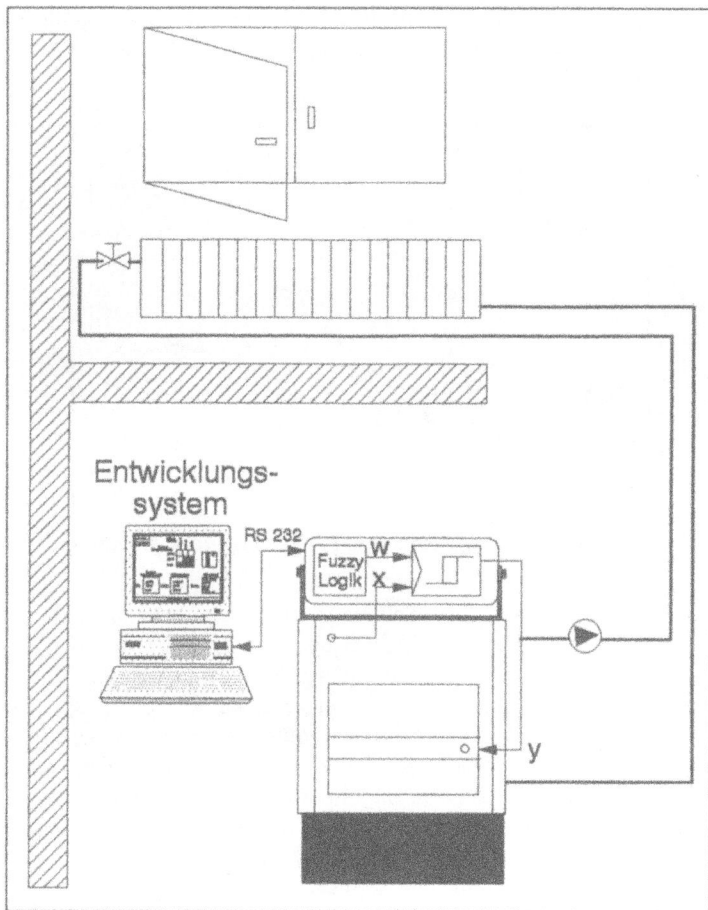

Bild 13: On-line-Optimierung der Kesselregelung mit dem fuzzyTECH-On-line-Modul

Um die Leistungsfähigkeit der entwickelten Kesselregelung mit Fuzzy Logik unter realen Bedingungen (Brauchwassererwärmung, Lüftung, Fremdwärme) überprüfen zu können, wurde die Kesselregelung mit Fuzzy Logik (Duomatik-FL) an einem Heizkessel in einem Einfamilienwohnhaus installiert. Über einen Zeitraum von 24 Stunden sind die Meßwerte dieser Anlage hier beispielhaft grafisch dargestellt. Um vergleichen zu können, was eine außentemperaturgeführte Regelung für eine

Kesselwasser-Solltemperatur eingestellt hätte, wurde zusätzlich die Außentemperatur mit aufgezeichnet. Über die Heizkennlinie kann dann die Kesselwasser-Solltemperatur berechnet werden. Für dieses Haus ist die Heizkennlinie mit einer Steilheit von 1,2 optimal (vgl. Bild 4). Bild 14 zeigt die am 10. März 1993 gemessene Außentemperatur.

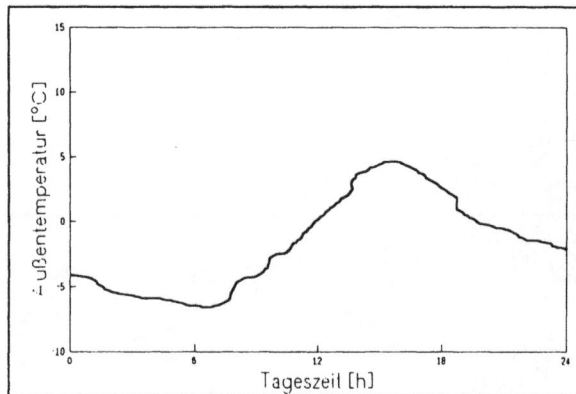

Bild 14: Gemessene Außentemperatur am 10. März 1993

Bild 15 zeigt die Kesselwasser-Solltemperatur, die anhand des ermittelten momentanen Wärmebedarfs von der Viessmann Duomatik-FL (Heizungsregelung mit Fuzzy Logik) eingestellt wurde. Im Vergleich dazu ist die Kesselwasser-Solltemperatur mit in dieses Bild eingezeichnet, die entsprechend der Außentemperatur von einer außentemperaturgeführten Heizungsregelung über die Heizkennlinie eingestellt worden wäre. Wie man erkennen kann, ergeben sich Unterschiede in den eingestellten Solltemperaturen. Vergleicht man Bild 15 mit Bild 14 (Außentemperatur), so erkennt man deutlich das Nutzerverhalten und man erkennt, daß die von der Duomatik-FL eingestellte Kesselwassertemperatur sich nicht an der Außentemperatur orientiert, sondern auf Änderungen im momentanen Wärmebedarf reagiert. Dies kann man deutlich in Bild 15 daran erkennen, daß nach einer kurzen Aufheizphase die Kesselsolltemperatur herabgesetzt wird, weil keine große Wärme benötigt wird. Gegen ca. 8:30 Uhr werden zusätzliche Verbraucher zugeschaltet und die Duomatik-FL paßt das Wärmeangebot an den Wärmebedarf an, indem die Kessel-wasser-Solltemperatur angehoben wird. Nachmittags dagegen ändert sich der Wärmebedarf kaum noch, und die Kesselsolltemperatur bleibt somit auch auf einem annähernd konstantem Wert. Die außentemperaturgeführte Regelung dagegen orientiert sich nur an der Außentemperatur und innere Störungen (Lastspitzen- und - senken) können dadurch nicht erfaßt und daher auch nicht ausgeregelt werden.

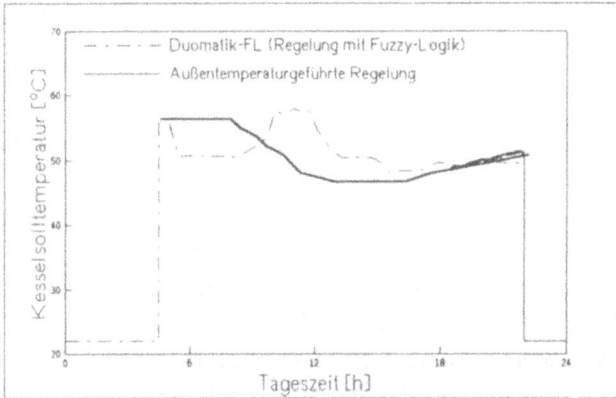

Bild 15: Vergleich der Kesselwasser-Solltemperaturen
Heizungsregelung mit und ohne Fuzzy Logik (10. März 1993)

6. Zusammenfassung

Im vorliegenden Beitrag wurde eine neue Heizungsregelung mit Fuzzy Logik vorgestellt. Diese Regelung ist speziell für den Einsatz bei gut wärmegedämmten Häusern mit direkt angeschlossenem Heizkreis (kein Mischer), sowie für Etagenwohnungen und Reihenhäuser konzipiert worden. Als Führungsgröße für die Kesselwassertemperatur-Regelung wird statt der Außentemperatur (außentemperaturgeführte Regelung) der momentane Wärmebedarf herangezogen. Dieser wird aus systeminternen Größen ermittelt. Mit Hilfe der Fuzzy Logik wird dann daraus der Sollwert für die Kesselwassertemperatur-Regelung berechnet. Dadurch ist eine flexiblere Anpassung des Wärmeangebots an die momentanen Lastverhältnisse möglich und zusätzlich konnte auch noch der Außentemperatursensor eingespart werden, was die Kosten und den Montageaufwand reduziert.

Die an Versuchsanlagen durchgeführten praktischen Versuche haben gezeigt, daß Laständerungen vom Heizungsregler mit Fuzzy Logik schnell erkannt werden und die Kesselwasser-Solltemperatur somit auch schnell an den momentanen Wärmebedarf angepaßt wird. Im Vergleich dazu wurde gezeigt, was eine außentemperaturgeführte Regelung für einen Sollwert für die Kesselwassertemperaturregelung eingestellt hätte.

Die Relevanz der Fuzzy-Regelungsmethoden hängt von der Einsatzweise und von der dem Fuzzy-Regler zugedachten Aufgabe ab. Soll durch Einsatz der Fuzzy Logik lediglich die konventionelle Technik verbessert werden, so sind die Unzulänglichkeiten der Theorie nicht schwerwiegend. Soll der Fuzzy-Regler sämtliche regelungstechnischen Funktionen übernehmen, so muß man folgende Punkte berücksichtigen [15]:

- Einfache Stabilitätskriterien sind nicht bekannt. Es kann keine Aussage über die Stabilität des geschlossenen Regelkreises gemacht werden.
- Die Qualität der Regelung hängt sehr stark vom menschlichen Experten ab.
- Es sind keine systematischen Entwurfsverfahren verfügbar.
- Es gibt keine einheitliche Bewertung der verwendeten Methoden.
- Nur ein Teil der Fuzzy Logik wird für die Fuzzy-Regelung genutzt.
- Keine Aussage, welcher Fuzzy-Regler für einen Prozeß optimal ist.
- Kriterien zur Beurteilung der Eignung der Fuzzy-Regeln sind nicht verfügbar.
- Die derzeitigen Fuzzy-Entwicklungswerkzeuge sind noch nicht auf die regelungstechnischen Erfordernisse abgestimmt.

Die einfache Realisierbarkeit von konventionellen Reglertypen und deren Betriebsweisen mit Fuzzy-Methoden könnte sich als ein entscheidendes Akzeptanzkriterium erweisen. Fuzzy-Regelungen könnten dann dort eingesetzt werden, wo die lineare Theorie und PID-Regelung alleine die Automatisierung nicht zufriedenstellend zu leisten vermögen und die mathematische Modellbildung einen unvertretbar hohen Aufwand darstellen würde. Trotz dieser positiven Argumente stehen dem noch einige Schwachstellen gegenüber, die z.Zt. die Einsatzmöglichkeiten für einen Fuzzy-Regler einschränken.

Setzt man die Fuzzy-Technik, wie hier am Beispiel einer Heizungsregelung gezeigt, als Ergänzung zur konventionellen Technik ein, so wird man ihr vermutlich am ehesten gerecht.

Formelzeichen

Abkürzungen		Indizes	
W	Wärmestrom	A	außen
w	Sollwert	akt	aktuell
x	Regelgröße	Nenn	Nennpunkt (Auslegungspunkt)
y	Stellgröße		

7. Literatur

[1] Jensch, K; W. Moises (1990). Energietechnische Untersuchung öffentlicher Gebäude, HLH, 41, 10.

[2] Haus- und Heizungstechnik im Wandel (1992). Sanitär- und Heizungstechnik, 1992, 4-6.

[3] Heizungsanlagen-Verordnung (HeizAnlV) (1989). Bundesanzeiger 41, 171 a, 141 - 144.

[4] DIN V 32729, Teil 1 (1992), Meß-, Steuer- und Regeleinrichtungen für Heizungsanlagen, Berlin: Beuth Verlag.

[5] Recknagel, Sprenger, Hönmann (1992) Taschenbuch für Heizungs- und Klimatechnik, München: R. Oldenbourg Verlag.

[6] DIN 4701, (1983/1989), Regeln für die Berechnung des Wärmebedarfs von Gebäuden, Teil 1 bis Teil 3, Berlin: Beuth Verlag.

[7] DIN 4703, Teil 3, (1988), Raumheizkörper, Berlin: Beuth Verlag.

[8] Jung, K. (1992), Energiesparen- noch schneller, noch besser, Das Haus, 10.

[9] Müller-Nehler, U.; R. Weber (1993). Interkama 92: Wissensbasierte Systeme und Fuzzy Control, atp-Automatisierungstechnische Praxis, 35, 1.

[10] Altrock, v. C. (1992). Anwendungen der Fuzzy Logik in Deutschland, me, 6, 1.

[11] Lipp, H.-P. (1992). Einsatz von Fuzzy-Konzepten für das operative Produktionsmanagement, atp-Automatisierungstechnische Praxis, 34, 12.

[12] Hufnagel, P. (1992). Fuzzy-Regelung macht Fortschritte, Konstruktion & Elektronik, 26/27.

[13] Hetzheim, H.; G, Hommel (1991). Fuzzy Logic für die Automatisierungstechnik? atp-Automatisierungstechnische Praxis, 33, 10.

[14] Gariglio, D. (1991). Fuzzy in der Praxis, Elektronik, 20.

[15] Preuß, H.-P. (1992). Fuzzy Control - heuristische Regelung mittels unscharfer Logik, atp-Automatisierungstechnische Praxis, 34, 4. + 5.

[16] Isermann, R; K.-H. Lachmann; D. Matko (1991). Digital Adaptive Control. London: Prentice Hall.

[17] Isermann, R. ; M. Jordan; T. Knapp, (1989). Digital Adaptive-Control based on identified parametric and non-parametric models. ASME, Anaheim USA.

[18] Isermann, R. (1987). Stand und Entwicklungstendenzen bei adaptiven Regelungen, Automatisierungstechnik at, 4.

[19] Pfeiffer, B.-M. (1992). Selbsteinstellende klassische Regler mit Fuzzy Logik. Workshop Fuzzy Control des GMA-UA 1.4.2, Dortmund.

[20] Pfannstiel, D. (1992). Modellbildung, Simulation und digitale Regelung eines ölbefeuerten Heizkessels mit kleiner Leistung. VDI-Fortschrittberichte, 19, 58. Düsseldorf: VDI-Verlag.

[21] fuzzyTECH 2.0 (1992). Schlüssel zur Fuzzy-Technologie. INFORM, Aachen.

[22]   Kosko, B. (1992). Neural Networks and Fuzzy Systems. New Jersey: Prentice Hall.

[23]   Altrock, C. v.; B. Krause; H.-J. Zimmermann (1992). Advanced Fuzzy Logic Control in Automative Applications. IEEE Conference on Fuzzy Systems.

[24]   Altrock, C. v.; B. Krause (1992). Online Development Tools for Fuzzy Knowledge-Based Systems of Higher Order. International Confernce on Fuzzy Logic and Neural Networks, Iizuka, Japan.

[25]   Altrock, C. v.; H.-O. Arend; B. Krause (1993). Customer Habit Adaptive Fuzzy Logic Control of a Home Heating System. Computer Design Conference, San Francisco, USA.

5.

Selbsteinstellender Fuzzy-Regler zur Prozeßregelung beim Innenrundschleifen*

Dipl.-Ing. A. Walter; Dipl.-Ing. J. Faßmer
Institut für Fertigungstechnik und Spanende Werkzeugmaschinen (IFW)

1. Einleitung

Schleifen ist ein Fertigungsverfahren, das hohe Anforderungen an die Oberflächenqualität und die Maß- und Formhaltigkeit der Werkstücke erfüllen muß. Die Schleifbearbeitung verursacht zudem einen hohen Anteil an den Herstellkosten eines Werkstücks, so daß auch die Produktivität und die Wirtschaftlichkeit des Prozesses gegeben sein müssen. Darüber hinaus wird eine hohe Prozeßsicherheit angestrebt, da zum einen das zu schleifende Werkstück durch die Vorbearbeitung bereits eine hohe Wertschöpfung erfahren hat. Zum anderen wird heute vermehrt der hochharte aber teure Schleifstoff kubisch kristallines Bornitrid (CBN) verwendet, dessen Einsatz die Einhaltung enger Prozeßgrenzen verlangt.

Einen wesentlichen Beitrag zur Erfüllung dieser Forderungen kann die adaptive Prozeßführung leisten, bei der eine Prozeßkenngröße aus dem Prozeß abgegriffen und in einem Regelkreis auf einem definierten Wert gehalten wird. Beim Innenrundschleifen wurden bereits Strategien zur adaptiven Prozeßführung entwickelt und eingesetzt [1,2]. Die erforderliche Regelung wurde mit konventionellen digitalen Reglern auf der Basis eines parametrischen Prozeßmodells realisiert. Wegen der beim Schleifen auftretenden Störungen und des zeitvarianten Prozeßverhaltens auf Grund

* Die in diesem Beitrag vorgestellten Untersuchungen wurden im Rahmen des von der Deutschen Forschungsgemeinschaft geförderten Forschungsvorhabens "Entwicklung und Einsatz eines Fuzzy-Reglers zur Prozeßregelung beim Innenrundschleifen" am IFW (Leiter: Prof. Dr.-Ing. Dr.-Ing. E.h. H.K. Tönshoff) durchgeführt.

von Werkzeugverschleiß erfordert die Parameterschätzung einen erheblichen mathematischen Aufwand. Mit Hilfe der konventionellen digitalen Regler lassen sich zudem nur Grenzwertregelungen (sogenannte ACC-Systeme) realisieren.
Derzeit werden im Vergleich dazu die Einsatzmöglichkeiten eines Fuzzy-Reglers für die Regelung des Innenrundschleifprozesses untersucht. Dabei wird insbesondere eine Erweiterung auf eine Optimierregelung (ACO-System) angestrebt, wobei neben der Prozeßregelung eine von den Arbeitsergebnissen abhängige Schleifparametereinstellung zwischen den Schleifzyklen durchgeführt wird. Hierzu ist der Einsatz der Fuzzy Logik besonders geeignet. Als erster Schritt wurden bereits mehrere Fuzzy-Regler verschiedener Entwicklungsstufen zur Grenzwertregelung beim Innenrundschleifen realisiert [3].
Bei sämtlichen Reglern stellt jedoch die zeitaufwendige und daher subjektive Einstellung der großen Anzahl der Entwurfsparameter ein wesentliches Problem dar. Dieser Aufwand wird noch durch das stark nichtlineare Verhalten eines Fuzzy-Reglers vergrößert. Besonders die Abhängigkeit des Regelverhaltens von der Höhe des aktuellen Sollwertes bereitet bei einer Führungsregelung, wie sie hier vorliegt, besondere Probleme. Daher wurde ein objektives Verfahren entwickelt, das gleichzeitig den manuellen Zeitaufwand für die Synthese des Fuzzy-Reglers minimiert.

2. Prozeßführung beim Innenrundschleifen

Das Fertigungsverfahren Innenrundschleifen dient zur Innenbearbeitung rotationssymmetrischer Bauteile. Die Anordnung von Werkstück und Werkzeug sowie die Bewegungsabläufe für einen Einstechzyklus sind in Bild 1 dargestellt. Das Werkstück ist in ein Backenfutter gespannt. Zu Beginn eines Schleifzyklus fährt der Längsschlitten mit dem Werkzeug in das Werkstück ein. Anschließend beginnt die Zustellung zwischen Werkzeug und Werkstück mit der radialen Einstechgeschwindigkeit v_{fr}. Während des eigentlichen Schleifens treten Kräfte in normaler (radialer) und tangentialer Richtung auf, wobei besonders die Schleifnormalkraft F_n eine hohe Aussagekraft über den momentanen Prozeßzustand besitzt. Werkstück und Werkzeug drehen sich i.a. entgegengesetzt, wobei die Drehzahl des Werkzeuges wesentlich größer ist als die des Werkstückes. Aus technologischen Gründen wird der Einstechbewegung oft eine Oszillation des Längsschlittens überlagert.

Bislang wird beim Innenrundschleifen fast ausschließlich die konventionelle Prozeßführung eingesetzt. Hierbei erfolgt die radiale Zustellung zwischen Werkzeug und Werkstück mit abschnittweise konstanter Vorschubgeschwindigkeit. Es erfolgt keine Messung oder Rückführung einer Prozeßkenngröße. Ein Schleifzyklus gliedert sich in die Phasen Eilannäherung, Luftschleifen, Schruppen, Schlichten und Ausfeuern.

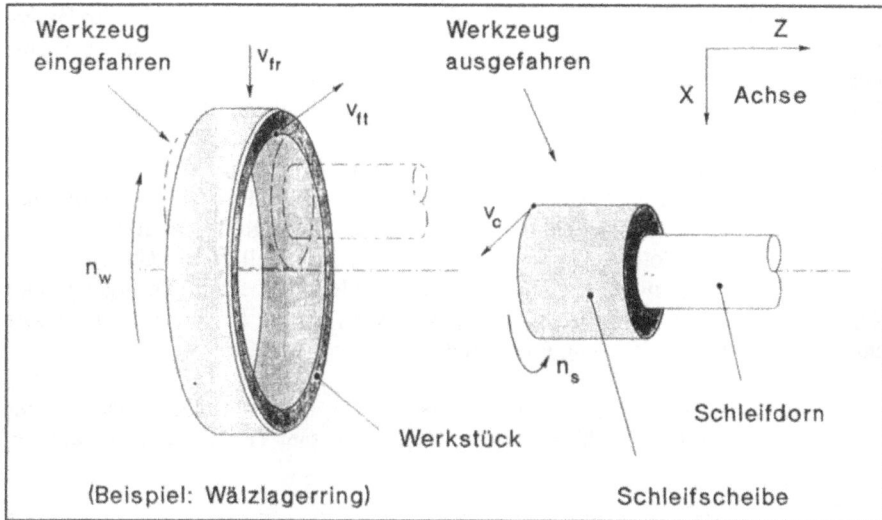

Bild 1: Prinzip des Innenrundschleifens

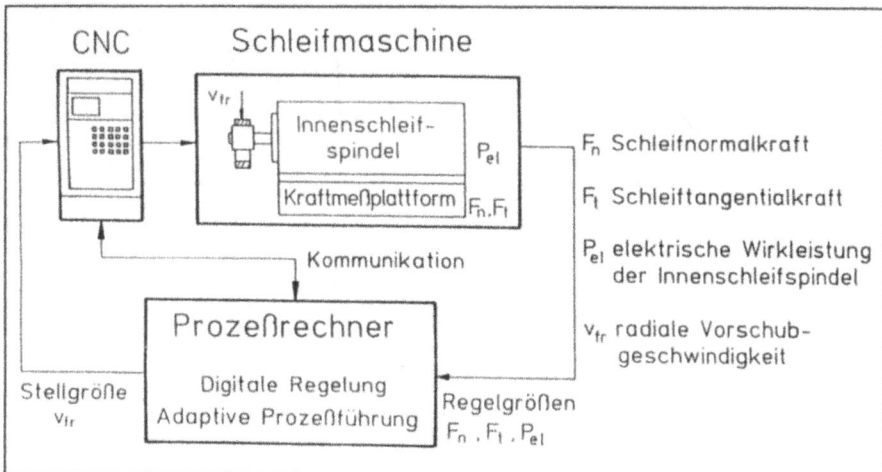

Bild 2: Regelkreis für das adaptive Innenrundschleifen

Während der Eilannäherung wird das Werkzeug mit hoher Geschwindigkeit bis zum größtmöglichen Aufmaß an das Werkstück herangefahren. Hier wird von Eil- auf Arbeitsvorschub umgeschaltet. Die anschließende Phase des Luftschleifens dauert bis zum tatsächlichen Kontakt zwischen Werkzeug und Werkstück. Diese unproduktive Zeit bis zum Anschnitt hängt vom Aufmaß des Werkstücks ab und ist höchst unerwünscht. Beim anschließenden Schruppen wird der größte Teil des Schleifaufmaßes abgetragen, während die Phasen Schlichten und Ausfeuern der Sicherung der notwendigen Werkstückqualität dienen.

Während es sich beim konventionellen Innenrundschleifen um eine rein wegabhängige Geschwindigkeitssteuerung handelt, wird bei der adaptiven Prozeßführung eine der Prozeßkenngrößen (z.B. die Schleifnormalkraft) als Regelgröße benutzt und nach einer vorgegebenen Sollwertkurve geregelt (Bild 2). Als Stellgröße steht die radiale Geschwindigkeit v_{fr} zwischen Werkstück und Schleifscheibe zur Verfügung. Der Regelkreis wird über den Prozeßrechner geschlossen, der die Regelung des Prozesses und die adaptive Prozeßführung übernimmt.

Mit einer adaptiven Prozeßführung lassen sich die einzelnen Phasen des Schleifprozesses unter verschiedenen Gesichtspunkten zum Teil erheblich optimieren (Bild 3).

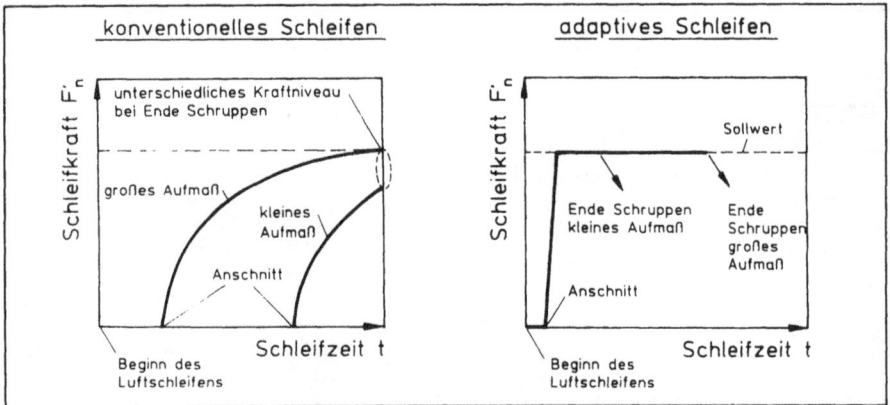

Bild 3: Qualitativer Verlauf der Schleifkraft beim konventionellen und adaptiven Innenrundschleifen

Unproduktive Prozeßzeiten durch Luftschleifen lassen sich mit einer adaptiven Prozeßführung in einfacher Weise dadurch beseitigen, daß die Regelgröße bereits während der Eilzustellung gemessen und ihr sprunghafter Anstieg beim Anschnitt für die Umschaltung auf den Arbeitsvorschub genutzt wird. Während die Elastizitäten im System "Werkzeugmaschine-Schleifprozeß" beim konventionellen Schleifen einen langsamen Anstieg der Kraft und damit des Zerspanvolumens zur Folge haben, kann dieser Effekt beim adaptiven Schleifen kompensiert werden. Die Kraft steigt durch die Regelung in kürzester Zeit auf den gewünschten Sollwert an.

Beim konventionellen Schleifen entstehen auf Grund der unterschiedlichen Eingriffszeiten, die durch die Aufmaßschwankungen bedingt sind, auch entsprechend unterschiedliche Auffederungen. Dies hat eine Streuung der Maß- und Formfehler zur Folge, die auch durch die anschließenden Phasen Schlichten und Ausfeuern nicht vollständig abgebaut werden können, weil Störeinflüsse nicht erfaßt werden. Hier bietet das adaptive Schleifen einen grundsätzlichen Vorteil, da am Ende der Bearbeitung unabhängig vom Aufmaß des bearbeiteten Werkstückes auf Grund der konstanten Spindeldurchbiegung für alle Werkstücke gleiche Maß- und Formfehler auftreten und so geeignete Maßnahmen zu deren Kompensation ergriffen werden können. Das Konstantkraftschleifen bietet zudem eine hohe Prozeßsicherheit, da auf Grund der Regelung keine Überlastung oder gar Beschädigung der Schleifscheibe auftreten kann.

3. Realisierung der Prozeßregelung

Obwohl die Vorteile der adaptiven Prozeßführung seit langem bekannt sind [1, 2], ist bis heute eine Anwendung in der Industrie selten zu finden. Dies ist vor allem darin begründet, daß Regeleinheiten bis vor wenigen Jahren ausschließlich in analoger Technik aufgebaut waren und die Anforderungen, die die einzelnen Prozeßphasen und die prozeßbedingten Störungen an den Regler stellen, einen extrem hohen Schaltungsaufwand erfordern.

Vor dem Hintergrund der in letzter Zeit stark gestiegenen Rechenleistung von Mikroprozessoren wurde am IFW ein Prozeßrechnersystem entwickelt, das speziell auf die Anforderungen des adaptiven Innenrundschleifens abgestimmt ist. Dieses System sowie die Schnittstellen zur Werkzeugmaschine und ihrer numerischen Steuerung (CNC) sind ausführlich in [4] und [5] beschrieben. Das Prozeßrechnersystem wird als Erweiterungsgerät an eine herkömmliche CNC angeschlossen. Während die Erfassung der analogen Regelgröße und die Kommunikation (Synchronisation) mit der CNC i.a. keine Probleme bereiten, mußte die Schnittstelle zur Übergabe der Stellgröße an die CNC sehr flexibel ausgeführt werden. Auf dem Prozeßrechnersystem wurde das Echtzeit- und Multitasking-Betriebssystem RTOS-UH/PEARL für Prozessoren der MC68000-Familie eingesetzt, das sich besonders für die Anwendung bei Regelungsaufgaben eignet.

3.1 Einsatz eines konventionellen digitalen Reglers

Auf der Basis dieses Prozeßrechnersystems wurde eine selbstoptimierende Regelung für den Innenrundschleifprozeß entwickelt. Eine Voraussetzung für den Aufbau einer digitalen Regelung ist die Kenntnis des Übertragungsverhaltens der Regelstrecke (Bild 4). Das unbekannte Verhalten des Systems "Werkzeugmaschine-Schleifprozeß-Meß- einrichtung" wird mit Hilfe eines parametrischen Prozeßmodells mit der diskreten z- Übertragungsfunktion (ÜTF) $G_P(z)$ beschrieben [6], wobei die diskrete Totzeit "d" und die Modellordnung "m" (hier gleich 3) als A-priori-Informationen bekannt sein müssen.

Die Schätzung der unbekannten Prozeßparameter a_i und b_j erfolgt on-line im ge- schlossenen Regelkreis während des Schleifprozesses nach der rekursiven Methode der "kleinsten Fehlerquadrate" (RLS-Verfahren) und liefert nach jedem Abtasttakt die aktuellen Prozeßparameter. Anhand der so berechneten Parameter wird die optimale Einstellung der Koeffizienten des gewählten Reglers vorgenommen.

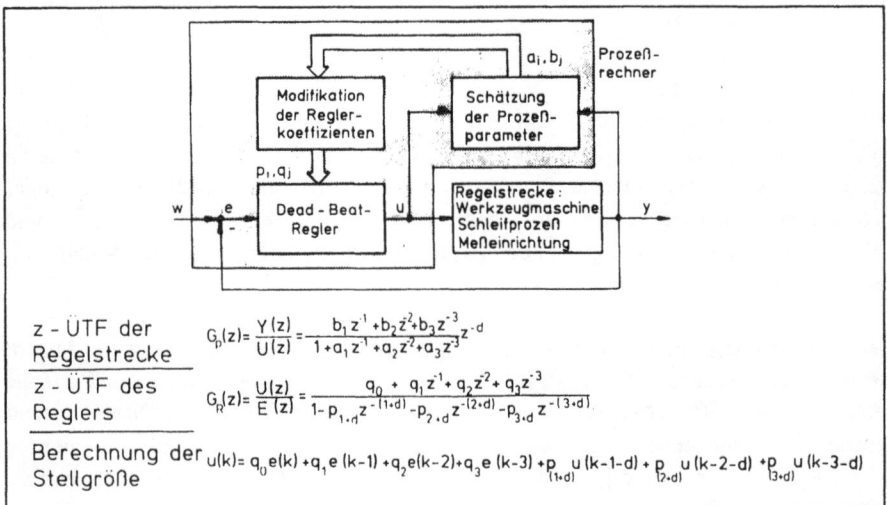

$$G_p(z) = \frac{Y(z)}{U(z)} = \frac{b_1 z^{-1} + b_2 z^{-2} + b_3 z^{-3}}{1 + a_1 z^{-1} + a_2 z^{-2} + a_3 z^{-3}} z^{-d}$$

z - ÜTF der Regelstrecke

$$G_R(z) = \frac{U(z)}{E(z)} = \frac{q_0 + q_1 z^{-1} + q_2 z^{-2} + q_3 z^{-3}}{1 - p_{1,d} z^{-(1+d)} - p_{2,d} z^{-(2+d)} - p_{3,d} z^{-(3+d)}}$$

z - ÜTF des Reglers

Berechnung der Stellgröße
$$u(k) = q_0 e(k) + q_1 e(k-1) + q_2 e(k-2) + q_3 e(k-3) + p_{1,d} u(k-1-d) + p_{2,d} u(k-2-d) + p_{3,d} u(k-3-d)$$

Bild 4: Konzept der konventionellen digitalen Regelung

Als geeigneter Reglertyp hat sich der strukturoptimale Dead-Beat(DB)-Regler (Regler mit endlicher Einstellzeit), der in verschiedenen Varianten konfigurierbar ist, erwiesen. Die Beschreibung des DB-Reglers erfolgt ebenfalls durch eine z- Übertragungsfunktion $G_R(z)$. Die Reglerkoeffizienten p_m und q_n berechnen sich durch Koeffizientenvergleich direkt aus den Prozeßparametern, indem die Übertragungsfunktion des Regelkreises gleich dem optimalen Wert Eins gesetzt wird. Eine diskrete Totzeit der Strecke "d" und ein zeitvariantes Verhalten des Prozesses, wie es durch den zunehmenden Schleifscheibenverschleiß gegeben ist, können berücksichtigt werden. Über die entsprechende Vorgabe der Führungsgröße können somit die verschiedenen Strategien zur Prozeßführung realisiert werden.

Bild 5 zeigt beispielhaft einen adaptiven Schleifzyklus bis zum Fertigmaß. Direkt nach dem Anschnitt erreicht die Regelgröße (Schleifnormalkraft) sehr schnell und ohne Überschwingen den geforderten Sollwert für das Schruppen. Dazu gibt der Regler zunächst sehr hohe Stellgrößen aus, so daß die Maschinenauffederung in der erwünschten Weise schnell aufgebaut wird. Ausgehend vom Niveau am Ende des Schruppens (Punkt I_1) erfolgt eine über dem Zustellweg konstante Reduzierung des Sollwertes bis zum Erreichen des Fertigmaßes (Punkt I_2), wobei an dieser Position gleichzeitig die vorgegebene Restkraft F_{nr} vorherrschen soll. Während des gesamten Zyklus kann eine gute Übereinstimmung zwischen Regelgröße und Sollwert beobachtet werden.

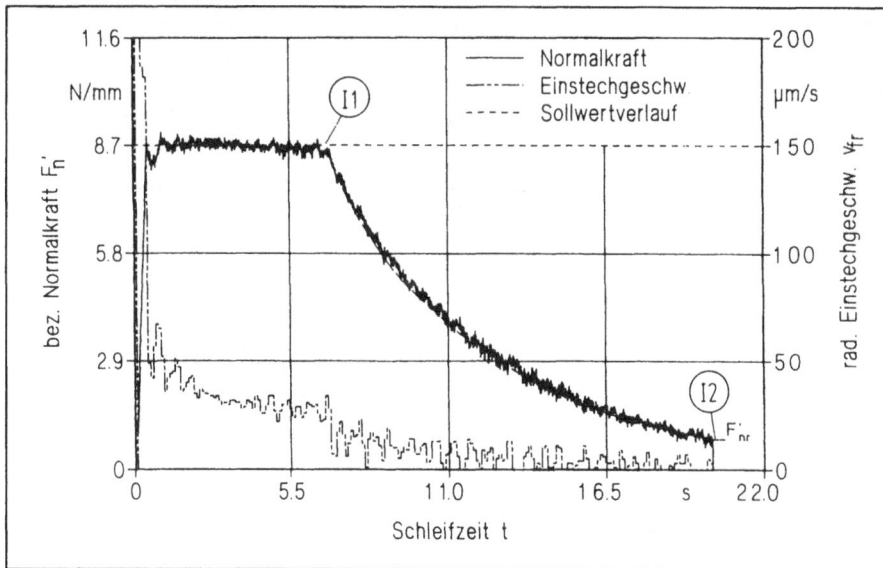

Bild 5: Adaptiver Schleifzyklus bis zum Fertigmaß

Diese Vorgehensweise gewährleistet aber nur dann eine sichere Prozeßführung, wenn der Regler optimal an die Strecke angepaßt ist, was wiederum eine fehlerfreie Parameterschätzung voraussetzt. Dies ist jedoch oftmals nicht gegeben, da die zu bearbeitenden Bohrungen i.a. durch die Vorbearbeitung Fehler in axialer und radialer

Richtung aufweisen. Weiterhin bereiten die Oszillation des Längsschlittens, stochastische Störungen sowie das zeitvariante Prozeßverhalten durch Werkzeugverschleiß erhebliche Probleme bei der Parameterschätzung, so daß trotz erheblichen mathematischen Aufwandes in einigen Fällen keine reproduzierbaren Ergebnisse erzielt werden können. Darüber hinaus lassen sich mit einem konventionellen digitalen Regler nur Grenzwertregelungen (sogenannte ACC-Systeme) realisieren.

3.2 Einsatz eines Fuzzy-Reglers

Im Vergleich zu dem beschriebenen AC-System werden derzeit die Einsatzmöglichkeiten eines Fuzzy-Reglers für die Regelung des Innenrundschleifprozesses untersucht. Dabei wird insbesondere eine Erweiterung auf eine Optimierregelung (ACO-System) angestrebt, wofür neben der Prozeßregelung eine von den Arbeitsergebnissen abhängige Schleifparametereinstellung zwischen den Schleifzyklen durchzuführen ist. Hierzu ist der Einsatz der Fuzzy Logik besonders geeignet, da die erforderliche Verknüpfung von Prozeß- und Qualitätskenngrößen mit einem mathematischen Modell nur schwer zu beschreiben ist.

Als erster Schritt wurden mehrere Fuzzy-Regler verschiedener Entwicklungsstufen zur Grenzwertregelung beim Innenrundschleifen realisiert [3] (Bild 6).

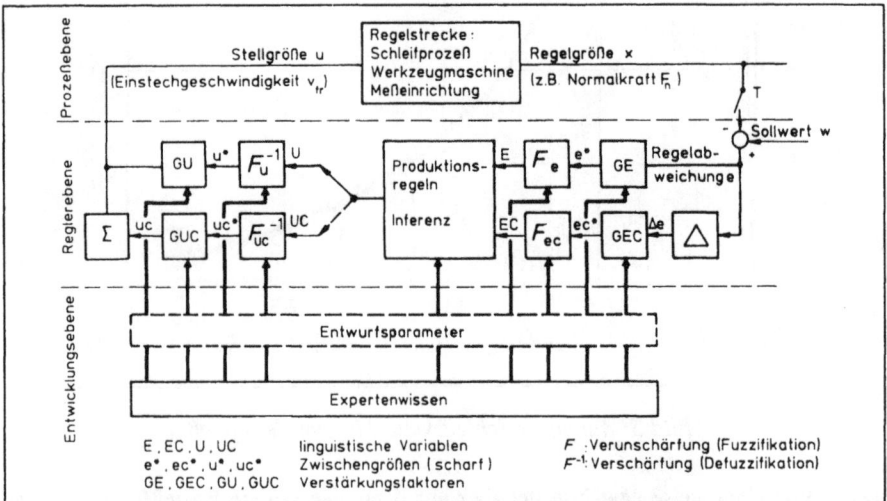

Bild 6: Blockschaltbild des Regelkreises mit unscharfem Regler

Es werden zwei unterschiedliche Regler benutzt. In Phasen großer Regelabweichungen wird ein Regler aktiviert, dessen Eingangsgrößen im gesamten Wertebereich liegen können und der die Stellgröße als absoluten Wert (U) ausgibt. Bei einer kleinen Regelabweichung wird ein Regler benutzt, dessen Eingangsgrößen nur einen begrenzten Wertebereich abdecken, d.h. wenn relativ kleine Abweichungen zwischen Soll- und Istwert der Regelgröße auszuregeln sind. Hierbei wird eine inkrementelle Stellgröße (UC) berechnet, die mit Hilfe eines Summierers in eine absolute Größe umgewandelt wird. Durch dieses integrierende Verhalten kann eine bleibende Regelabweichung auch bei zeitvariantem Streckenverhalten vermieden werden. Dennoch beinhaltet dieser inkrementelle Regler wesentlich mehr Wissen (d.h. Produktionsregeln), da auf Grund der prozeßbedingten Störungen (Unrundheit der Werkstücke, Längsschlittenoszillation und stochastische Störungen) spezielle Strategien erforderlich sind. Zusätzlich enthält der Regler Verstärkungsfaktoren zur Anpassung der Wertebereiche der physikalischen Größen an die linguistischen Variablen.

Die Form der Zugehörigkeitsfunktionen beschränkt sich auf mathematisch einfach zu handhabende Dreieck- und Trapezformen, da die Wahl der Zugehörigkeitsfunktionen keinen wesentlichen Einfluß auf das Regelverhalten hat. Für die UND- bzw. ODER-Verknüpfungen, die bei der Abarbeitung der Produktionsregeln durchzuführen sind, wird der *MINMAX*-Operator eingesetzt. Auch die Wahl der Inferenzmethode (*MAX-PROD* bzw. *MAX-MIN*) hat keinen wesentlichen Einfluß auf die Regelgüte. Für die Rückwandlung in eine scharfe Stellgröße (Defuzzifikation) wird die Schwerpunktmethode eingesetzt.

Neben dem beschriebenen Mikrorechnersystem wurde auch ein Personal Computer (PC) durch eine spezielle Multifunktionskarte auf die Anforderungen einer Prozeßregelung abgestimmt. Für die Anwendung auf dem PC wurde eine benutzerfreundliche Entwicklungsumgebung eingesetzt, die sich durch einfache Bedienung auszeichnet und geeignete Kontrollfunktionen zur Verfügung stellt. Die Zykluszeit für einen Regeltakt beträgt hier ca. 3 ms. Das Übertragungsverhalten eines Fuzzy-Reglers wird durch eine Reihe von Entwurfsparametern bestimmt. Durch die Vielzahl der Parameter kann eine Anpassung an die verschiedensten Prozeßsituationen vorgenommen werden. Der Vorteil dieser Flexibilität wird jedoch zu einem entscheidenden Nachteil, wenn man den enormen Zeitaufwand für die manuelle Bestimmung der Entwurfsparameter berücksichtigt. Darüber hinaus ist bei diesem subjektiven Entwurfsverfahren mit keinen reproduzierbaren Ergebnissen zu rechnen.

4. Verfahren zur Selbsteinstellung des Fuzzy-Reglers

Bei der Entwicklung und dem Einsatz eines Fuzzy-Reglers ergeben sich im wesentlichen zwei Problembereiche: Die Subjektivität und der Einstellaufwand. Im folgenden wird ein Verfahren vorgestellt, das einzelne Schritte bei der Entwicklung automatisiert, d.h. objektiv und mit minimalem Zeitaufwand durchführt (Tabelle 1).

Einzelschritt	automatisiert
Festlegung der Ein- und Ausgangsgrößen	nein
Festlegung der Anzahl der unscharfen Mengen	nein
Parametrierung der Zugehörigkeitsfunktionen	ja
Auswahl der Operatoren	nein
Auswahl des Inferenzverfahrens	nein
Auswahl des Defuzzifikationsverfahrens	nein
Aufstellung der Produktionsregeln	ja
Vervollständigung des Fuzzy-Algorithmus	ja
Abstimmung der Verstärkungsfaktoren	ja

Tabelle 1: Einzelschritte bei der Entwicklung eines Fuzzy-Reglers

Hierbei kommen unter anderem Neuronale Netzwerke zum Einsatz [7, 8, 9, 10]. Diese stellen von den Ein- und Ausgängen her betrachtet einen schwarzen Kasten dar, dessen Eigenschaften während einer sogenannten Trainingsphase bestimmt werden. Die Regelmäßigkeiten und Muster, die sich in der Verteilung der Trainingsdaten verbergen, bildet das Netzwerk durch die Veränderung seiner inneren Struktur nach. Das Übertragungsverhalten eines Systems kann auf diese Weise ohne die Aufstellung komplizierter mathematischer Modelle beschrieben werden. Die Grundlagen können der angegebenen Fachliteratur entnommen werden.

Das hier vorgestellte Identifikationsverfahren kann das durch Trainingsdaten repräsentierte Übertragungsverhalten eines Systems mit hoher Genauigkeit in die Entwurfsparameter eines Fuzzy-Reglers abbilden, dessen Ein-/Ausgangsverhalten sich danach mit dem des zu identifizierenden Modells deckt. Es ist also besonders dazu geeignet, einen bereits im Einsatz befindlichen (konventionellen) Regler durch einen Fuzzy-Regler zu ersetzen. Im vorliegenden Fall wird daher der bereits beschriebene DB-Regler durch einen Fuzzy-Regler automatisiert nachgebildet.

Zur Beschaffung der Trainingsdaten bietet sich eine Anregung durch Sollwertsprünge an. Diese Sprünge werden durch einen Zufallsgenerator erzeugt, so daß die Beschaffung der Prozeßdaten nach objektiven Kriterien erfolgt. Es kommen ausschließlich dreieck- oder trapezförmige Mengen zum Einsatz.

4.1 Automatische Parametrierung der Zugehörigkeitsfunktionen

Bei der manuellen Entwicklung eines Fuzzy-Reglers stellt die Parametrierung der Zugehörigkeitsfunktionen (ZGF) einen zeitaufwendigen und subjektiven Vorgang dar. Für jeden Term der linguistischen Variablen muß die korrespondierende unscharfe Menge parametriert werden. Zur Automatisierung dieser Entwurfsphase soll das Verfahren des Differential-Competitive-Learning (DCL) [11] eingesetzt werden. Ziel dieses Ansatzes ist, die ZGF nur dort zu plazieren, wo auch Trainingsdaten vorliegen. Darüber hinaus soll sich die Dichte der Mengen an der Dichte der Datenverteilung orientieren [12].

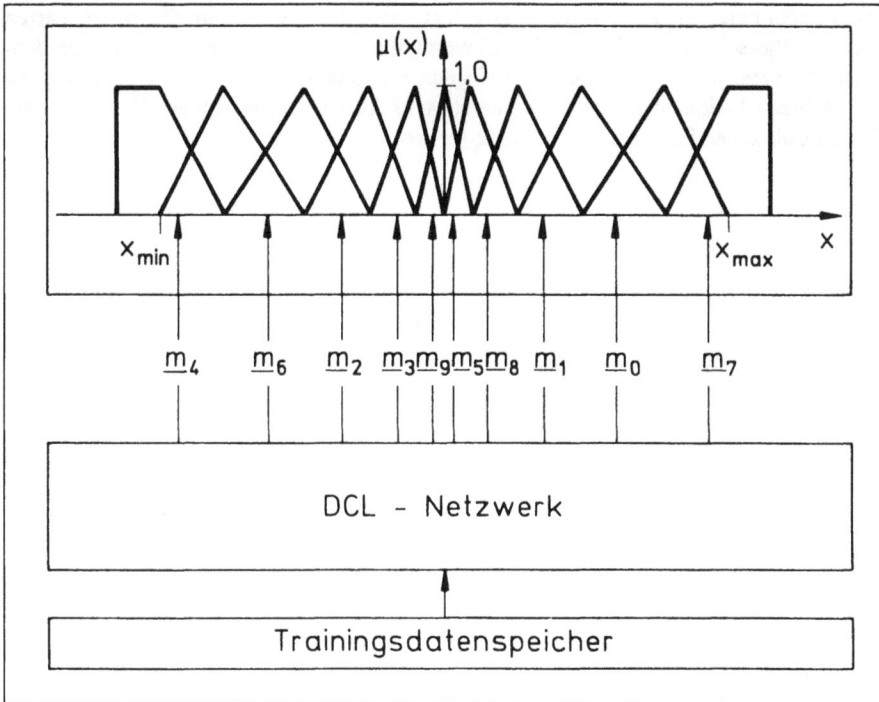

Bild 7: Parametrierung der unscharfen Mengen

Die Parametrierung der einzelnen Ein- und Ausgangsgrößen des Fuzzy-Reglers erfolgt unabhängig voneinander. Daher haben die Quantisierungsvektoren die Dimension Eins. Die in [11] beschriebenen Grundmechanismen des DCL-Verfahrens bewirken, daß sich die Quantisierungsvektoren an Stellen mit verstärkt auftretenden

Trainingsdaten konzentrieren. Aus der Verteilung der Quantisierungsvektoren leiten sich dann die Parameter der unscharfen Mengen ab (Bild 7).
Während der Lernphase werden alle Trainingsdaten der Reihe nach dem Netzwerk zugeführt. Dabei wird immer nur der dem aktuellen Trainingsdatum nächste Quantisierungsvektor $\underline{m}_i$ in seiner Lage verändert. Nach dieser Adaption weisen der sogenannte Siegervektor und der momentan am Netzwerk anliegende Eingangsvektor eine Ähnlichkeit auf. Auf diese Weise entsteht die in Bild 7 skizzierte Verteilung der Quantisierungsvektoren, aus der sich die unscharfen Mengen wie folgt ableiten. Mit Ausnahme der Randmengen haben alle ZGF eine dreieckförmige Gestalt.

Ihr Maximum liegt jeweils in der Mitte zweier benachbarter Quantisierungsvektoren. Die Randpunkte ($\mu(x)=0$) werden so gelegt, daß sich jeweils nur die benachbarten Mengen überschneiden. Die Flächenschwerpunkte der Randmengen liegen über dem Minimal- bzw. Maximalwert der Trainingsdaten, so daß die Schwerpunktmethode bei der Defuzzifikation in jedem Fall eine scharfe Ausgangsgröße innerhalb der in den Trainingsdaten enthaltenen Extremwerte liefert.

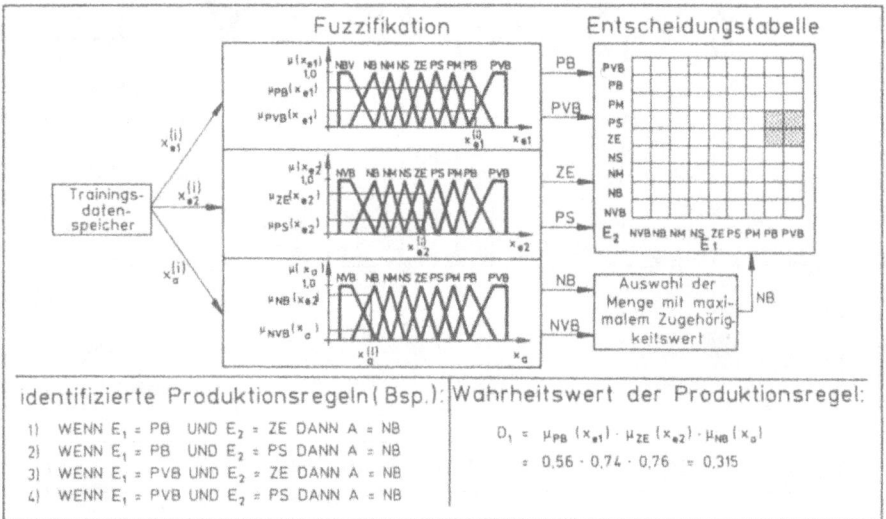

Bild 8: Generierung der Produktionsregeln

Eine weitere Möglichkeit stellt die gleichmäßige Verteilung der unscharfen Mengen über dem Wertebereich dar. Hierbei werden die Quantisierungsvektoren mit Werten initialisiert, die gleichmäßig über das Intervall [x_{min}, x_{max}] verteilt sind. Somit ist eine über den gesamten Bereich der Trainingsdaten einheitliche Identifikationsgüte gewährleistet. Eine Verbesserung dieser Güte ist über eine größere Anzahl von

Mengen möglich. Die Auswahl des geeigneten Verfahrens hängt von der jeweiligen Aufgabenstellung ab.

4.2 Selbsttätige Aufstellung des Fuzzy-Algorithmus

Der Fuzzy-Algorithmus bestimmt neben den linguistischen Variablen maßgeblich das Verhalten des Fuzzy-Reglers. Die wesentliche Aufgabe bei der Entwicklung besteht darin, das Wissen eines Experten über den zu regelnden Prozeß und seine Zielvorstellungen über das spätere Regelverhalten in den Fuzzy-Algorithmus umzusetzen. Bei der manuellen Durchführung sind eine Reihe zeitaufwendiger Tests und eine iterative Modifikation des Algorithmus erforderlich. Ein weiterer Nachteil besteht in der Subjektivität dieses Entwurfsverfahrens. Im folgenden wird eine objektive Methode beschrieben, die sich teilweise an die Arbeiten [13] und [14] anlehnt.

4.2.1 Generierung der Produktionsregeln

Bei der automatisierten Generierung der Produktionsregeln besteht die Aufgabe darin, die in der Struktur der Trainingsdaten versteckten Gesetzmäßigkeiten zu extrahieren und in eine angemessene Anzahl von Fuzzy-Regeln umzusetzen. Hier ist der Einsatz eines Neuronalen Netzwerkes nicht sinnvoll, da die Umsetzung der Trainingsdaten in Produktionsregeln direkt erfolgen kann. Das verwendete Verfahren wird an einem System mit zwei Ein- und einer Ausgangsgröße, wie es hier auch vorliegt, erläutert (Bild 8). Somit läßt sich der Fuzzy-Algorithmus anschaulich in Form einer Entscheidungstabelle darstellen. Das Verfahren ist jedoch unmittelbar auf Mehrgrößensysteme übertragbar. Die linguistischen Variablen der Eingangsgrößen werden im folgenden beispielhaft mit E_1 bzw. E_2, die der Ausgangsgröße mit A bezeichnet.

Die Trainingsdaten werden zunächst einer Fuzzifikation unterworfen, wobei diese auf die scharfen Ein- und Ausgangsgrößen angewendet wird. Als Ergebnis dieses ersten Schrittes erhält man für das i-te Wertetripel aus dem Trainingsdatenspeicher zwei linguistische Terme für jede Variable. Daraus lassen sich insgesamt acht mögliche Produktionsregeln ableiten (Tabelle 2).

Im nächsten Schritt müssen vier der oben aufgeführten Regeln ausgewählt werden (vgl. Bild 8), wobei die Ausgangsgröße des i-ten Wertetripels der Trainingsdaten möglichst genau mit der Ausgangsgröße des späteren Fuzzy-Reglers übereinstimmen soll. Die rechnerisch einfachste Lösung besteht in der Verwendung der Produktionsregeln, deren Ausgangsterme die höchsten Grade der Erfülltheit aufweisen (hier Nr. 1 - 4).

lfd. Nr.	Produktionsregeln
1	WENN E_1 = PB UND E_2 = ZE DANN A = NB
2	WENN E_1 = PB UND E_2 = PS DANN A = NB
3	WENN E_1 = PVB UND E_2 = ZE DANN A = NB
4	WENN E_1 = PVB UND E_2 = PS DANN A = NB
5	WENN E_1 = PB UND E_2 = ZE DANN A =NVB
6	WENN E_1 = PB UND E_2 = PS DANN A =NVB
7	WENN E_1 = PVB UND E_2 = ZE DANN A =NVB
8	WENN E_1 = PVB UND E_2 = PS DANN A =NVB

Tabelle 2: Aus einem Wertetripel der Trainingsdaten extrahierte Produktionsregeln

Bei der großen Anzahl an Trainingsdaten kommt es oft vor, daß der beschriebene Algorithmus Produktionsregeln mit identischem WENN-Teil aber unterschiedlichem DANN-Teil liefert. In [14] wird zur Lösung dieses Konflikts die Einführung des sogenannten Wahrheitswertes einer Produktionsregel D vorgeschlagen. Diese Größe berechnet sich aus dem Produkt der Zugehörigkeitswerte, mit denen die scharfen Ein- und Ausgangsgrößen den linguistischen Termen einer Produktionsregel angehören. Für die Regel 1 aus obigem Beispiel ergibt sich der in Bild 8 berechnete Wert. Tritt nun der Fall ein, daß zwei oder auch mehrere Produktionsregeln die gleiche Vorbedingung aber eine sich widersprechende Schlußfolgerung haben, so wird die Regel mit dem höheren Wahrheitswert D in den Fuzzy-Algorithmus übernommen.

Nachdem alle Trainingsdaten nach dem beschriebenen Verfahren berücksichtigt sind, weist der Fuzzy-Algorithmus in der Regel noch Lücken auf, da die Trainingsdaten nicht alle theoretisch denkbaren Prozeßsituationen repräsentieren. Dies kann sich jedoch negativ auf die Stabilität des zu identifizierenden Fuzzy-Reglers auswirken. Im nächsten Abschnitt wird auf diese Problematik eingegangen.

4.2.2 Vervollständigung der Entscheidungstabelle

Die Struktur der Vorbedingungen und Schlußfolgerungen eines Fuzzy-Algorithmus gehorcht gewissen Gesetzmäßigkeiten, die das Regelverhalten bestimmen. Gelingt es jedoch auf Grund fehlender Prozeßdaten lediglich Teile dieser Struktur zu identifizieren, besteht die Notwendigkeit die übrigen Merkmale auf andere Weise zu rekonstruieren.

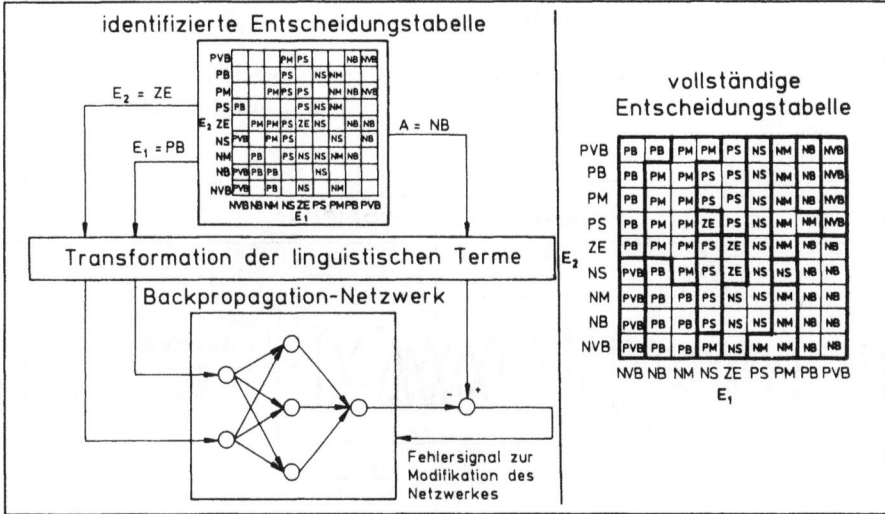

Bild 9: Vervollständigung der Entscheidungstabelle

Nachdem die Struktur der bisher identifizierten Produktionsregeln genügend genau in der Verbindungsmatrix des Netzwerkes gespeichert ist, können die noch unbesetzten Felder der Entscheidungstabelle mit Regeln gefüllt werden. Dazu werden die kodierten Terme der linguistischen Eingangsvariablen, denen noch keine Schlußfolgerung zugeordnet ist, an die Eingänge des Backpropagation-Netzwerkes gelegt, und der Ausgabewert des Ausgangsneurons als Reaktion auf die Anregung der Eingabeneuronen berechnet. Bei diesem Ausgabewert handelt es sich wiederum um eine reelle Zahl im Intervall [0,2; 0,8], die mittels der inversen Transformation in den entsprechenden Term umgerechnet wird.

Zur Reduzierung der Zykluszeit des späteren Fuzzy-Reglers wird in einem letzten Schritt die Anzahl der Produktionsregeln minimiert, indem die Regeln mit gleichem Ausgangsterm zusammengefaßt werden.

4.3 Optimierung der unscharfen Ausgangsmengen

Die bisherigen Erläuterungen haben gezeigt, daß die Parametrierung der Zugehörigkeitsfunktionen und die Aufstellung des Fuzzy-Algorithmus automatisiert werden können.

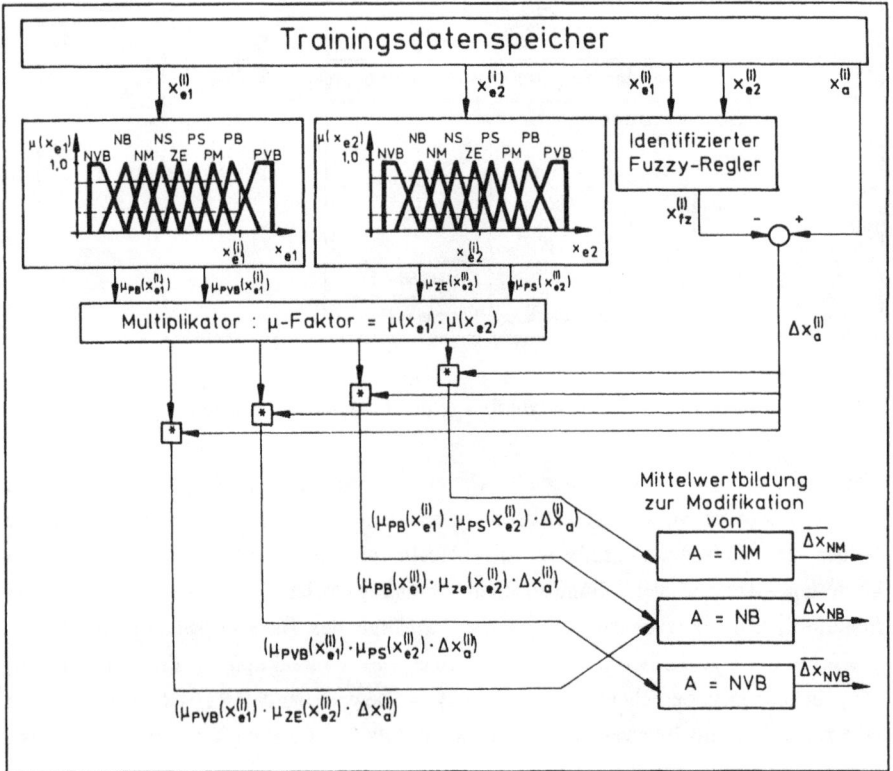

Bild 10: Verfahren zur Optimierung der unscharfen Ausgangsmengen

Die Übereinstimmung zwischen den Trainingsdaten und dem Ein-/Ausgangsverhalten des identifizierten Fuzzy-Reglers läßt sich jedoch durch eine abschließende Feinabstimmung der Zugehörigkeitsfunktionen der Ausgangsgröße weiter optimieren (Bild 10).

Das Ein-/Ausgangsverhalten des identifizierten Fuzzy-Reglers stimmt nur angenähert mit dem des ursprünglichen Modells überein. Vergleicht man die Reaktion des Fuzzy-

Reglers x_{fz} auf die Trainingseingangsdaten x_{e1} und x_{e2} mit der wirklichen Ausgangsgröße x_a, so läßt sich für jedes Trainingsdatum ein Fehlersignal Δx_a quantisieren. Dieser Fehler muß nun einer oder mehreren Zugehörigkeitsfunktionen der Ausgangsgröße zugeordnet werden.

lfd. Nr.	Produktionsregeln						
1	WENN	E_1 = PB	UND	E_2 = ZE	DANN	A = NB
2	WENN	E_1 = PB	UND	E_2 = PS	DANN	A = NM
3	WENN	E_1 =PVB	UND	E_2 = ZE	DANN	A = NB
4	WENN	E_1 =PVB	UND	E_2 = PS	DANN	A = NVB

Tabelle 3: Betrachtete Produktionsregeln

Die Trainingseingangsdaten nach Bild 10 aktivieren vier Produktionsregeln, Tabelle 3. Durch den DANN-Teil dieser Regeln werden 3 unterschiedliche Terme der Ausgangsgröße angesprochen, deren Zugehörigkeitsfunktionen für den Fehler Δx_a verantwortlich sind. Zur Beschreibung des Grades, mit dem jede Ausgangsmenge zum Fehlersignal beiträgt, wird der sogenannte µ-Faktor eingeführt. Er stellt das Produkt der Zugehörigkeitswerte dar, mit denen die Trainingseingangsdaten den unscharfen Mengen des WENN-Teils angehören. Jedes Wertetripel der Trainingsdaten (x_{e1}, x_{e2}, x_a) erzeugt also insgesamt so viele µ-Faktoren, wie es Produktionsregeln gibt. Die meisten dieser Werte haben jedoch den Wert Null. In Bild 10 sind daher nur die von Null verschiedenen µ-Faktoren angegeben. Multipliziert man diese nun mit dem Fehlersignal x_a, so resultiert daraus ein Wert, der als Maß für die ungünstige Form und Lage der Ausgangsmenge der entsprechenden Produktionsregel dient.

Eine Modifikation der Zugehörigkeitsfunktionen der Ausgangsgröße erfolgt, nachdem alle Trainingsdaten den oben beschriebenen Algorithmus durchlaufen haben. Aus den einzelnen Fehlersignalen wird dann für jede Ausgangsmenge ein mittlerer Fehler $\overline{\Delta x}$ ermittelt, der für eine entsprechende Änderung der unscharfen Mengen genutzt wird, Bild 11. Die linken und rechten oberen Ecken der trapezförmigen und die Spitzen der dreieckförmigen unscharfen Mengen werden vorzeichenrichtig um den Betrag des mittleren Fehlers $\overline{\Delta x}$ verschoben.

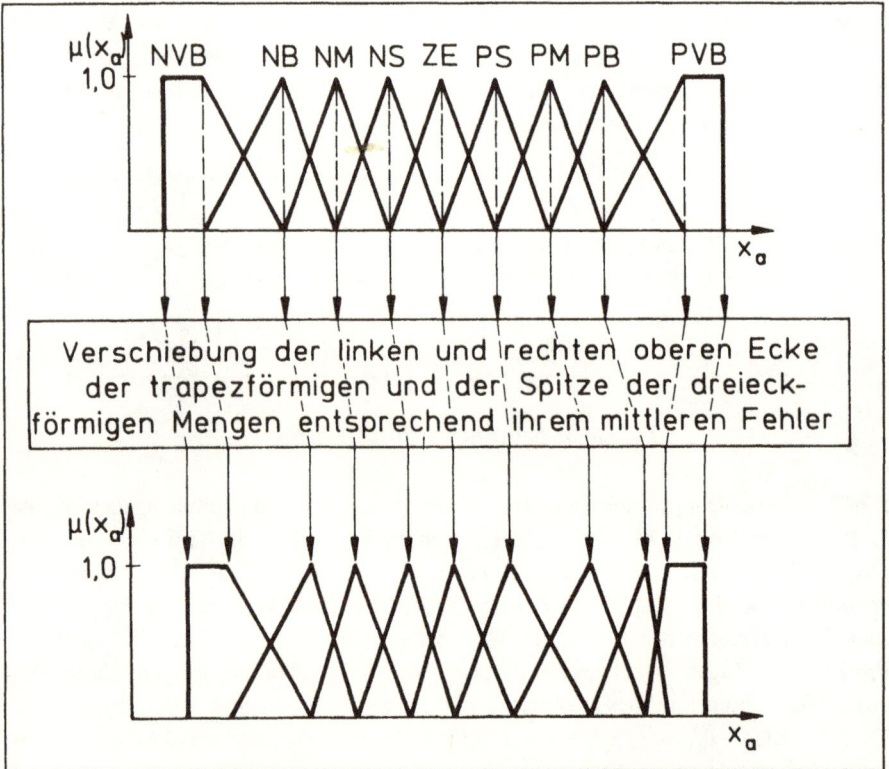

Bild 11: Modifikation der unscharfen Ausgangsmengen

Dieser Optimierungsalgorithmus wird solange durchlaufen, bis sich der Wert des Gütekriteriums

$$GK = \frac{\sum_{i=1}^{n} \left| \Delta x_a^{(i)} \right|}{n}$$

nicht weiter verringert.

4.4 Gesamtbetrachtung

Das beschriebene Verfahren ermöglicht auf der Grundlage von Trainingsdaten eine weitgehend objektive und zeitsparende Entwicklung eines Fuzzy-Reglers. Es stellt eine Synthese von neu entwickelten und bereits veröffentlichten Ansätzen zur

Integration von neuronalen oder anderen intelligenten Techniken in die Fuzzy Logik dar. Vorrangiges Ziel dabei war die Beibehaltung der übersichtlichen und nachvollziehbaren Struktur von herkömmlichen Fuzzy-Systemen. Im Gegensatz zu Ansätzen mit einem Neuronalen Netzwerk als Endprodukt ist es hier möglich, über die Modifikation der Entscheidungstabelle oder der Zugehörigkeitsfunktionen nachträglich Einfluß auf das Ein-/Ausgangsverhalten des Fuzzy-Modells zu nehmen.

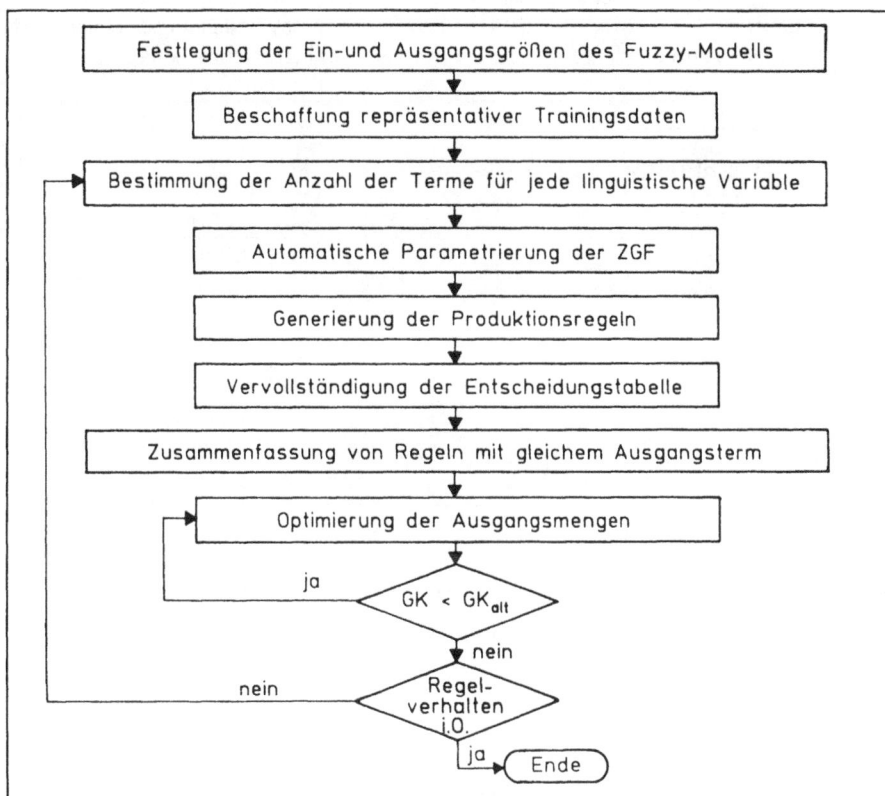

Bild 12: Ablaufplan des Identifikationsverfahrens

Bild 12 zeigt zusammenfassend die Reihenfolge und Querverbindungen der einzelnen Schritte. Die Entscheidung, ob das Regelverhalten des identifizierten Fuzzy-Reglers in Ordnung ist, muß auch weiterhin durch einen Experten getroffen werden. Bei einer unbefriedigenden Identifikationsgüte kann nach einer Erhöhung der Anzahl der unscharfen Mengen das Verfahren ohne weiteren Aufwand erneut durchlaufen werden.

Eine Anwendung des Verfahrens ist auch denkbar, wenn ein Mensch den bereits existierenden "Regler" darstellt und einen komplizierten Prozeß von Hand führt. Vor allem komplexe Prozesse, deren Übertragungsverhalten nicht oder nur ungenau durch mathematische Modelle beschrieben werden kann, werden durch erfahrenes Fachpersonal überwacht und gegebenenfalls manipuliert. Eine Entlastung und Unterstützung dieser Fachleute ist durch die Abbildung ihres Erfahrungsschatzes in die Struktur eines Fuzzy-Modells möglich. Die Reaktion des Bedienungspersonals auf unterschiedliche Prozeßbedingungen kann dann als Trainingsdatenbasis dienen.

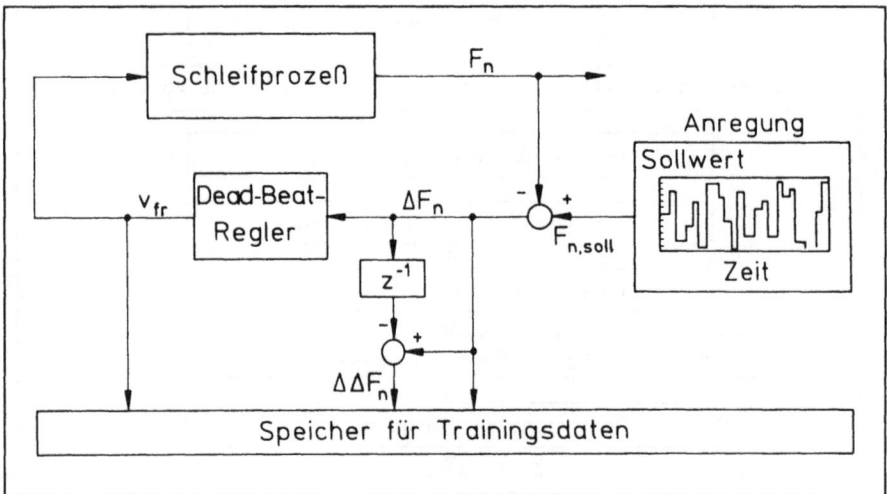

Bild 13: Beschaffung repräsentativer Ein-/Ausgangsdaten

5. Anwendung des Verfahrens

Im folgenden wird das im vorigen Kapitel beschriebene Identifikationsverfahren auf die Konvertierung eines konventionellen DB-Reglers zur Führung des Innenrundschleifprozesses in einen Fuzzy-Regler mit identischem Ein-/Ausgangsverhalten angewendet. Entsprechend Bild 12 sind zunächst die Ein- und Ausgangsgrößen des Fuzzy-Reglers festzulegen. Da es sich um eine Führungsregelung handelt, wird die Regelabweichung ΔF_n als Eingangsgröße benutzt. Daneben wird die zeitliche Änderung der Regelabweichung $\Delta \Delta F_n$ als weitere geeignete Eingangsgröße benutzt [3]. Als Ausgangsgröße wird auch hier die radiale Einstechgeschwindigkeit v_{fr} verwendet. Entgegen der Realisierung der Prozeßregelung mit einfachem Fuzzy-

Regler ist keine Aufteilung in einen absoluten und einen inkrementellen Regler erforderlich, da der selbsteinstellende Fuzzy-Regler das lineare Verhalten des DB-Reglers vollständig nachbildet. Diese zunächst nur als Vermutung vorliegende Aussage hat sich im Verlauf der Untersuchungen bestätigt.

Die Beschaffung repräsentativer Trainingsdaten erfolgt im geschlossenen Regelkreis mit DB-Regler, Bild 13. Die Anregung des Regelkreises erfolgt durch Sollwertsprünge, die mit Hilfe eines Zufallgenerators vorgegeben werden. Zu beachten ist, daß die zulässigen Grenzwerte der Schleifnormalkraft nicht überschritten werden.

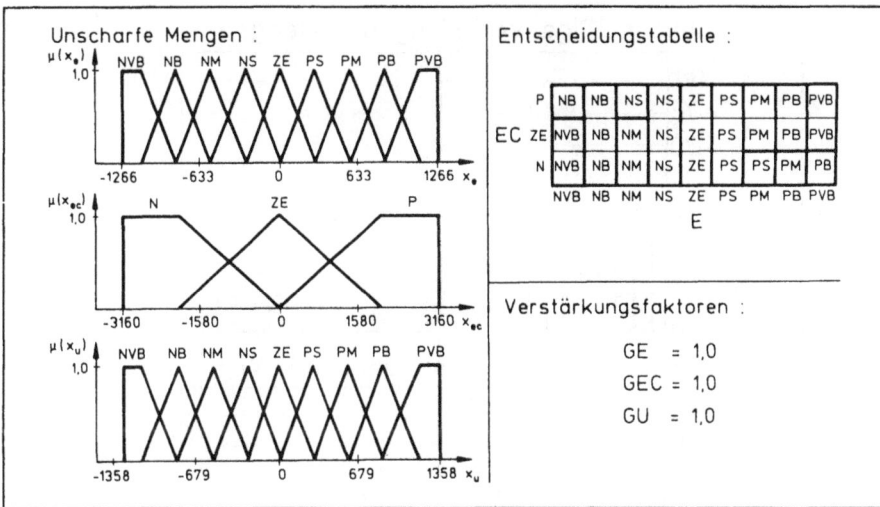

Unscharfe Mengen:

$\mu(x_e)$ — NVB NB NM NS ZE PS PM PB PVB
-1266   -633   0   633   1266 x_e

$\mu(x_{ec})$ — N   ZE   P
-3160   -1580   0   1580   3160 x_{ec}

$\mu(x_u)$ — NVB NB NM NS ZE PS PM PB PVB
-1358   -679   0   679   1358 x_u

Entscheidungstabelle:

EC									
P	NB	NB	NS	NS	ZE	PS	PM	PB	PVB
ZE	NVB	NB	NM	NS	ZE	PS	PM	PB	PVB
N	NVB	NB	NM	NS	ZE	PS	PS	PM	PB
	NVB	NB	NM	NS	ZE	PS	PM	PB	PVB
					E				

Verstärkungsfaktoren:

GE = 1,0
GEC = 1,0
GU = 1,0

Bild 14: Parameter des identifizierten Fuzzy-Reglers

Die linguistischen Variablen der Regelabweichung und der Änderung der Regelabweichung werden mit E bzw. EC, die der Stellgröße mit U bezeichnet. Die erforderliche Anzahl der Terme muß durch den Entwickler festgelegt werden. Wichtige Kriterien stellen dabei die Identifikationsgüte sowie die Zykluszeit des identifizierten Fuzzy-Reglers dar. Darüber hinaus muß auch die Struktur der Trainingsdaten Berücksichtigung finden. Es hat sich gezeigt, daß die Regelabweichung einen stärkeren Einfluß auf die Stellgröße hat als die Änderung der Regelabweichung. Die Ergebnisse des Identifikationsverfahrens bei Vorgabe unterschiedlich grober Quantisierungen der Wertebereiche bestätigen diesen Sachverhalt. Der letztlich identifizierte Fuzzy-Regler ist in Bild 14 dargestellt.

Die unscharfen Mengen der linguistischen Variablen E und EC sind gleichmäßig über den Wertebereich der Ein- und Ausgangsgrößen verteilt. Die Regelabweichung und die Stellgröße werden durch neun, die Änderung der Regelabweichung wird dagegen nur durch drei Zugehörigkeitsfunktionen beschrieben. Die ZGF der Variablen U weisen ebenfalls eine annähernde Gleichverteilung auf. Abweichungen sind auf den in Abschnitt 4.3 vorgestellten Optimierungsalgorithmus zurückzuführen. Die Entscheidungstabelle wurde auf der Grundlage der Trainingsdaten automatisch generiert. Nicht besetzte Felder wurden mit Hilfe des Backpropagation-Netzwerkes ergänzt. Die Zusammenfassung der Regeln mit gleichem Ausgangsterm führt auf einen Fuzzy-Algorithmus mit 14 Produktionsregeln.

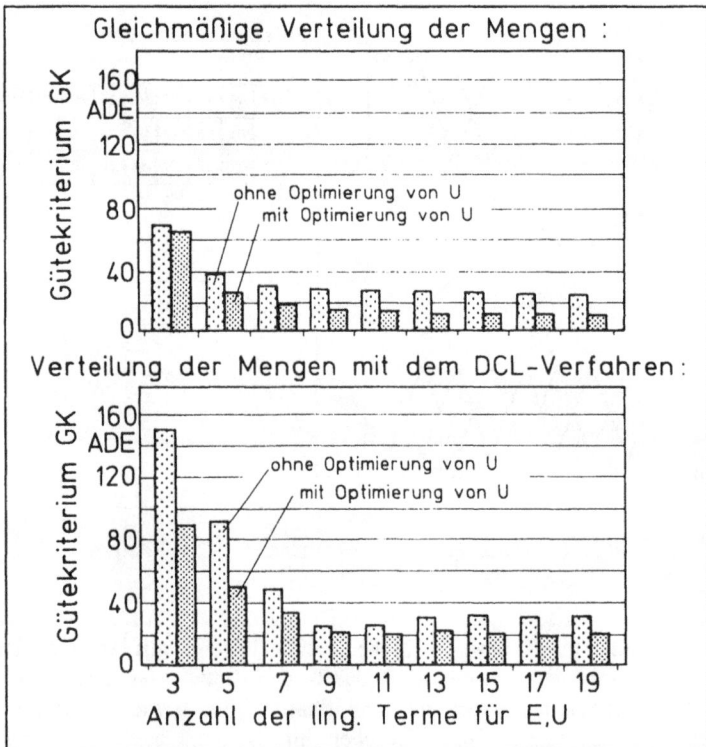

Bild 15: Werte des Gütekriteriums bei unterschiedlichen Identifikationsbedingungen

Für die UND- und ODER-Verknüpfungen des WENN-Teils der Produktionsregeln wurde der Minimum- bzw. Maximum-Operator verwandt. Die Bestimmung der unscharfen Ausgangsgröße erfolgte auf der Grundlage des MAX-MIN-

Inferenzverfahrens. Die Verstärkungsfaktoren zur Anpassung der Wertebereiche der physikalischen Größen an die der linguistischen Variablen haben den Wert Eins, d.h. durch die Anwendung des Verfahrens ist keine Abstimmung der Verstärkungsfaktoren mehr notwendig.

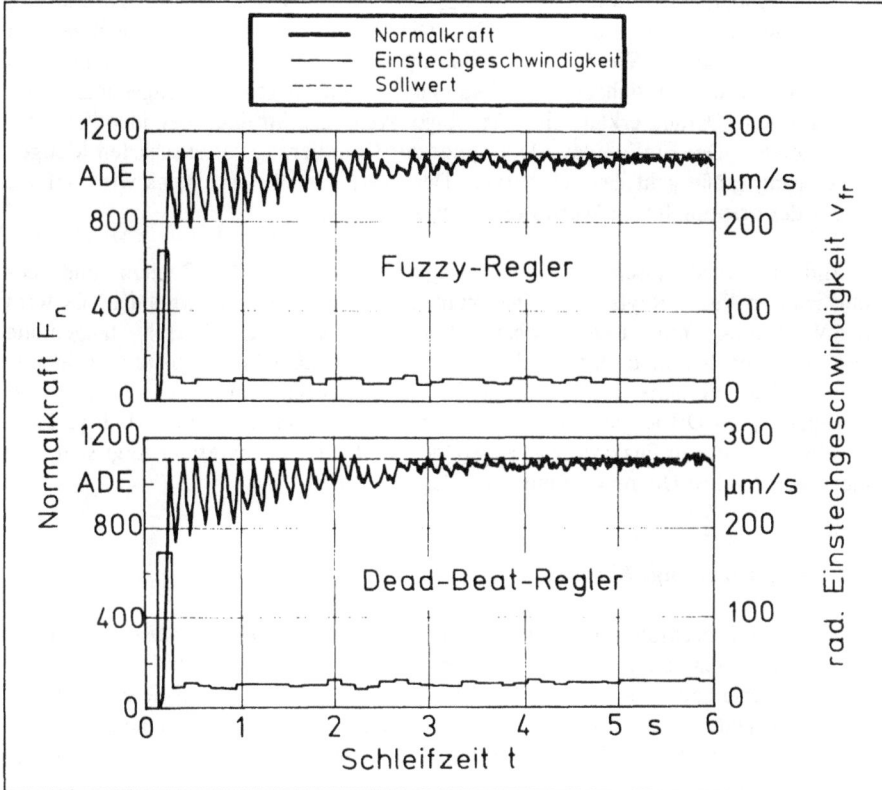

Bild 16: Vergleich des Regelverhaltens von Dead-Beat-Regler und identifiziertem Fuzzy-Regler

Für die automatische Parametrierung der Zugehörigkeitsfunktionen wurde, wie bereits erwähnt, eine gleichmäßige Verteilung der Mengen über die entsprechenden Wertebereiche gewählt. Der Einsatz des Differential-Competitive-Learning-Verfahrens zur Parametrierung der unscharfen Mengen zeigt für dieses Anwendungsbeispiel eine schlechtere Identifikationsgüte (Bild 15). Das gewählte Gütekriterium (vgl. Abschnitt 4.3) gibt die mittlere Abweichung der Ausgangsgröße des identifizierten Fuzzy-Reglers von der korrespondierenden Ausgangsgröße des DB-

Reglers an. Die Anzahl der Terme für EC ist in beiden Fällen gleich Drei. Eine feinere Einteilung des Wertebereiches von EC hat keinen Einfluß auf die Identifikationsgüte.

In beiden Bildern wird die Abnahme des Wertes GK mit steigender Anzahl der linguistischen Terme für E und U deutlich. Die Gleichverteilung der Mengen zeigt in allen Fällen günstigere Werte. Bis zur Anzahl neun nimmt das Gütekriterium rasch ab. Danach verbessert sich die Identifikationsgüte mit steigender Mengenanzahl nur noch langsam. Daraus erklärt sich die obige Wahl der Struktur des identifizierten Fuzzy-Reglers. Der Einfluß des Algorithmus zur Optimierung der unscharfen Mengen der Ausgangsgröße geht deutlich hervor. Der Wert des Gütekriteriums wird auf bis zu 50% des ursprünglichen Wertes reduziert.

In Bild 16 wird abschließend das Regelverhalten des DB-Reglers und des identifizierten Fuzzy-Reglers für einen konkreten Schleifversuch verglichen. Es wird ein Werkstück mit exzentrischer Bohrung bearbeitet. Dieser tangentiale Bohrungsfehler hat eine periodische, mit der Werkstückdrehfrequenz auftretende Störung des Verlaufs der Regelgröße (Schleifnormalkraft) zur Folge. Bei Verwendung des DB-Reglers ist hierbei eine spezielle Strategie erforderlich [1,2,5], die vollständig in den Fuzzy-Regler abgebildet werden kann. Insgesamt zeigt sich eine nahezu vollständige Übereinstimmung im Regelverhalten.

6. Zusammenfassung, Ausblick

Die adaptive Prozeßführung trägt zu einer wesentlichen Leistungssteigerung beim Innenrundschleifen bei. Zu nennen sind vor allem die Verkürzung der Fertigungszeit, eine verbesserte und vom Aufmaß unabhängige Werkstückqualität sowie eine erhöhte Prozeßsicherheit. Die dafür erforderliche Regelung wurde bislang mit konventionellen digitalen Reglern durchgeführt. In neueren Untersuchungen kam auch ein Fuzzy-Regler zum Einsatz.

Bei einem Fuzzy-Regler stellt die zeitaufwendige und subjektive Einstellung der großen Anzahl der Entwurfsparameter ein Problem dar. Hier wurde ein objektives Verfahren vorgestellt, das gleichzeitig den manuellen Zeitaufwand für die Synthese des Reglers minimiert. So konnten insbesondere die Parametrierung der Zugehörigkeitsfunktionen und die Generierung der Produktionsregeln automatisiert werden. Mit Hilfe dieses Identifikationsverfahrens wurde ein Dead-Beat-Regler in einen Fuzzy-Regler mit identischem Übertragungsverhalten konvertiert. Zur Zeit wird dieses Verfahren dahingehend weiter entwickelt, daß die Synthese des Fuzzy-Reglers allein auf der Basis des Prozeßverhaltens durchgeführt werden kann.

Während das Mikrorechnersystem wesentliche Vorteile bei der Synchronisation und Abarbeitung der verschiedenen Aufgaben während der Regelung besitzt, gestaltet sich die Entwicklung und Adaption des Fuzzy-Reglers auf dem Personal Computer wesentlich einfacher. Um die Vorteile beider Systeme in idealer Weise zu verknüpfen, wird in Zusammenarbeit mit Industrieunternehmen zur Zeit eine Fuzzy-Einschubkarte für VME-Bus-Systeme mit einer entsprechenden Programmierschnittstelle entwickelt.

7. Literatur

[1]   Zinngrebe, M.: Adaptive Prozeßführung beim Innenrundschleifen mit digitalen Grenzregelungen. Dr.-Ing. Diss. Universität Hannover 1990, VDI-Fortschritt-Bericht, Reihe 2, Nr. 202, VDI-Verlag (ISBN 3-18-140202-8)

[2]   Tönshoff, H.K.; Walter, A.: Adaptive Prozeßführung beim Innenrundschleifen mit digitalen Regelungen. VDI-Z 134(1992)12, S. 59-64

[3]   Tönshoff, H.K.; Inasaki, I.; Walter, A.: Prozeßregelung beim Innenrundschleifen mit unscharfer Logik. ZWF-CIM 88(1993) Heft 6, S. 282-284

[4]   Tönshoff, H.K.; Walter, A.: Prozeßrechnersystem zum adaptiven Innenrundschleifen. Informatik-Fachberichte 269, Springer-Verlag 1991 (ISBN 3-540-53808-9), S. 374-384

[5]   Tönshoff, H.K.; Janocha, H.: Optimierung der Prozeßführung beim Innenrundschleifen mit digitalen Regelungen. Abschlußbericht zum Forschungsvorhaben Ja368/11 der Deutschen Forschungsgemeinschaft, Hannover 1991

[6]   Isermann, R.: Digitale Regelsysteme, Band 1 und 2, Springer-Verlag 1988 (ISBN 3-540-16597-5)

[7]   Berenji, H. R.: A Reinforcement Learning-Based Architecture for Fuzzy Logic Control. International Journal of Approximate Reasoning 1992, Vol. 6, S. 267 - 292

[8]   Kosko, B.: Neural Networks and Fuzzy Systems. Prentice-Hall International Editions 1992 (ISBN 0-13-612334-1)

[9]   Lee, C. C.: A Self-Learning Rule - Based Controller Employing Approximate Reasoning and Neural Net Concepts. International Journal of Intelligent Systems 1991, Vol. 6, S. 73 - 93

[10]   Takagi, H.: Fusion Technology of Fuzzy Theory and Neural Networks - Survey and Future Directions. Proceedings of the Industrial Conference on Fuzzy Logic & Neural Networks, Iizuka, Japan, July 20 - 24, 1990, S. 13 - 26

[11]   Kosko, B.: Neural Networks for Signal Processing. Prentice-Hall International Editions 1992 (ISBN 0-13-617390-X)

[12]   Lin, C.-T.; Lee, C. S.: Neural-Network-Based Fuzzy Logic Control and
        Decision System. IEEE Transactions of Computers, Vol. 40, No. 12,
        December 1991, S. 1320 - 1336
[13]   Tong, R. M.: Synthesis of Fuzzy Models for Industrial Processes - some
        recent results. Int. J. General Systems 1978, Vol. 4, S. 143 - 162
[14]   Wang, L.-X.; Mendel J. M.: Generating Fuzzy Rules by Learning from
        Examples. Proceedings of the 1991 IEEE International Symposium on
        Intelligent Control, Arlington, Virginia 1991
[15]   Schöneburg, E.; Hansen, N.; Gawelczyk, A.: Neuronale Netzwerke -
        Einführung, Überblick und Anwendungsmöglichkeiten. Markt & Technik
        1990 (ISBN 3-89090-329-0)
[16]   Rumelhart, D. E.; Mc Clelland, J. L.: Parallel Distribution Processing -
        Exploration in the Microstructure of Cognition. Volume 1, 2. MIT Press
        Cambride 1986.

6.

Signalverarbeitung mit Fuzzy-Logik-Elementen bei der Ultraschallfüllstandmessung

Dipl.-Wirt.-Ing. (FH) Roswitha Burkard
Dipl.-Elektrotechnik-Ing. Jens Hundrieser
Endress + Hauser GmbH

Zur kontinuierlichen Bestimmung des Füllstands von Schüttgütern und Flüssigkeiten in Silos und Tanks bei verfahrenstechnischen Prozessen existieren die verschiedensten Meßmethoden. Diese nutzen unterschiedliche physikalische Prinzipien. Als berührungsloses Meßprinzip zur kontinuierlichen Füllstandmessung sind Ultraschallmeßsysteme weit verbreitet.

Der Einsatz in der industriellen Meßtechnik mit vielfach sehr rauhen Umgebungsbedingungen erfordert anwendungsangepaßte, robuste und leistungsstarke Sensoren, z.B. für den Schüttgutbereich.

Störechos, Mehrfachreflexionen, Befüllgeräusche und Staub stellen aber auch sehr hohe Anforderungen an die Signalauswertung im Transmitter.

Im Zusammenspiel mit der Sensorik löst die neue Software mit Fuzzy-Logik-Elementen zur Auswertung von Füllstandechos der Firma Endress + Hauser kunden- und applikationsorientiert Anwendungsprobleme. Zuverlässigkeit und Einfachheit in der Anwendung machen es möglich, daß Applikationen, die bisher als schwierig galten, in den meisten Fällen bei Inbetriebnahme leicht durch Knopfdruck gelöst werden können. Insbesondere durch die Fuzzy-Logik-Elemente wird eine sehr anwendungsorientierte Auswertung der ankommenden Echosignale ermöglicht. Beispielsweise stellt sich die Messung aufgrund von numerischen Filteralgorithmen automatisch auf schwankende Echoamplituden, die durch Störgeräusche während der Befüllung entstehen, ein.

Prinzip der Ultraschallfüllstandmessung

Die Füllstandmessung mit Ultraschall ist eine berührungslose Messung. Sie arbeitet nach dem Impulslaufzeitprinzip:

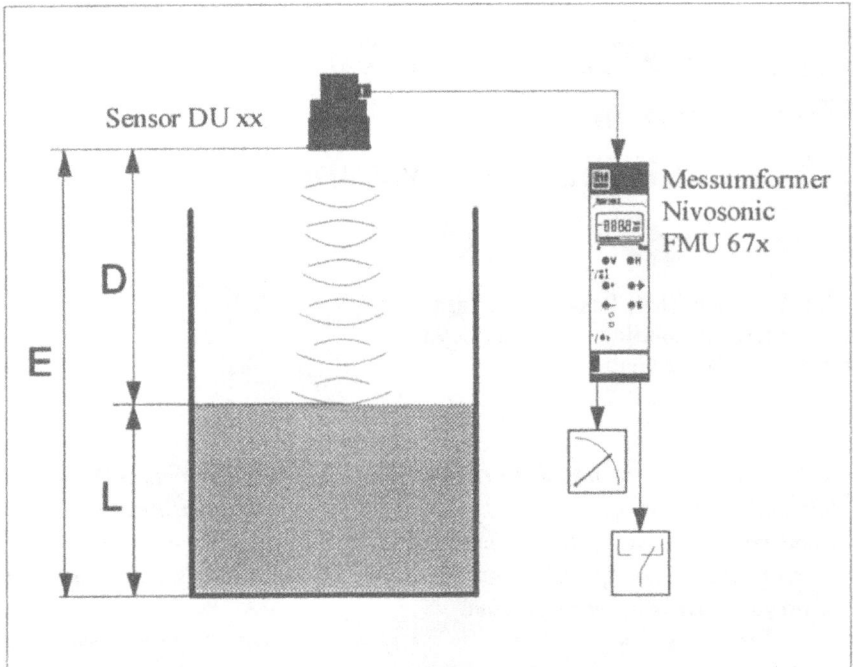

Bild 1: Füllstandmessung nach dem Ultraschallprinzip

Der Ultraschallsensor sendet einen Ultraschallimpuls in Richtung des Füllgutes aus. Dieser wird von der Füllstandoberfläche reflektiert und vom gleichen Sensor, der jetzt als Empfänger arbeitet, empfangen. Gemessen wird die Zeit zwischen Senden und Empfangen des Ultraschallimpulses - die Schallaufzeit. Die Distanz errechnet sich nach der Formel:

Distanz = 1/2 ∗ Schallgeschwindigkeit ∗ Schallaufzeit

Der (aktuelle) Füllstand L berechnet sich dann zu:

Füllstand L = Leerabstand E - (aktuelle) Distanz D

Die Schallgeschwindigkeit c beträgt in Luft bei 20°C 343m/s. Da die Schallgeschwindigkeit stark von der Temperatur abhängig ist - die Geschwindigkeitsänderung beträgt ca. 0,17 % pro Grad Celsius - werden zusätzlich zur Laufzeit mit einem im Sensor standardmäßig integrierten Temperaturfühler auch die Temperatur gemessen und Schwankungen entsprechend kompensiert.

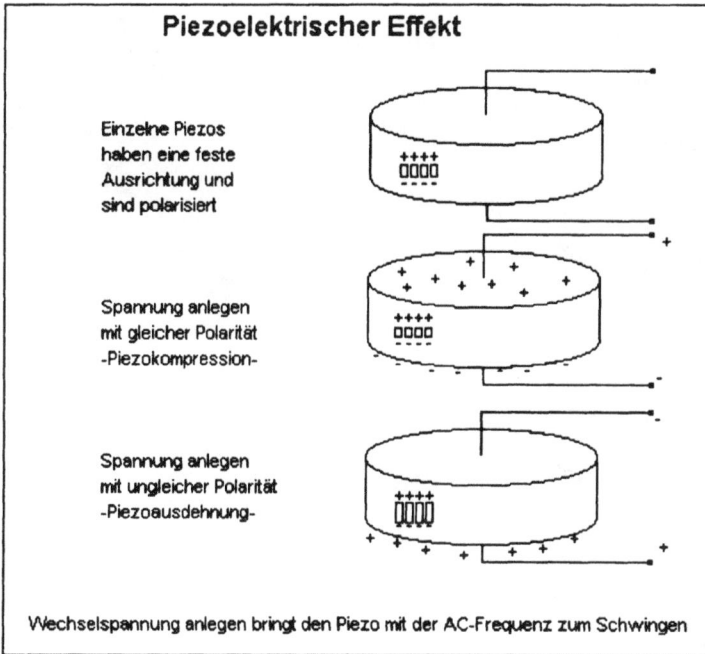

Bild 2: Piezoelektrischer Effekt

Generierung und Weiterverarbeitung des Ultraschallimpulses

Die Schallerzeugung erfolgt im allgemeinen über piezoelektrische Antriebssysteme. Der piezoelektrische Effekt wird zur elektromechanischen Energieumwandlung herangezogen (siehe Bild 2).

Durch Anlegen eines Wechselspannungsimpulses von ca. 100 V bis einigen Kilovolt mit einer bestimmten Frequenz an einen piezoelektrischen Geber (z.B. eine Piezoscheibe) wird dieser zu Schwingungen angeregt und sendet Ultraschallimpulse aus (**Sendephase**). Aber auch die Umkehrung dieses Effektes wird ausgenutzt.

Aufgrund der von der Füllgutoberfläche reflektierten Ultraschallimpulse kann am
Piezo eine elektrische Spannung im Mikrovoltbereich bis zu einigen Volt
abgenommen werden (**Empfangsphase**). Die Impulsleistung sowie die
Arbeitsfrequenz bestimmen im wesentlichen die zu erzielenden Reichweiten in Luft.

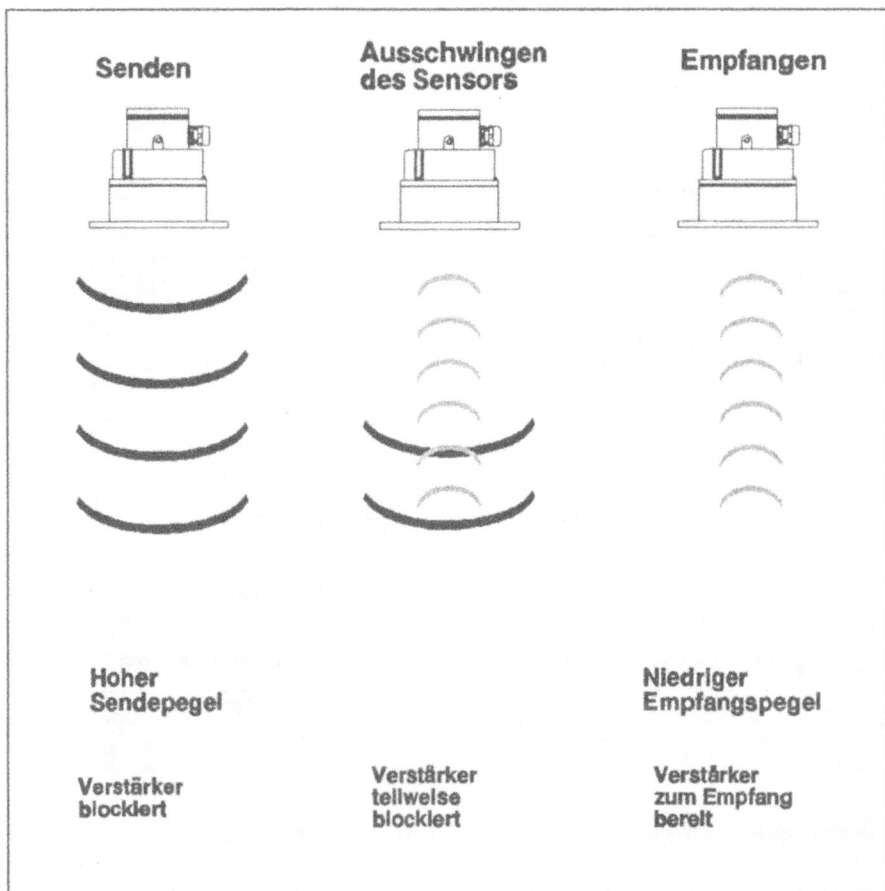

Bild 3: Verhältnis von Sende- und Empfangssignal

Während der Sendephase (vergleichbar mit den Schlägen auf eine Trommel) gelangt
ein Sendeimpuls mit großer Amplitude an den Eingang des logarithmischen
Verstärkers der Signalverarbeitungsschaltung (siehe Bild 4). In der Ausschwingphase

des Ultraschallsensors fällt das Signal exponentiell von dem hohen Sendepegel auf den niedrigen Empfangspegel ab.

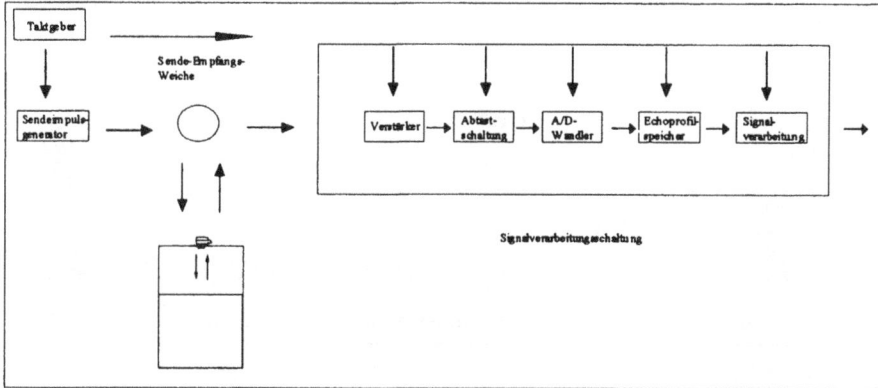

Bild 4: Blockschaltbild der Signalverarbeitungsschaltung

Um eine Übersteuerung des Verstärkers durch den Sendeimpuls zu verhindern, wird der Verstärker für die Dauer des Sendeimpulses und für eine sich an das Ende des Sendeimpulses anschließende Zeit blockiert, bis der Empfangspegel auf einen vorbestimmten Wert abgefallen ist (vergl. Bild 3).

Während dieser Dauer ist keine Auswertung von Empfangssignalen und daher auch keine Messung möglich. Der Blockierung des Verstärkers entspricht in der Praxis ein Mindestabstand - die sogenannte Blockdistanz des Ultraschallsensors vom Füllgut, ab der eine Füllstandmessung erst möglich ist (siehe auch Bild 5).

Die Gesamtheit der vom Sensor empfangenen Ultraschallsignale - das Echoprofil - kann mittels Oszilloskop oder mit einem Endress + Hauser Bedienprogramm für PC oder Laptop sichtbar gemacht werden (siehe Bild 5).

Aus anwendungstechnischer Sicht spiegelt das Echoprofil ein direktes Abbild der Reflexionsverhältnisse im Tank oder Silo wider. Die x-Achse stellt die Entfernung der Reflexion vom Sensor dar. Die Reflexion selbst wird in Dezibel (dB) als Echodämpfung wiedergegeben. Eine sehr gute Reflexion bedeutet eine geringe Dämpfung des Ultraschallimpulses. Deshalb verläuft die Skala des Echoprofils von 0 dB bis 120 dB. Ein Echo von 120 dB bedeutet, daß das Verhältnis von Sendespannung zu Empfangsspannung am Piezo 10^6 beträgt.

Zu den vom Sensor empfangenen Ultraschallsignalen gehören außer dem Füllstandecho (**Nutzecho**) auch verschiedene Störechos sowie zum Teil Störgeräusche. Eine zentrale Aufgabe der Signalverarbeitung besteht darin, die gesamte Hüllkurve zu analysieren und das Nutzecho aus der Gesamtheit aller empfangenen Ultraschallsignale herauszufiltern.

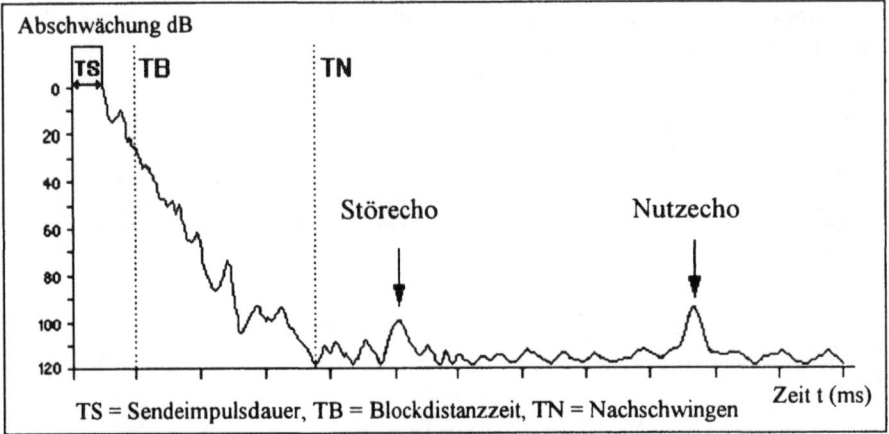

Abschwächung dB

TS TB   TN

0

20

40

60   Störecho   Nutzecho

80

100

120

Zeit t (ms)

TS = Sendeimpulsdauer, TB = Blockdistanzzeit, TN = Nachschwingen

$$\text{Echodämpfung} = 20 \times \log \frac{\text{Sendespannung}}{\text{Empfangsspannung}}$$

Bild 5: Darstellung des Echoprofils, auch Hüllkurve genannt

Echoprofile verschiedener typischer Anwendungen

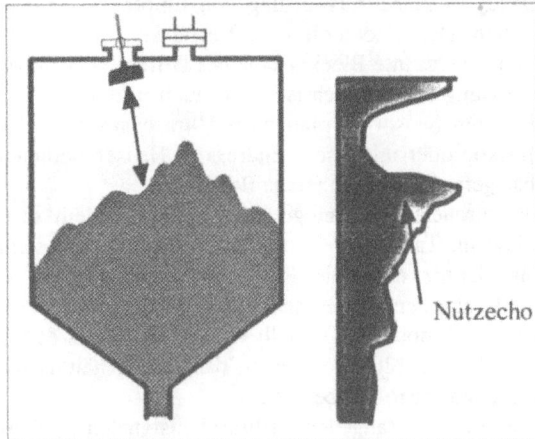

Nutzecho

Bild 6: Echoprofil bei groben Schüttgütern

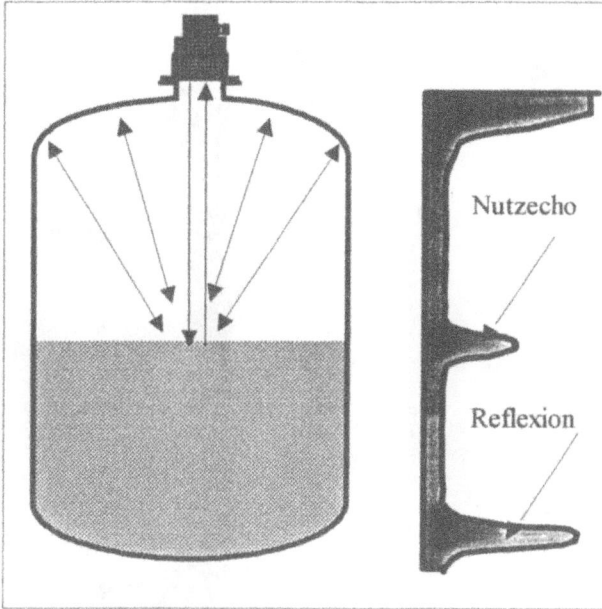

Bild 7: Mögliches Echoprofil bei Flüssigkeiten

Für grobe Schüttgüter, die Schüttwinkel oder Abzugstrichter bilden, sind zerrissene Echos typisch.

Besonders in Flüssigkeitstanks treten - z. B. aufgrund von Fokussierungseffekten - bei bestimmten Behälterkonstellationen (z.B. Domdeckel) Mehrfachreflexionen auf, wobei die Doppel- oder Mehrfachechos größer sein können als das Nutzecho. Mehrfachreflexionen treten in **konstanten Abständen** auf.

Auch im Schüttgutbereich kann es bei sehr feinen Materialien durchaus vorkommen, daß durch den bei der Entleerung entstehenden Abzugstrichter oder den Befüllkegel recht starke Doppel- bzw. Mehrfachechos entstehen.

Störechos von Einbauten wie Verstrebungen und Kanten, aber auch z.B. Schweißnähte zeichnen sich dadurch aus, daß sie immer an der **gleichen Stelle** bleiben.

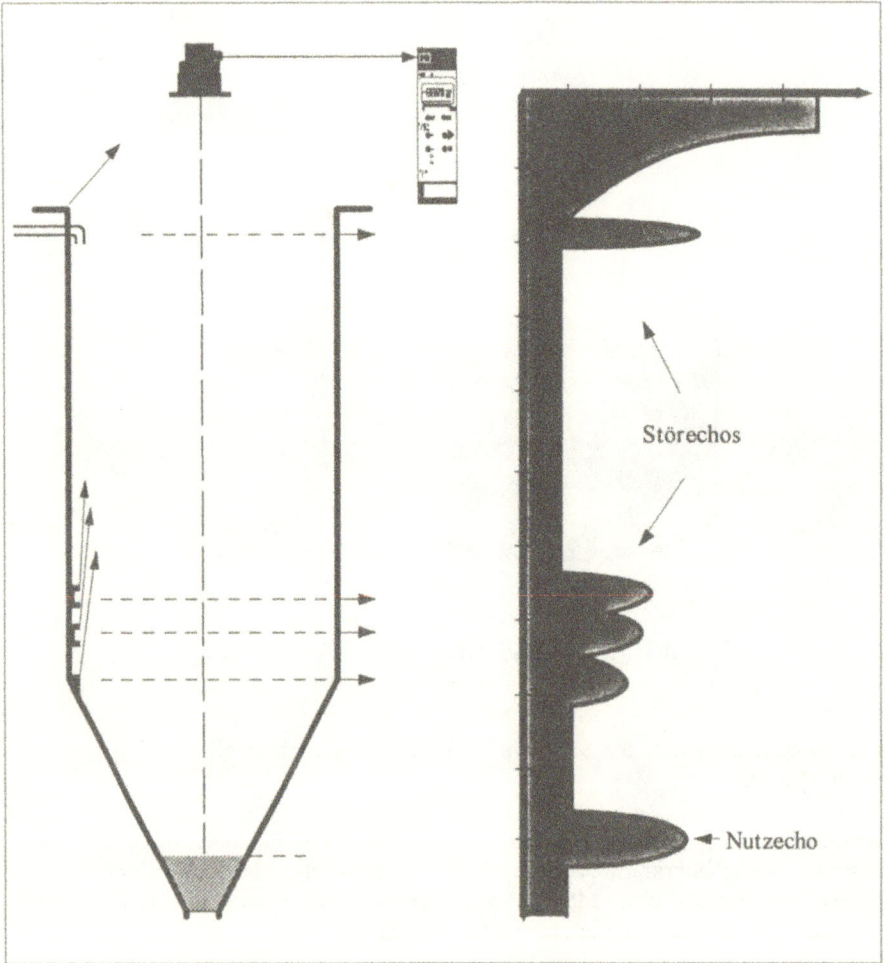

Bild 8: Störechos durch feste Einbauten

Signalauswertung mit Fuzzy-Logik-Elementen

Fuzzy Logic Anwendungen machen sich die Vorteile der menschlichen Wahrnehmung und Entscheidungsfindung gegenüber "rein digitalen Systemen" zunutze. Übertragen auf die Ultraschallsignalverarbeitung führt dies zu folgenden Fragen:

Wie erkennt ein erfahrener Servicetechniker über die visuelle Wahrnehmung des Echobildes, welches das "richtige Echo", das Füllstandecho ist?

Wie kann diese Erfahrung in Software umgesetzt werden?

Ein Ultraschallspezialist entscheidet aufgrund

- seines Erfahrungsschatzes und
- unter Berücksichtigung von Form und Größe einzelner Echos sowie
- des gesamten Echoprofils.

Wie und warum in der neuen Signalverarbeitungssoftware von Endress + Hauser Elemente der Fuzzy Logik angewendet werden, zeigen im folgenden zwei Beispiele. Zunächst wird dargestellt, wie mit Fuzzy Logik das richtige Füllstandsecho auch bei sich ändernden Echoprofilen sicher erkannt wird. Das zweite Beispiel zeigt die Anwendung von Fuzzy Logik bei Mehrfachreflexionen.

Ein Echospezialist analysiert das Echoprofil über die visuelle Wahrnehmung. Er erkennt aufgrund

- der Form und der Größe einzelner Echos
- des Gesamtbildes und
- seines Erfahrungsschatzes,

welches das richtige Echo ist.

Beispiel 1: **die dynamische Schwellwert- und Bezugskurve**

Bisher wurden z.B. zur Ausblendung des Nachschwingens "feste Schwellen" (TDT = Time Depending Threshold) gebildet. Alle Echos, die oberhalb des Festschwellenprofiles lagen, wurden ausgewertet, wobei das (absolut) größte Echo als Nutzecho erkannt wurde.

Die Auswertung der Ultraschallsignale mit "festen Schwellen" ist solange vorteilhaft, wie sich die Verhältnisse in der Meßumgebung nicht wesentlich ändern. Das gesamte Echoprofil kann jedoch infolge von:

- schwankende Echoamplituden durch z.B. Staubentwicklung
- Störgeräusche, z.B. durch Befüllung
- Änderungen der Reflexionsbedingungen im Silo

beträchtlichen Änderungen unterworfen sein. Ein Festschwellenprofil kann solche
Veränderungen der Meßbedingungen nicht berücksichtigen; es ist manuell neu zu
erstellen bzw. anzupassen.

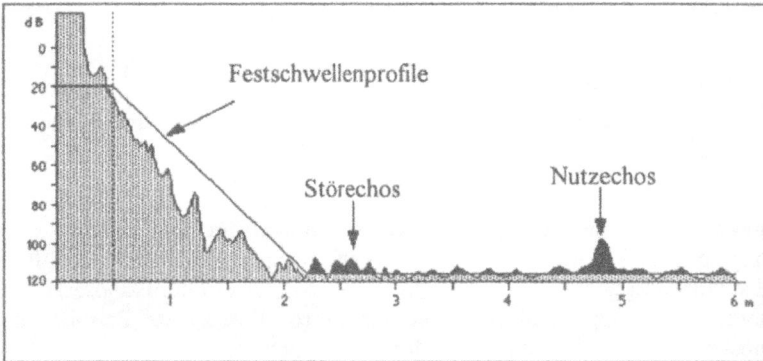

Bild 9: Festschwellenprofil z.B. zur Ausblendung des Nachschwingens

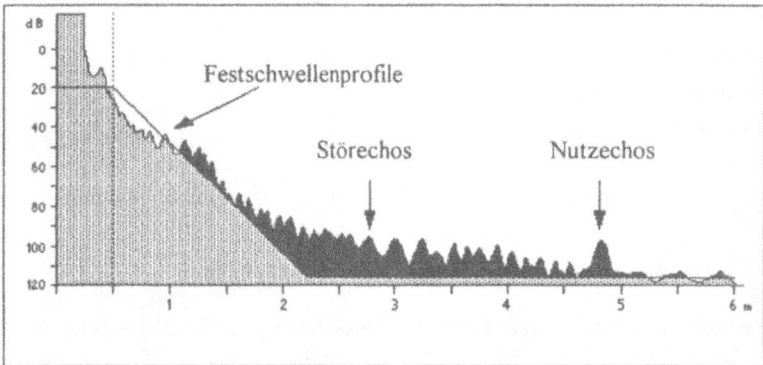

Bild 10: Starke Störgeräusche überlagern das Echoprofil

Aufgrund von Störgeräuschen hat sich hier das gesamte Echoprofil verändert. Nahezu
alle Echowerte übersteigen das Festschwellenprofil. Dieses Störgeräusch hat deshalb
zur Folge, daß eine Störspitze ausgewertet wird, da es in seiner Größe (absolut) das
Füllstandecho übersteigt.

Eine Echoanalyse, die als Kriterium zur Detektion des Füllgutechos allein nach dem
absoluten Maximum sucht, ist deshalb bei Änderungen des Echoprofils durch z.B.
schwankende Echoamplituden nicht immer ausreichend:

Die Signalbearbeitung mit Fuzzy-Logik-Elementen schließt die Gesamtsicht des Echoprofils in die Auswertung ein. Die Entscheidung, welches "das richtige Echo" (Nutzecho) ist, wird unter Berücksichtigung aller Echos getroffen.

Ein Echospezialist entscheidet aufgrund seiner visuellen Wahrnehmung. Das Füllstandsecho erkennt er z.B. daran, daß es sich aus dem gesamten Echoprofil abhebt. Mit dem neuen Auswertealgorithmus von Endress + Hauser - der sogenannten FAC (Floating Average Curve), berechnet über eine gleitende Mittelwertbildung - wird eine **dynamische Schwellwert- und Bezugslinie** gebildet, die sich automatisch an geänderte Bedingungen im Silo anpaßt.

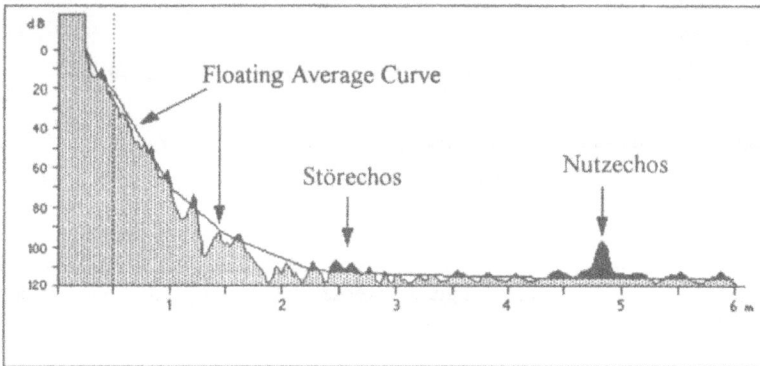

Bild 11: Echoanalyse mit der FAC (Floating Average Curve)

Die FAC folgt dem Verlauf des Echoprofils in Form einer monoton fallenden Kurve, die in der Mitte zwischen den größten und kleinsten Störspitzen verläuft. Das Füllstandsecho überschreitet die dynamische FAC am weitesten (Bild 11).

Bei veränderten Echoamplituden - z.B aufgrund von Störgeräuschen bei Befüllung - paßt sich die FAC selbsttätig an das erhöhte Echoprofil an (Bild 12). Trotz Geräuschpegel wird das "richtige Echo" als Füllstandsecho ausgewertet, da nicht mehr das absolut größte Echo relevant ist, sondern das **relativ größte Echo** in Bezug auf die FAC.

Beispiel 2: **die dynamische Erkennung des ersten "großen" Echos**

Der Einsatz von Fuzzy Logik ermöglicht auch bei Mehrfachreflexionen die sichere und zuverlässige Detektion des Füllstandechos. Ein Echospezialist bestimmt bei Mehrfachreflexionen das "richtige" Echo nach folgender Regel:

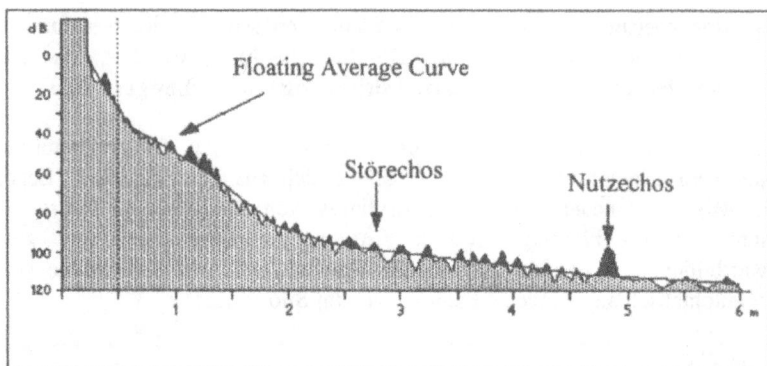

Bild 12: Echoanalyse mit der FAC bei erhöhtem Geräuschpegel

Bei Mehrfachreflexionen ist das "erste große" Echo das Füllstandecho
Diese Regel der Erkennung des ersten (relativ) größten Echos wendet auch die neue
Software von Endress + Hauser an. Um das erste große Echo zu detektieren, muß
zuerst festgelegt werden, welche Echos "groß" und welche Echos dem Grundrauschen
zuzuordnen sind. Aufgrund z.B. von Staub oder auch Störgeräuschen kann sich das
Echoprofil verändern: die Echoamplituden werden insgesamt größer oder kleiner.

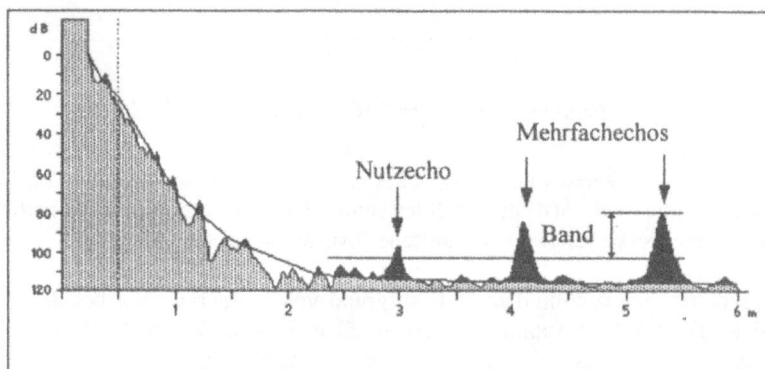

Bild 13: Dynamische Erkennung des ersten "großen" Echos

Ein Echospezialist bewertet aus der Gesamtheit aller Echos - abhängig vom
"Echopegel" - nur einige Echos als groß. Nichts anderes macht die Ultraschall-
Software von Endress und Hauser: abhängig von der jeweiligen Echostärke des relativ
größten Echos wird eine (variable) Bandbreite festgelegt. Innerhalb dieses variablen
Bandes gelten Echos als groß. Von allen Echos innerhalb des Bandes wird das erste

als Füllstandecho erkannt. Je größer das relativ größte Echo ist, desto größer ist die
Bandbreite, die sich selbsttätig an den jeweiligen Wert anpaßt.

*Bild 14: Selbstreinigungseffekt des Sensors DU 43 (Werksfoto Firma Endress +
Hauser)*

Wesentlich für eine einwandfreie Funktion der gesamten Meßlinie ist das
Zusammenspiel zwischen der Auswertung im Transmitter inklusive Fuzzy-Logik-
Elementen und dem Ultraschallsensor. Drastisch formuliert: ohne den in der
Applikation funktionierenden Sensor ist die Signalauswertung überhaupt "nichts wert"
und auch Fuzzy Logik "nützt nichts"! Verdeutlicht werden soll dies an einem Beispiel
aus der Praxis.

In Applikationen mit zu Ansatzbildung neigenden Feststoffen ist eine Selbstreinigung
des Sensors von essentieller Bedeutung für die Funktion der gesamten Ultraschall-
meßlinie. Endress + Hauser Ultraschallsensoren sind ansatzunempfindlich und
zeichnen sich durch das selbsttätige Freischwingen über den Hub der ebenen
Membran aus.

Der Anwendungsparameter für Füllstandmeßaufgaben

Die Implementierung des Erfahrungswissen mit Fuzzy-Logik-Elementen in der neuen
Software von Endress + Hauser ist letztendlich für den Kunden sichtbar manifestiert
in einer stark vereinfachten Inbetriebnahme. Durch die Anwahl von nur einem Parameter wird die Messung automatisch optimal an eine von fünf typischen Anwendungen angepaßt.

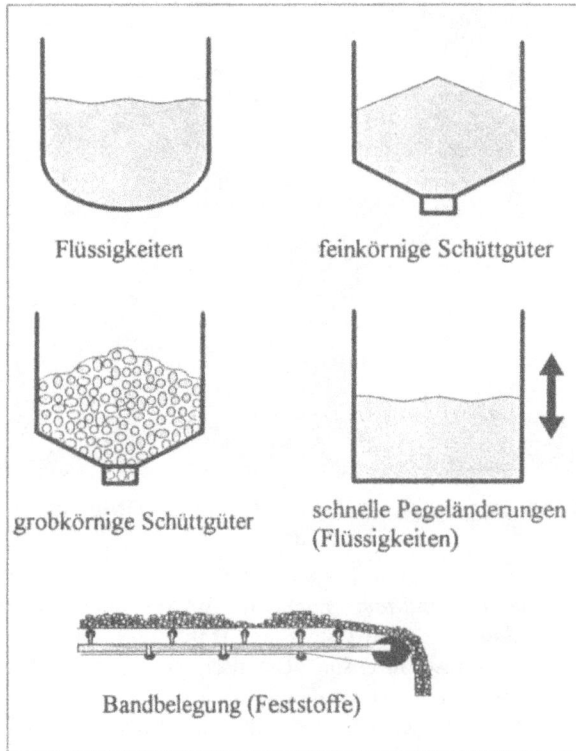

Bild 15: Abrufbare Anwendungsparameter für Füllstandmessaufgaben

Eine selbsttätige Aktivierung z.B. der dynamischen Schwellwert- und Bezugskurve
FAC und/oder der dynamischen Erkennung des ersten "großen" Echos stellt die
Ultraschallmessung äußerst einfach auf die jeweilige Applikation ein.

Der Anwendungsparameter stellt somit für den Kunden in Software gegossenes Anwendungs-Know-How dar. Es wird sichergestellt, daß für die jeweiligen Applikationen die richtigen "Softwareregister" gezogen sind.

Zusammenfassung

Durch die Anwendung von Elementen der Fuzzy Logik wird eine sehr flexible und anwendungsorientierte Auswertung der Ultraschallsignale ermöglicht.

Zuverlässigkeit und Sicherheit der Messung konnten gesteigert werden. Mit der neuen Software wird zudem die Inbetriebnahme und optimale Einstellung stark vereinfacht. Das Einbringen von Anwendungserfahrung hat sich als vorteilhaft für Anwender und Kunden erwiesen. Nach nunmehr fast 3 Jahren Markterfahrung zeigt sich, daß die Softwareimplementierung ein erster erfolgreicher Schritt auf der ganzen Linie gewesen ist. Dies darf aber nicht darüber hinwegtäuschen, daß die Signalauswertung von Ultraschallechos mit Fuzzy-Logik-Elementen erst am Anfang ihrer vielfältigen Möglichkeiten steht. Es gibt eine Reihe von weiteren Fuzzy-Ansätzen, z.B. einer **automatischen** Erkennung und Ausblendung von Festzielechos zur weiteren Steigerung des Bedienkomforts.

7.

Hochdynamischer Prüfstand für die Antriebstechnik

Rolf Prediger, Erasmus Schulte
IGPS Ingenieurgesellschaft

Bisher war die Bearbeitung vieler antriebstechnischer Probleme, wie beispielsweise das Vermessen des Betriebsverhaltens von Drehschwingungsdämpfern bzw. Zweimassenschwungrädern oder schlupfgeregelter Trennkupplungen für Kraftfahrzeuge nur in Verbindung mit den zugehörigen Verbrennungsmotoren möglich, um realistische Betriebsbedingungen darzustellen. Der Betrieb dieser Motoren ist recht aufwendig und stellt zudem einen Sekundärzweck dar, der nicht gerade umweltfreundlich und vor allem nicht sehr energiebewußt ist. Dennoch war diese Art der Versuchsdurchführung notwendig, da die Dynamik anderer Antriebssysteme bisher noch nicht ausreichte, die Anforderungen innerhalb der betrachteten Betriebsbereiche durch Simulation sozusagen synthetisch darzustellen, vor allem nicht in den gängigen Leistungsbereichen heutiger PKW-Antriebe (40 - 120 kW). Um den kritischen Drehzahlbereich dieser Verbrennungsmotore ausreichend realistisch vor allem hinsichtlich des Drehmomentverlaufs · als Funktion des Drehwinkels simulieren zu können, muß - abhängig von der Zylinderzahl - wenigstens eine Drehmomentwechselfrequenz von 20 Hz erreichbar sein, wobei 50 Hz wünschenswert sind.

1. Der Prüfstand

Um diesen Betriebsbereich realistisch simulieren zu können, wird bei der IGPS eine hochdynamische Universalprüfeinrichtung entwickelt (Bild 1) mit zwei unabhängig und übergangslos im Bereich der vier Drehmoment-Drehzahl-Quadranten regelbaren hydrostatischen Leistungssträngen.

Bild 1: Gesamtaufbau des hochdynamischen Prüfstandes

Bild 2: Prüfaufbau mit Fahrzeuggetriebe

Es ist möglich, jeden Strang einzeln oder auch beide in vorzeichentreuer Summierung mit einer Maximalnennleistung von 110 kW zu betreiben. Beide Stränge lassen sich beliebig kombinieren, so daß ein maximales Antriebs- bzw. Bremsmoment von ± 400 Nm einerseits und maximale Abtriebsdrehzahlen von ± 7500 1/min andererseits erreichbar sind. Besonders interessant ist die Kombination beider Stränge zur gleichzeitigen Simulation der dynamischen Betriebscharakteristiken von Antriebsmaschine (z.B. Verbrennungsmotor) und gesamtem Abtriebsstrang für ein Fahrzeuggetriebe, wie in Bild 2 gezeigt.

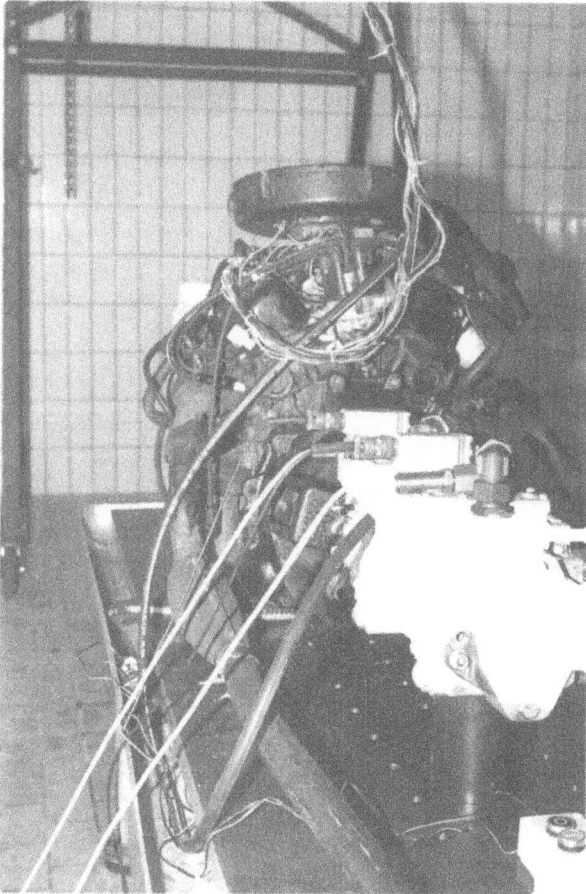

Bild 3: Prüfaufbau mit Verbrennungsmotor

Da die Leistungsstränge einseitig miteinander mechanisch gekoppelt sind, tritt in derartigen Betriebsfällen ein Energierückgewinnungseffekt ein, indem die Abtriebsleistung auf der Antriebsseite dem Prüfling wieder zugeführt wird, wodurch nur die den Wirkungsgraden entsprechende Verlustleistung aus dem Drehstromnetz entnommen wird. Sind Kraftmaschinen (z.B. Verbrennungsmotoren) zu belasten (Bild 3), so wird die anfallende Bremsenergie nicht in Form von Wärme an die Umgebung abgeführt, sondern fast vollständig in das Drehstromnetz zurückgespeist (und vergütet!).

Wie erwähnt, handelt es sich bei den Leistungssträngen um hydrostatische Getriebe, bestehend aus je einer Verstellpumpe und einem Verstellmotor, so daß die Möglichkeit der Kombination von Primär- und Sekundärverstellung bzw. -regelung der Hubvolumina beider hydrostatischer Einheiten besteht, wodurch das Übersetzungsverhältnis des Getriebes bestimmt wird. Die je 2 Versorgungsanschlüsse der beiden Hydrostaten sind direkt durch Hochdruckschläuche miteinander verbunden (geschlossener Kreislauf) (Bild 4).

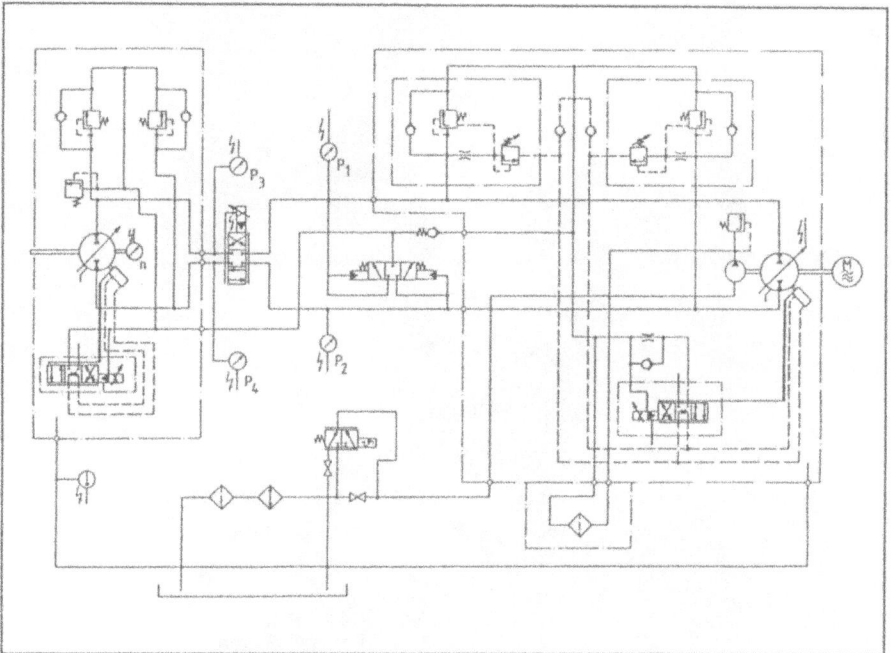

Bild 4: Hydraulische Schaltung des Prüfstandes

Um das Geschehen etwas anschaulicher zu machen, stelle man sich einen Riementrieb vor, bei dem - wie auch immer technisch realisiert - zur Änderung des Übersetzungsverhältnisses sowohl der Wirkdurchmesser der einen wie der anderen Riemenscheibe variiert werden kann. Zwei große Scheiben - oder Hubvolumina - ergeben dabei einen geringeren Riemenzug - oder Betriebsdruck - als zwei kleine Scheiben bei gleichem Übertragungsdrehmoment. Der umlaufende Riemen ist anschaulich mit dem umlaufenden Öl beim geschlossenen hydrostatischen Kreislauf vergleichbar.

Die verwendeten Hydrostaten sind Axialkolbenmaschinen (mehrere Plunger-Kolben sind in einem gemeinsamen Zylinderblock angeordnet wie die Patronen in einer Revolvertrommel), und zwar Schrägscheiben-Axialkolbenmaschinen, das heißt die Kolben folgen bei Drehung der Zylindertrommel um ihre Achse durch Gleitkontakte einer zur Drehachse schräggestellten Führungsebene, so daß sie in ihren Zylinderbohrungen oszillieren - einen Hub ausführen, dessen Länge vom Winkel zwischen Drehachse und Führungsebene abhängt. Beträgt dieser Winkel 90°, wird kein Hub ausgeführt; je weiter man die Ebene aus dieser Lage ausschwenkt, desto größer ist der Hub der Kolben und damit das Hubvolumen des Hydrostaten.

Zur Volumenverstellung wird das Bauelement, das die Führungsebene als Gleitfläche enthält und im Maschinengehäuse schwenkbar gelagert ist, über einen Hebelarm und hydraulisch betätigte Kolben/Zylinderelemente mehr oder weniger weit geschwenkt. Die Kolben/Zylinderelemente werden über ein Wegeventil gespeist, das im vorliegenden Fall von einem Vorsteuerventil - einem elektrisch-hydraulischen Signalumsetzer - angesteuert wird, so daß sich letztendlich der einem Stromsignal entsprechende Winkel der Führungsebene durch Federkraft mittels Lagerückführung einregelt und damit einem Hubvolumen des Hydrostaten entspricht (interner Lageregelkreis).

Der Istwert des Ausschwenkwinkels wird zu Regelungszwecken abgegriffen, ebenso die aktuelle Drehzahl der Hydrostaten und die Betriebsdruckdifferenz, die mit den jeweiligen Hubvolumina multipliziert eine Größe ergibt, die dem abgegebenen bzw. aufgenommenen Drehmoment des Hydrostaten proportional ist (von Wirkungsgradeinflüssen einmal abgesehen). Somit lassen sich die Faktoren Drehmoment und Drehzahl bei beispielsweise konstantem Wert des Produktes - der Leistung - in weiten Grenzen durch entsprechende Variation der elektrischen Ansteuersignale für die Hubvolumina der beiden Hydrostaten eines Leistungskreises verändern, um damit auf das Betriebsverhalten eines Prüflings zu reagieren bzw. ein bestimmtes Betriebsdatenprogramm vorzugeben.

Solange sich die Geschwindigkeit der Betriebsdatenänderung unterhalb gewisser Grenzen bewegt, läßt sich der beschriebene Aufbau eines hydrostatischen Leistungskreises -leistungsfähige Regelkreise und periphere Hilfsfunktionen wie

Kühlung, Filterung, Leckageausgleich usw. vorausgesetzt - sehr präzise und komfortabel betreiben. Wenn allerdings höhere Ansprüche an die Geschwindigkeit der Betriebsdatenänderung gestellt werden, ist eine Standardausrüstung dynamisch überfordert. Zum einen haben die Verstellgeschwindigkeiten der Hydrostaten ihre Grenzen, zum anderen hat der gesamte Leistungskreis eine zu hohe Kapazität, um zum Beispiel einen Vorzeichenwechsel des Prüflingsdrehmomentes und damit der Systemdruckdifferenz und des Leistungsflusses in der Größenordnung von 20 - 50 Hz bei Nennlast folgen zu können.

Um diese hochfrequenten Drehmoment- bzw. Druckänderungen zu realisieren, werden zwischen Hochdruckleitungen und Versorgungsanschlüssen unmittelbar an den Hydromotoren (mit dem Prüfling gekoppelt) hochdynamisch schaltende Drosselventile plaziert (variable hydraulische Widerstände, Variable- Resistance-Control), mit denen es möglich wird, die Betriebsdruckdifferenzen direkt an den Hydromotoren und damit ihre Drehmomente so zu beeinflussen, daß eine Momentenumkehr bis zum maximal zulässigen Absolutwert innerhalb der Ventilschaltzeit erreichbar ist. Die Proportional-Drosselventile sind zweistufig ausgeführt, das heißt über einen elektro-hydraulischen Signalumsetzer wird eine hydraulische Verstärkerstufe angesteuert, die wiederum die Bewegung des Hauptschiebers kontrolliert und damit das Öffnungsverhältnis und den Aufbau einer Druckdifferenz. Neben dem Drehmomentsignal aus der zwischen Prüfling und Hydromotor geschalteten Meßnabe und dem Differenzdrucksignal selbst steht für den ansteuernden Regler noch ein Positionssignal des Hauptschiebers zur Verfügung, über das eine Lageregelung und damit die Einhaltung eines vorgegebenen Öffnungsverhältnisses ermöglicht wird.

2. Regelung und Steuerung des Prüfstandes

Physikalische Größe	Minimalwert	Größtwert
Drehmoment	0,5 Nm	500 Nm
Leistung	1 kW	100 kW
Trägheitsmoment	10 KG m²	1000 KGm²
Drehzahlbereich	100 1/min	7500 1/min
Reibmomente	3 Nm	250 Nm
Unstetiges Verhalten durch Koppel-Lose	0°	10°

Tabelle 1: Eigenschaftsraum der Prüflinge

Die mit der oben beschriebenen Prüfmaschine zu untersuchenden Prüflinge weisen in weiten Grenzen unterschiedliche Eigenschaften auf, die nicht nur von Prüfling zu

Prüfling variieren, sondern die sich auch während des Betriebs eines Prüflings erheblich ändern. In Tabelle 1 ist der ungefähre Bereich der Prüflingseigenschaften insbesondere unter Berücksichtigung des dynamischen Verhaltens zusammengestellt.

Besonders hervorzuheben ist hier das um etwa zwei Größenordnungen variable Trägheitsmoment. Auch die Reibmomente variieren um etwa den gleichen Betrag. Hinzu kommen regelungstechnisch kaum faßbare Eigenschaften wie nennenswerte Koppel-Lose (zum Beispiel im Getriebebereich) und die Eigenerzeugung dynamischer Elementschwingungen, wie sie zum Beispiel beim Betrieb von Verbrennungskraftmaschinen zu beobachten sind (Bild 5).

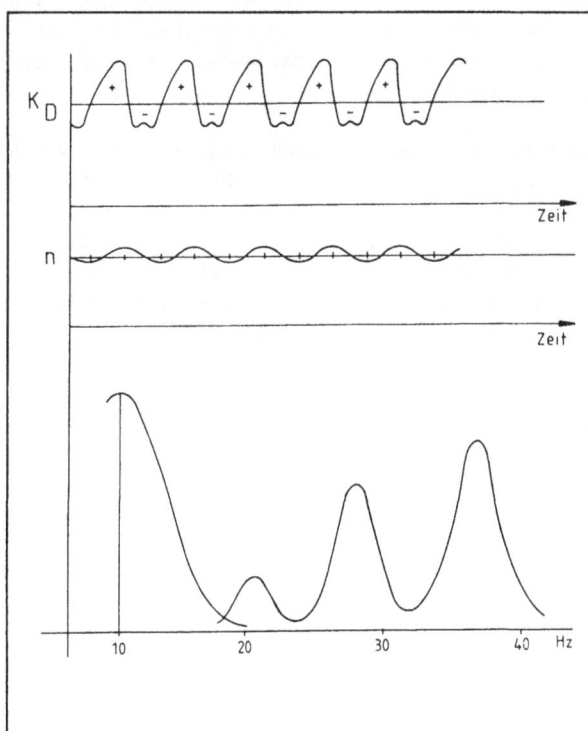

Bild 5: Drehkraft- und Drehzahlverhalten einer
Verbrennungskraftmaschine mit Frequenzspektrum

Das Frequenzspektrum zu dieser Drehzahl- und Drehmomentaufnahme im Zeitbereich weist nicht nur ausgeprägte Peaks bei den der Drehzahl zuzuordnenden Frequenzen und ihren Oberschwingungen auf, sondern läßt je nach Zylinderzahl und Abstimmung auch ungeradzahlige Ordnungen und besonders im Drehmoment starke Variationen sogar mit Vorzeichenwechsel erkennen. Eine Prüfmaschine für die hier betrachteten Einsatzfälle muß nicht nur unter Wechselbelastungen dynamischer Art konstante Betriebszustände einhalten, sondern auch zum Beispiel für Zwecke der Simulation Drehzahl- und Drehmomentverläufe mit der Originalbelastung gleichem Zeit- und Frequenzverhalten erzeugen.

Hochdynamik bedeutet dabei ein Großsignal-Wechselfrequenzverhalten mit oberen Grenzfrequenzen zwischen 20 Hz und bis zu heute noch nicht erreichten 50 Hz. Mit der für reproduzierbare Ergebnisse bei beliebigen Prüflingen erforderlichen Präzision des Signalverhaltens ist dies mit reinen Steuerungen nicht erreichbar. Eine Reglerabstimmung muß immer auch für den ungünstigsten Fall eines Prüflings gefunden werden. Ein in jedem Betriebspunkt optimales Verhalten setzt eine laufende dynamische Regleradaption voraus.

Die Mittel der konventionellen Regelungstechnik führen hier zu sehr komplexen und rechenaufwendigen Lösungen, die dennoch im allgemeinen nur eine relativ geringe Gültigkeitsbreite aufweisen. Da zudem ein befriedigendes Verhalten der Prüflinge letztendlich mehr subjektiv und linguistisch und damit mehr oder weniger unscharf definiert und beurteilt wird, liegt es nahe, geeignete Regleradaptionen unter Anwendung der Fuzzy Logik (fuzzy control) zu entwerfen. In diesem Aufsatz wird einer der ersten Entwürfe dieser Art vorgestellt.

3. Identifikation der hydrostatischen Getriebe

Beide Stränge der hydrostatischen Getriebe werden getrennt betrachtet. Die Einflüsse der mechanischen Kopplung der Stränge über den Prüfling oder durch direkte Kopplung werden in einem gesonderten Algorithmus, der Strangentkopplung, berücksichtigt. Zur Identifikation der Prüflinge tragen sie nicht bei. Jeder Strang besteht in der Grundeinstellung aus einer Verstellpumpe und einem fest eingestellten Verstellmotor, die mit einem hydraulischen Leitungsnetz miteinander verbunden sind. Der elektrohydraulische Steuereingriff ist eine elektromagnetische Düse-Prallplatteneinheit mit hydrostatischer Verstärkung.

Das elektrische Ansteuersignal wirkt auf den Elektromagneten, der als schwingungsfähiges System zweiter Ordnung betrachtet wird (Bild 6). Der Spulenstrom i ist direkt proportional zur Verstellkraft der Prallplatte, die damit einen Differenzdruck einstellt und als Folge eine Beschleunigung d^2y/dt^2 der Schwenkscheibe auslöst. Zweifache Integration der Beschleunigung ergibt die momentane Stellung y der Schwenkscheibe. Die Stellung der Schwenkscheibe bestimmt den Volumenstrom Q_p der Verstellpumpe über ein Proportionalglied. Die Pumpen werden von einem großen Asynchron-

Drehstrommotor angetrieben, dessen Drehzahl wegen seiner großen Trägheit als konstant angenommen wird.

Der Pumpenvolumenstrom muß den Leckstrom und den Volumenstrom durch das Leitungsnetz und den Motor aufbringen. Als Ergebnis des Füllgrades des Leitungsnetzes stellt sich am Motor ein Druck P ein. Proportional zu diesem Druck ergibt sich der Leckstrom Q_L. Das an der Antriebswelle des Hydromotors verfügbare Drehmoment ergibt sich direkt proportional zum Druck. Durch dieses Drehmoment werden Prüfling und Motorantriebswelle beschleunigt. Andererseits muß es noch das Lastmoment und das Reibmoment aufbringen.

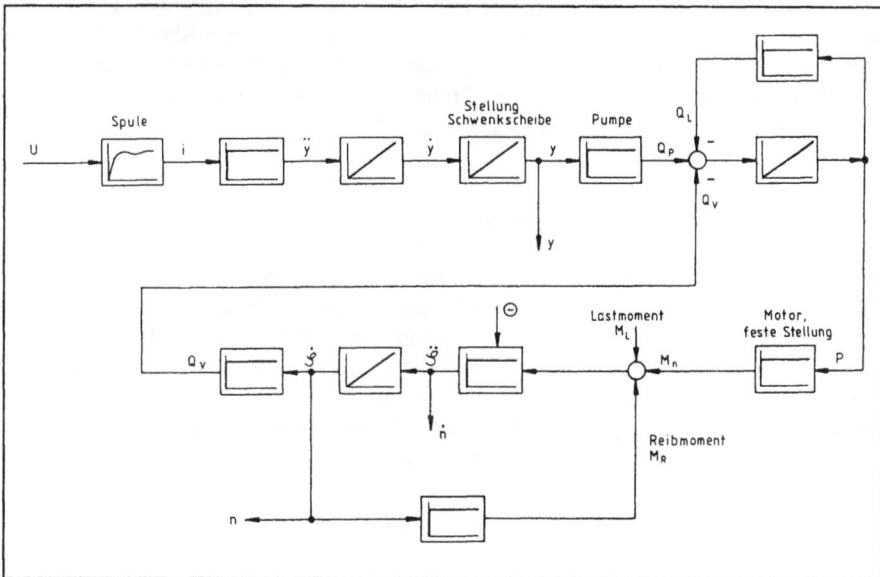

Bild 6: Identifikation der hydrostatischen Getriebe

Die Momentandrehzahl von Prüfling und Hydromotor ergibt sich aus dem Integral der Winkelbeschleunigung. Die Drehzahl bestimmt einerseits das Reibmoment, das vom Gesamtmoment subtrahiert wird, andererseits bestimmt sie auch direkt proportional den Volumenstrom durch den Motor, der vom Gesamtvolumenstrom der Pumpe abgezogen wird. Für eine schnelle, dynamische und präzise Regelung stehen folgende Größen der Regelstrecke als Meßsignale zur Verfügung:

a) Die Stellung y der Schwenkscheibe

b) Die zeitliche Änderung dy/dt der Stellung y

c) Der Differenzdruck im hydrostatischen Kreis

d) Die Drehzahl des Prüflings und des Hydromotors n

e) Das zeitliche Differential der Drehzahl dn/dt

Das Steuersignal ist die Spannung U am Eingang des elektromagnetischen Düse-Prallplattensystems. In einer weiteren Entwicklungsstufe ist, wie oben ausgeführt, vorgesehen, den Strömungswiderstand im hydraulischen Kreislauf mit einem Proportionalventil unmittelbar vor dem Ölmotor elektromagnetisch dynamisch zu verändern und damit sehr schnelle Drehzahl- und Drehmomentänderungen am Prüfling zu erzeugen (Variable Resistance Control).

4. Entwurf des konventionellen Reglers.

Die dynamischen Betriebszustände (Regelung auf vorgegebenen Drehzahlverlauf über der Zeit und Regelung auf vorgegebenen Drehmomentverlauf über der Zeit) erfordern komplexe Regelstrategien, um die Eigenschaften der Prüfstandstechnik optimal ausnutzen und unterstützen zu können. Die Regelungen auf stationäre Betriebszustände (konstante Drehzahl oder konstantes Drehmoment) werden in diesem Zusammenhang als Untermenge der dynamischen Regelung auf vorgegebene Zeitverläufe betrachtet, daher wird diese im folgenden ausschließlich behandelt.

4.1 Regelung auf vorgegebenen Drehzahl-Zeitverlauf n(t)

Der Gesamtregelkreis (Bild 7) teilt sich auf in einen Drehzahlregelkreis mit dem Ausgang Differenzdrucksollwert, den nachfolgenden Druckregelkreis mit dem Ausgang Stellungssollwert der Schwenkscheibe und den Lageregelkreis für die Einregelung der Stellung der Schwenkscheibe. Auf den ebenfalls in Bild 7 dargestellten Adaptionskreis und die Strangentkopplung wird im folgenden Abschnitt eingegangen. Für eine schnelle Voreinstellung sorgen die den Regelkreisen parallel geschalteten Steuerzweige.

Der Drehzahlregler

Der Drehzahlregler weist in seiner Grundstruktur ein PD-Verhalten auf. Zusätzlich wird in Abhängigkeit von der Solldrehzahl der Ausgangswert des Reglers, der

Differenzdrucksollwert, proportional zur Solldrehzahl vorgesteuert. Der Ausgangswert dieses Reglers ergibt sich also aus einer additiven Überlagerung eines zum Drehzahlsollwert proportionalen Anteils und eines zum Drehzahlfehler proportionalen Anteils. Zusätzlich wird der zeitliche Differentialquotient des Drehzahlfehlers additiv überlagert. Durch additive Rückführung eines Integrators auf den Eingang wird noch der Mittelwert der Istdrehzahl gebildet.

Der Druckregler

Diese Regelstufe weist lediglich einen Proportionalregler, aber keine Vorsteuerung auf. Der Ausgangswert, der Sollwert für die Stellung der Schwenkscheibe (Lagesollwert), wird proportional zur Differenz zwischen Drucksoll- und Druckistwert gebildet. Zusätzlich wird aus dem Istwert des Differenzdrucks noch der Mittelwert des Differenzdruckistwertes gebildet.

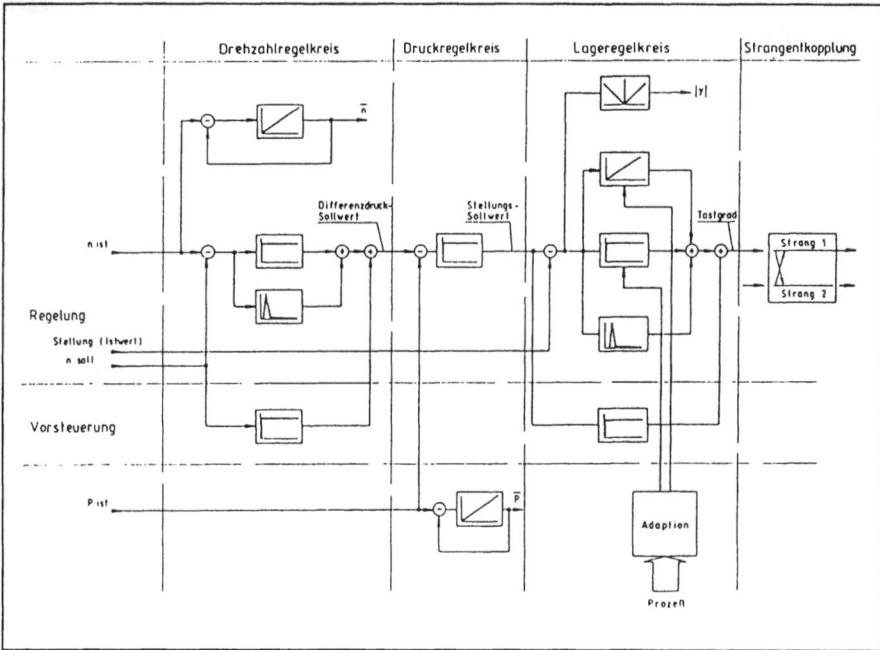

Bild 7: Der Regelkreis eines Strangs

Der Lageregler

Der als Ausgangswert des Druckreglers gebildete Sollwert der Stellung der Schwenkscheibe (Lagesollwert) wird wieder in einem Vorsteuerungszweig dem Ausgang des

Lagerreglers zugeführt. Das Fehlersignal wird einerseits über einen Absolutwert-
bildner gleichgerichtet und andererseits einem PID-Regler zugeführt, dessen
Ausgangssignal additiv dem Vorsteuerungswert überlagert das Tastgradsignal für die
Spannungsansteuerung der Düse-Prallplatteneinheiten ergibt. Der Verstärkungsgrad
des P-Anteils und die Steilheit des I-Anteils werden dem dynamischen Verhalten des
Gesamtsystems angepaßt und adaptiert.

4.2 Regelung auf vorgegebenen Drehmoment-Zeitverlauf M(t)

Das abgegebene oder aufgenommene Drehmoment des Prüfsystems wird sowohl mit
einer Drehmomentmeßwelle als auch durch Bestimmung des Differenzdrucks in den
hydraulischen Systemen bestimmt. Die Regelung auf M(t) bindet so unmittelbar an
die Regelung auf n(t) an. Dem Drehzahlregler aus Bild 4 wird lediglich ein Dreh-
momentregler vorgeschaltet (Bild 8), der nach einem PD-Algorithmus den Dreh-
momentfehler ausregelt. Der D-Anteil des Drehzahlreglers kann in diesem Falle auch
ausgeschaltet werden.

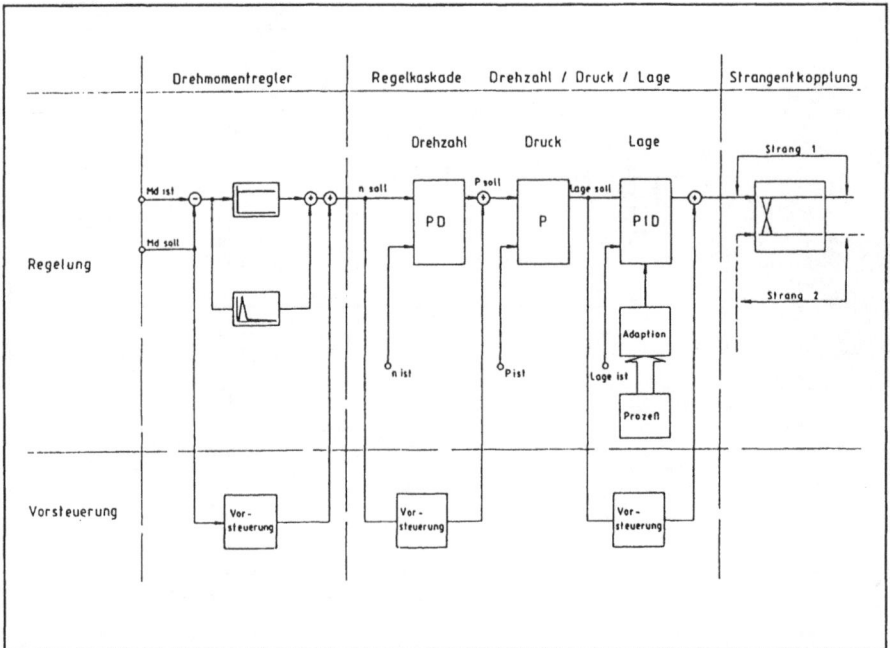

Bild 8: Regelung auf vorgegebenen Verlauf des Drehmomentes

4.3 Die Variable-Resistance-Control

Die Ansteuerung des Dynamikventils erfolgt in Abhängigkeit vom Gradienten des Sollwertes und von der Regelabweichung im Lageregelkreis. Parallel zu dieser Regelung muß auch das Druckniveau des hydrostatischen Kreislaufs durch Regelung der Verstellpumpe angepaßt werden.

5. Der Entwurf der unscharf formulierten Regelalgorithmen (Fuzzy Control)

Um ein stabiles und dennoch hochdynamisches Regelverhalten auch bei für diese Betriebsart ungünstigsten Prüflingen zu erhalten, werden die wichtigsten Reglerparameter an das Gesamtverhalten adaptiert. Dies sind vor allem der Verstärkungsgrad und die Steilheit des Lagereglers. Ziel dieser Adaptionen ist die Verhinderung von Regelschwingungen bei schnellstmöglichem Einregeln auf die Zielgröße. In konventioneller Regelungstechnik formuliert, sind hier sehr komplexe und umfangreiche Algorithmen für ein unter allen Bedingungen zufriedenstellendes und optimales Regelverhalten erforderlich.

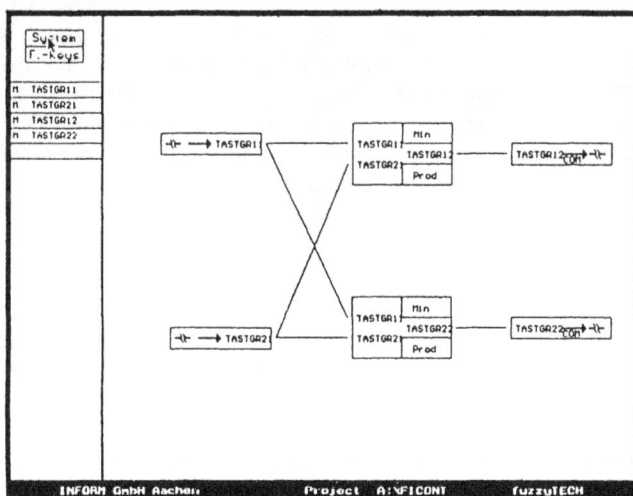

Bild 9: Strukturbild der Strangentkopplung

Da Optimierungskriterien einfacher und griffiger sprachlich formuliert werden können, andererseits aber auch insbesondere in der Fahrzeugtechnik die Beurteilung und der Eindruck aus dem Fahrbetrieb zum Beispiel durch Auswertung und

Berücksichtigung subjektiver Aussagen des Testpersonals erheblichen Einfluß auf die Optimierung haben muß, wird die Adaption an Prüfling und Betriebszustand unter Berücksichtigung des Echtzeitverhaltens der Größen Druck, Drehzahl und Stellung der Schwenkscheibe mit Hilfe von Fuzzy Logic (fuzzy control) durchgeführt.

Da im allgemeinen Prüflinge sowohl mit der Antriebs- wie auch mit der Abtriebsseite an die Prüfmaschine angeschlossen sind (zweisträngiger Betrieb), ist eine gegenseitige Beeinflussung der Stränge untereinander die Regel. Regelungstechnisch muß eine Strangentkopplung vorgesehen werden. Zur Ermöglichung einer weitgehend freien Wahl der Entkopplungsfunktionen wird auch Fuzzy Control eingesetzt. Im folgenden werden die Entwürfe vorgestellt.

5.1 Die Strangentkopplung

In Bild 9 ist in symbolischer Form der Aufbau der Strangentkopplung gezeigt. Die beiden Eingangstastgrade der Stränge 1 und 2 (TASTGR11 und TASTGR21) werden zunächst direkt auf den jeweils zugehörigen Ausgangswert der Stränge 1 und 2 (TASTGR12 und TASTGR22) abgebildet. Der Eingang des jeweils anderen Stranges wird ebenfalls berücksichtigt und so abgestimmt, daß er den reproduzierten Tastgrad zunehmend in einer Weise verkleinert, daß diese Verkleinerung erst bei größeren Tastgradwerten einsetzt. Hierdurch wird das Eigenregelverhalten der hydrostatischen Einheiten und des antreibenden oder bremsenden Elektromotors berücksichtigt. Für die Definition der linguistischen Variablen werden Zugehörigkeitsfunktionen mit linearem Funktionsverlauf und jeweils drei Termen gewählt. Aggregationsoperator ist der Minimumoperator, Kompositionsoperator der Gamma-Operator ($\gamma = 0$). Die Regelbasis besteht aus 27 Regeln.

5.2 Die Adaption der Reglerstruktur

Die Adaption der Reglerstruktur für jeden einzelnen Strang wird in die Bereiche Drehzahleinfluß, Druckeinfluß, Lageeinfluß und Ausgangskonfiguration aufgeteilt (Bild 10).

Drehzahleinfluß auf die Adaption

Der Regelkreis schwingt, wenn die Verstärkung des Proportionalanteils zu groß ist oder wenn der Grenzzyklus des Integralanteils eine zu hohe Amplitude aufweist. Schwingen wird durch hohe positive oder negative Werte der Drehzahländerung (DrehzÄnd) bei geringen Regelabweichungen (DreRegAb) definiert. Als Folge wird der Drehzahleinfluß auf die Adaption (Drehzein) in dem Sinne einer Verringerung der

Verstärkung des Proportionalanteils (PrpVerst) und der Steilheit des Integralanteils (IntSteil) des Reglers wirksam (Bild 11).

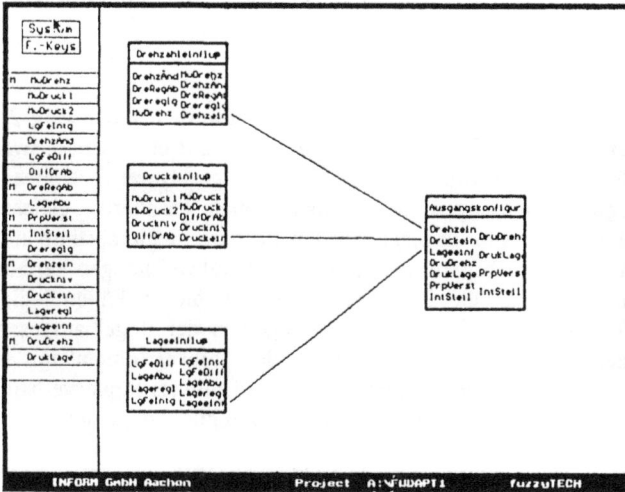

Bild 10: Struktur der Fuzzy-Adaption

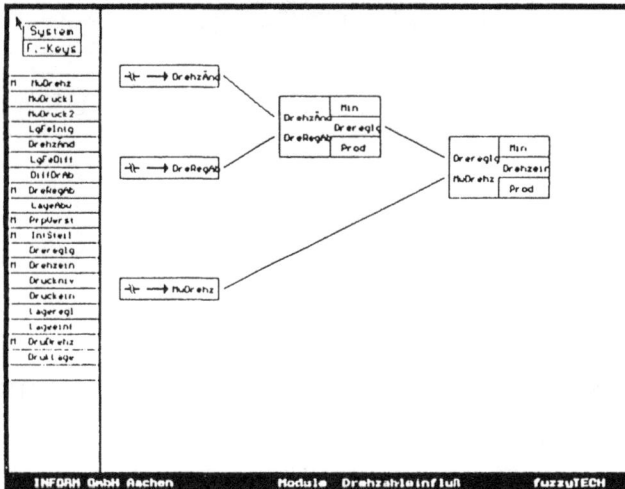

Bild 11: Struktur des Drehzahleinflusses auf die Adaption

Hohe Verstärkung und große Steilheit sind sinnvoll, um bei großer Regelabweichung möglichst große Drehzahländerung und damit ein möglichst schnelles Annähern an den Sollwert zu erreichen. Weiter können prinzipiell größere Steilheiten und höhere Verstärkungen gewählt werden, wenn die mittlere Drehzahl (MwDrehz) höhere Werte annimmt. Die Regelbasis formuliert diese Erfahrungswerte mit etwa 250 Regeln.

Der Druckeinfluß auf die Adaption

Durch Vergleich des Mittelwerts der Drücke im Zweig 1 und Zweig 2 (MwDruck1 und MwDruck2) wird der Einfluß des Druckniveaus auf die Adaptionswerte bestimmt (Bild 12). Hohe Differenzdrücke erlauben wegen geringerer Totzeiten des Systems schärfere Reglerabstimmungen. Auf beiden Seiten annähernd gleiche hohe oder niedrige Drücke erfordern dagegen wieder flachere Reglerabstimmungen, um die Schwingneigungen zu begrenzen. Hohe Reglerabweichungen erlauben scharfe Reglerabstimmungen, da die Regelbewegungen in diesen Fällen lediglich in eine Richtung erfolgen und so Schwingerscheinungen in der Regel ausgeschlossen sind. Der eingeregelte Fall dagegen erfordert, ist der Sollwert einmal mit ausreichender Präzision erreicht, ein möglichst unauffälliges und ruhiges Reglerverhalten, also eher niedrige Proportionalverstärkungen und geringe Integratorsteilheiten.

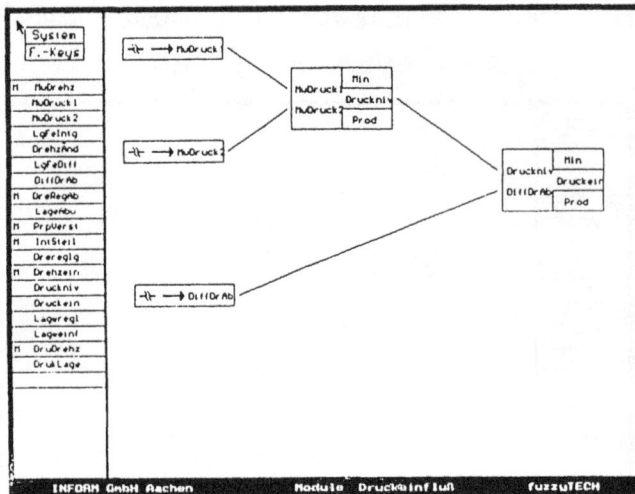

Bild 12: Die Struktur des Druckeinflusses auf die Adaption

Einfluß der Stellung der Schwenkscheibe auf die Adaption (Lageeinfluß)

Für die Bestimmung des Lageeinflusses auf die Größe der Adaptionswerte des Lagereglers werden im ersten Regelblock die Lageabweichung (LageAbw)und das zeitliche Differential des Lagefehlers (LgFeDiff) und im zweiten Regelblock das Ergebnis des ersten Regelblocks (Lageregl) und das zeitliche Integral (LgFeIntg) zur Bestimmung des Einflusses der Stellung der Schwenkscheibe betrachtet (Bild 13). In den Regelblöcken ist berücksichtigt und niedergelegt, daß eine hohe Lageabweichung (Reglerabweichung) generell eine scharfe Reglerabstimmung erlaubt, um möglichst schnell wieder auf den Sollwert einzuregeln. Treten bei dieser hohen Lageabweichung hohe Geschwindigkeiten in Richtung auf eine Verringerung der Regelabweichung auf, muß die Reglerabstimmung etwas zurückgenommen werden. Im eingeschwungenen Fall und bei niedrigen Änderungsgeschwindigkeiten der Schwenkscheibenstellung wird eine sanfte Reglerabstimmung bevorzugt, um ein möglichst ruhiges Systemverhalten zu garantieren.

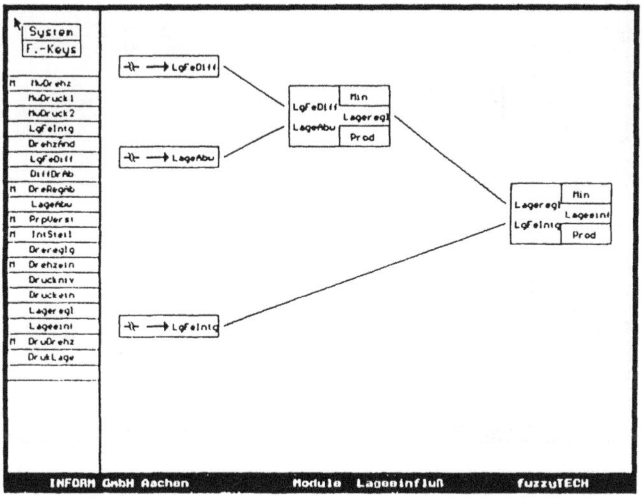

Bild 13: Die Struktur des Lageeinflusses auf die Adaption

Berechnung der Ausgangskonfiguration

Im den beiden ersten Regelblöcken werden einerseits der Drehzahleinfluß und der Druckeinfluß und andererseits der Einfluß von Druck und Lage zu zwei kombinierten Einflußgrößen zusammengefaßt (Bild 14). Die Wirkung dieser beiden Größen auf die Ausgangswerte Verstärkung und Steilheit wird in den beiden folgenden Regelblöcken ermittelt.

Die bestimmenden Größen sind Drehzahl und Stellung; dem Druck wird ein eher vorsteuerndes Verhalten gegeben, sodaß für Adaptionsvorgänge zunächst alle Regelvorgänge wie bei konstantem Druck erfolgend betrachtet werden. Dies geschieht mit

Rücksicht auf ein stabiles Einregelverhalten des Systems. Die Feineinregelung berücksichtigt natürlich auch das Geschehen in der Druckstufe der Regelkaskade. Als Operatoren für Aggregation und Kompensation wurden wie in den anderen Fällen auch der Minimum-Operator und der Gamma-Operator mit $\gamma = 0$ gewählt. Während die Verstärkung erst bei größeren Regelabweichungen in Richtung auf höhere Werte adaptiert wird, beginnt dies für die Integratorsteilheit bereits bei geringeren Abweichungen. Alle Regelblöcke des Adaptionskreises eines Stranges zusammen enthalten etwa 600 formulierte Regeln.

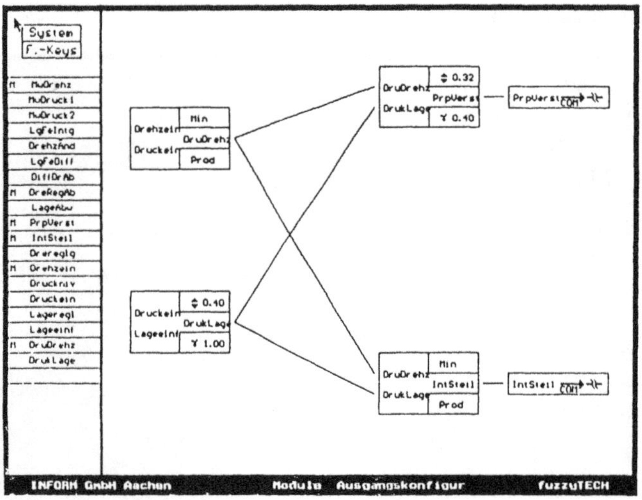

Bild 14: Die Bildung der Ausgangswerte Verstärkung und Steilheit

6. Schlußbetrachtungen

Der Stand unserer Entwicklungen und die bisher erreichten Werte erlauben noch keine abschließende Darstellung und Bewertung der gewählten Konzepte. Die erste Implementation zeigt aber bereits, daß der Einsatz von Fuzzy Logik in diesem Projekt eine sehr ernsthafte Alternative zu konventionellen Konzepten darstellt; die Anforderungen an die Regelgüte und die beschriebenen Erwartungen bei der Auslegung der Regel- und Steuerkreise werden voll erfüllt, so daß mit einem Erreichen aller Entwicklungsziele gerechnet wird.

7. Literatur

[1]   Rehfeldt, Knud; Schöne, Armin; Büngener, Nils; "Einsatz von Fuzzy-Reglern zur Drehzahlregelung einer Hydraulikpumpe", O+P Ölhydraulik und Pneumatik, Vol. 36, No.6 (1992), S. 397-402.

[2]   Ulrich, Hartmut; Kleist, Alexander; Grebe, Kai-Christopher; "Vergleich von Regelungskonzepten für eine elektro-hydraulisch druckgeregelte Verstellpumpe", O+P Ölhydraulik und Pneumatik Vol.36(1992),S. 602-613.

[3]   Boes, Christoph; "Adaptive Zustandsregelung für hydraulische Zylinderantriebe", O+P Ölhydraulik und Pneumatik Vol.36, No.6 (1992), S. 386-396.

[4]   Weishaupt, Edgar; "Adaptive Regler für eine Verstelleinheit am Netz mit aufgeprägtem Druck", O+P Ölhydraulik und Pneumatik Vol.36, No.11 (1992)

[5]   Kögl, Christian; "Sekundärgeregelte Motoren im Drehzahl- und Drehmoment-regelkreis", O+P Ölhydraulik und Pneumatik Vol.36, No. 10 (1992), S. 680-686.

[6]   Glimkiewicz, Klaus; "Kombination von Proportional- und 2-Wege- Einbau-ventiltechnik zur Regelung von Hydraulikantrieben", O+P Ölhydraulik und Pneumatik Vol.37, No.1 (1993), S.43-51.

[7]   Folchert, Uwe; Menne, Achim; Waller, Heinz; "Hochdynamischer Versuchsstand zur Identifikation von Antriebssträngen", antriebstechnik Vol. 32, No. 2 (1993), S. 43-44.

[8]   Wüsthof, Peter; "Fluidtechnische Antriebe mit digitalem Signalkreis", O+P Ölhydraulik und [9] IHP RWTH Aachen; "Leistungssteigerungen durch neue Antriebs- und Regelkonzepte", O+P Ölhydraulik und Pneumatik, Vol.37, No.4 (1993),S.306-307.

[10]   Brosy, Heiko; "Ein Fall für Fuzzy", fluid März 1993, S.16-21.

8.

Optimierung einer C2-Hydrierung

Thomas Froese
Foxboro Deutschland GmbH

Als Beispielapplikation soll in diesem Beitrag die Optimierung einer C2-Hydrierung vorgestellt werden, da wir für dieses Pilotprojekt detaillierteste theoretische Betrachtungen durchgeführt und den erstellten Fuzzy-Controller in allen Betriebszuständen getestet haben.

Die betrachtete C2-Hydrieranlage ist Bestandteil eines großen Netzwerkes erdöl-chemischer Großanlagen und dient der Hydrierung von Ethin zu Ethen. Die Anlage verfügte bisher noch über keinerlei Prozeßleitsystem; alle Regelkreise wurden mit Kompaktreglern betrieben, deren Sollwerte von Bedienern (Operatoren) manuell eingestellt werden. Im Rahmen der Planungen, diese Anlage mit moderner Prozeßleit-technik auszustatten, wurde auch überlegt, wie man auf einfache Art und Weise unbefriedigende Betriebszustände optimieren kann. Neben anderen regelungstechnischen Problemen, die sich aber mit bekannten Algorithmen sehr gut lösen lassen, bestehen z.B. sehr große Schwankungen bei der Höhe der Ausbeute der Anlage. Eine regelungstechnische Lösung macht einen komplexeren Mehrgrößenansatz erforderlich.

Konventionelle regelungstechnische Lösungen und Ansätze schieden jedoch aus Kostengründen aus: Zwar ist es theoretisch möglich, ein reaktionskinetisches oder regelungstechnisches Modell der Anlage zu erstellen. Dieses Modell aber so zu para-metrieren, daß es den Aufbau einer modellbasierten Regelstrategie ermöglicht, ist sehr zeitaufwendig, da hierzu sehr viele Störgrößen einbezogen werden müßten, die zum Teil nur qualitativ bekannt sind. Beispiele solche Störgrößen sind: Alterung des Kata-lysators, unterschiedliche Außentemperaturen oder der Einfluß von Regen, der zu modellbezogen schwer erfaßbaren Temperaturschwankungen am Katalysatorbett führt. Von Beginn an wurde aus diesem Grund die Möglichkeit mit einbezogen, eine überge-ordnete Sollwertführung mit empirischen regelbasierten Techniken zu entwickeln. Da sowohl heuristische Programmierung, als auch der Einsatz von Expertensystemen nur schwer zu handhaben sind, bot sich der Einsatz von Fuzzy-Techniken an.

Die Probleme bei dem betrachteten C2-Hydrierreaktor treten vor allem in der Temperaturführung, in der Mengenstromregelung und in der Verhältnisregelung der Einsatzstoffe auf. Insbesondere die Problematik der Sollwertführung der Temperaturregelung und der Kompensation von Störungen im Massenstrom sollen im folgenden betrachtet werden.

1. Verfahrenstechnische Hintergründe des Prozesses

Im betrachteten Reaktor finden im wesentlichen zwei Hauptreaktionen statt: Die Hydrierung von Ethin zum erwünschten Produkt Ethen sowie gleichzeitig zum unerwünschten Nebenprodukt Ethan. Beide Reaktionen sind exotherm, wobei die Reaktionsenthalpie $\Delta H_{R,2}$ wesentlich größer ist als die Reaktionsenthalpie $\Delta H_{R,1}$:

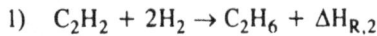

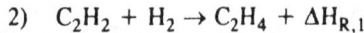

$$1) \quad C_2H_2 + 2H_2 \rightarrow C_2H_6 + \Delta H_{R,2}$$

$$2) \quad C_2H_2 + H_2 \rightarrow C_2H_4 + \Delta H_{R,1}$$

Entscheidend für das Verhältnis, in dem die beiden konkurrierenden Reaktionen ablaufen, sind vor allem die kinetischen Geschwindigkeitskonstanten k_1 und k_2. Diese Geschwindigkeitskonstanten sind abhängig von der Aktivierungsenergie der Reaktionen und der Aktivität, die im wesentlichen vom Zustand des verwendeten Katalysators abhängt.

Der Katalysator ist so gewählt, daß an ihm - in einem bestimmten Temperaturintervall - die erwünschte Bildungsreaktion von Ethen gegenüber der Bildung des Ethan stark bevorzugt abläuft und somit bei einer Temperatur der Einsatzstoffe von etwa 650° C zu einer befriedigenden Ausbeute an Ethen im Verhältnis zum Ethan führt. Zu erklären ist dies durch die Selektivität des Katalysators, welche sich in den kinetischen Gleichungen beider Reaktionen durch eine höhere Aktivität ausdrückt; die Konstante a_1 ist am verwendeten Katalysator größer als die Konstante a_2.

Die Abhängigkeit der Geschwindigkeitskonstanten k_X von der Temperatur und auch von der katalysatordeterminierten Aktivität läßt sich hinreichend genau durch den Arrhenius-Ansatz beschreiben:

$$k_X = a_X \cdot \exp\left(- E_{A,X} / R \cdot T\right)$$

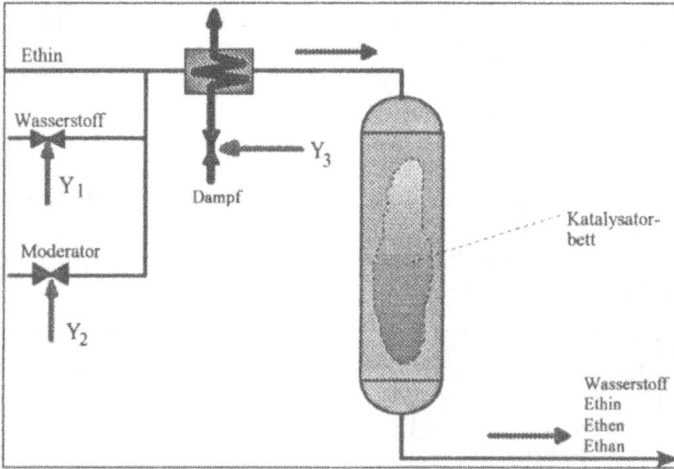

Bild 1: An dieser schematischen Darstellung der Hydrieranlage läßt sich die Problemstellung gut verdeutlichen: Der Mengenstrom Ethin kann nicht geregelt werden; die Regelung der Anlage muß über die Stellgrößen Y_1 bis Y_3 erfolgen.

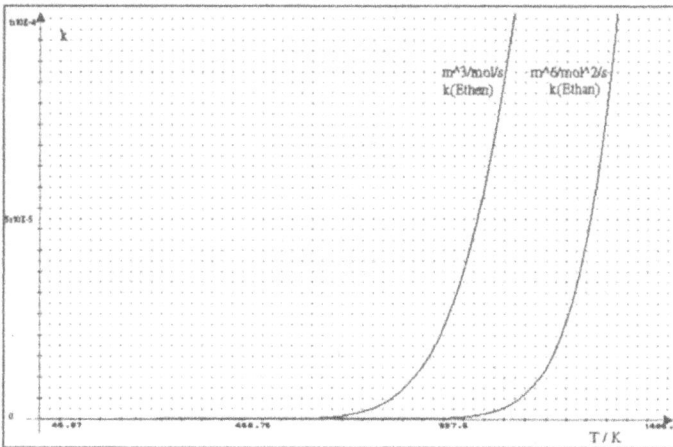

Bild 2: Das Diagramm zeigt die Temperaturabhängigkeit der Geschwindigkeitskonstanten k_1 und k_2. Unterhalb von ca. 950K ist k_1 deutlich größer als k_2. Es ist auch zu erkennen, daß die Reaktion mit zunehmender Temperatur exponentiell schneller verläuft, der Umsatz somit insgesamt stark ansteigt.

Betrachtet man die Temperaturabhängigkeit für beide Geschwindigkeitskonstanten der beschriebenen Reaktionen graphisch, erkennt man, daß bei einer Temperatur von ca. 700 Kelvin der Betrag für k_1 stark ansteigt; der Betrag von k_2 steigt dagegen erst bei ca. 940 Kelvin stark an (Bild 2).

Setzt man die beiden oben dargestellten Funktionen $k_1 = f(T)$ und $k_2 = f(T)$ zueinander ins Verhältnis, erhält man einen Quotienten, der beschreibt, zu welchem Grad die Bildungsreaktion des Ethen gegenüber jener des Ethan bevorzugt abläuft; dieser Quotient ist etwa proportional zur Selektivität. Wie aus der Funktion $k_1/k_2 = f(T)$, die im folgenden Diagramm dargestellt ist, ersichtlich ist, ist dieser Quotient um so niedriger, je höher die Temperatur ist (Bild 3).

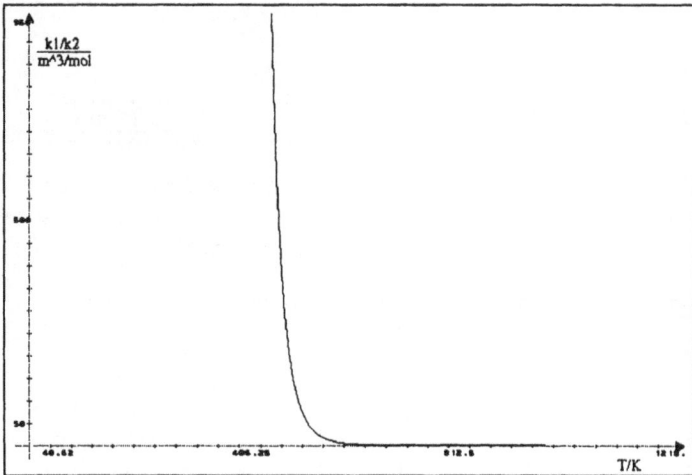

Bild 3: Das Verhältnis k_1/k_2 sinkt mit zunehmender Temperatur ab und strebt schon bei ca. 1000K gegen 1. Je höher die Temperatur ist, bei der die Reaktion stattfindet, desto geringer ist die selektive Bevorzugung der erwünschten Reaktion.

Für das Ziel einer kostenoptimierten Produktion Ethylen ergibt sich, bezogen auf die einzustellende Reaktionstemperatur, ein Konflikt: Ist die Temperatur zu niedrig, bildet sich zu wenig Produkt Ethen (geringer Umsatz), ist die Temperatur dagegen zu hoch, entsteht zu viel unerwünschtes Nebenprodukt Ethan (geringe Selektivität).

2. Problemdefinition

Ein geringerer Umsatz führt zwar dazu, daß das eingesetzte Ethin mehrmals gereinigt und in die Anlage zurückgeführt werden muß; dies nehmen die Betreiber meist bis zu

einem gewissen Grad in Kauf, da eine zu große Menge gebildeten Ethans betriebs-
wirtschaftlich gesehen deutlich negativer zu gewichten ist, als eine geringe Ausbeute
Ethen: Während unreagiertes Ethin durch einfache Trennverfahren aus dem Produkt-
strom wiedergewonnen werden kann, kann das gebildete Ethan meist nur noch ver-
feuert werden. Berücksichtigt man dabei, wie energieaufwendig und teuer die
Gewinnung des Ausgangsstoffes Ethin ist, ist es verständlich, daß geringe Ausbeuten
und damit hohe Rückführungsquoten unreagierten Eduktes in Kauf genommen werden. Regelziel der Anlage ist daher, zwar einen möglichst hohen Umsatz anzustreben,
aber auch eine bestimmte Selektivität nicht zu unterschreiten. Wo sich diese Optimal-
werte befinden, ist sehr stark anlagenspezifisch und kann einfach berechnet werden.

Erschwert wird die Regelung der Temperatur noch durch drei weitere Probleme:

1. Einem ansteigenden Temperaturprofil und thermischer Autokatalyse der Reaktion,

2. schwankenden Produktverweilzeiten und

3. der Alterung des Katalysators.

2.1 Thermische Autokatalyse der Reaktion und ansteigendes Temperaturprofil

Wie erwähnt, sind beide Hauptreaktionen stark exotherm. Durch die bei der Reaktion
freiwerdende Wärme erwärmt sich das Gas entlang des Katalysatorbettes, wodurch
sich ein ansteigendes Temperaturprofil ergibt. In Bild 4 sind verschiedene Profile für
unterschiedliche Temperaturen des Aufgabestroms dargestellt. Es fällt auf, daß eine
geringe Erhöhung der Eingangsstofftemperatur zu einem wesentlich steileren Anstieg
des Temperaturprofils führt.
Grund für diese Beobachtung ist thermische Autokatalyse beider Reaktionen (1) und
(2): Die Bildung des Ethan erzeugt - wegen der höheren Reaktionsenthalpie - wesentlich mehr Wärme als die Bildung des Ethen; die dadurch ansteigende Temperatur
beschleunigt wiederum die Ethanbildung gegenüber der Ethenbildung. Wegen dieses
autokatalytischen Effektes der Ethanbildung und der Ausbildung eines Temperaturprofils ist eine Temperaturregelung im eigentlichen Sinne nicht durchführbar. Es läßt
sich ausschließlich die Temperatur des Rohgases regeln, was aber einen stark nicht-
linearen Einfluß auf das Temperaturprofil und damit dem Umsatz und der Selektivität
hat.

2.2 Schwankungen im Mengenstrom

Eine ähnliche Schwierigkeit ergibt sich durch eine Störgröße, die den Betrieb des
Reaktors beeinflußt: Der Mengenstrom der Einsatzstoffe ändert sich ständig und kann

nicht durch Regelung konstant gehalten werden, da die Hydrieranlage Bestandteil einer größeren Anlage ist und den zugeführten Mengenstrom auch verarbeiten muß.

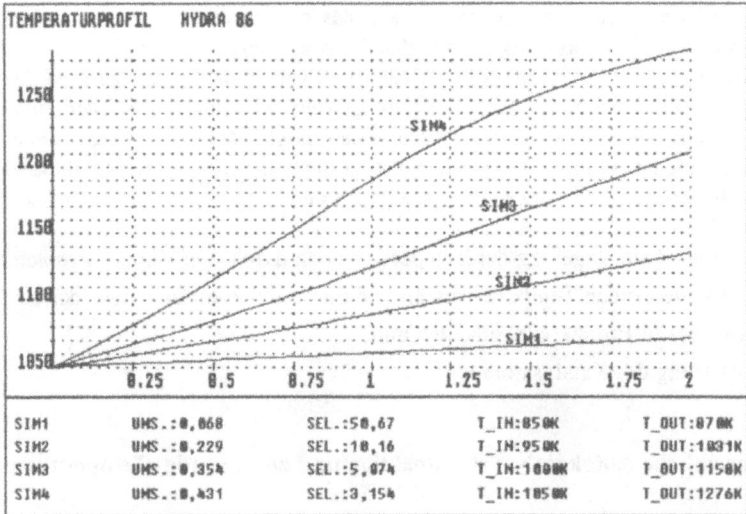

TEMPERATURPROFIL HYDRA 86				
SIM1	UMS.:0,068	SEL.:50,67	T_IN:850K	T_OUT:870K
SIM2	UMS.:0,229	SEL.:10,16	T_IN:950K	T_OUT:1031K
SIM3	UMS.:0,354	SEL.:5,074	T_IN:1000K	T_OUT:1150K
SIM4	UMS.:0,431	SEL.:3,154	T_IN:1050K	T_OUT:1276K

Bild 4: Temperaturprofil des Reaktorbetts bei verschiedenen Temperaturen des Aufgabestroms (850K, 950K, 1050K und 1050K) aus vier Simulationsläufen. Neben dem starken Einfluß der Einsatzstofftemperatur läßt sich auch der starke Einfluß der Anfangstemperatur auf Umsatz und Selektivität erkennen. So ist bei T_1 der Umsatz 0,068 und die Selektivität 50,67. Bei T_4 ist der Umsatz 0,431, aber die Selektivität 3,154.

Da beispielsweise die Verringerung des Mengenstromes zu einer höheren Raumgeschwindigkeit v_R und damit zu einer höheren Verweilzeit t_W des Gasstromes am Katalysator führt, verlängert sich damit auch die Reaktionszeit des Gases. Die Verlängerung der Reaktionszeit führt zu einem höheren Umsatz, welcher die Temperatur im Reaktor erhöht. Dies führt zu einem erhöhten Umsatz der Komponenten, aber auch zu einer geringeren Selektivität.

2.3 Alterung des Katalysators

Der Katalysator erleidet während des Betriebes Veränderungen seiner Oberflächenstruktur, wodurch der Reaktor erst nach geraumer Zeit sein Ausbeutemaximum erreicht. Im Laufe des Betriebes altert der Katalysator in Folge von Belegung, was zu einer Verringerung seiner Aktivität und auch seiner Selektivität führt. Die Aktivität des Katalysators verschiebt sich mit zunehmender Belegung (zunehmendes Alter) zu Gunsten der unerwünschten Reaktion.

3. Einfluß der Stellgrößen

Eine Einflußnahme auf die Reaktion und damit die Kompensation der beschriebenen Störungen ist im wesentlichen durch die Stellgrößen Y_2 und Y_3 möglich (Bild 1). Der Dampfstrom zum Wärmetauschers ändert die Aufgabegasstromtemperatur und beeinflußt damit unmittelbar Reaktionsgeschwindigkeit und Steilheit des Temperaturprofils. Der Moderator ist ein "Katalysatorgift", das dem Gasstrom in geringen Mengen zugesetzt wird und damit die Aktivität des gesamten Katalysators vermindert.

Mit der Veränderung der Moderatorzufuhr als auch der Variation der Einsatzstofftemperatur, läßt sich die Reaktionsgeschwindigkeit auf charakteristische Weise beeinflussen und damit Einfluß auf die Zielgrößen Selektivität und Umsatz nehmen.

4. Regelung der Hydrieranlage mit Fuzzy Logic Control

Die Art und Weise, wie der Reaktor in seinem Verhalten durch Verändern beider Größen zu beeinflussen ist, ist den Bedienern (Operatoren) prinzipiell bekannt. Da aber die Leistungsfähigkeit eines Menschen sehr stark schwankt und der Anlagenfahrer niemals zu allen Zeitpunkten sofort und optimal reagieren kann, ist es naheliegend, diese Operationen zu automatisieren und damit transparent und reproduzierbar zu machen.

Da das Wissen der Operatoren durch Regeln repräsentiert werden kann, liegt es nahe, die Entscheidungen über die Veränderung der Einsatzstofftemperatur oder des Moderatorstromes durch ein wissensbasiertes System vorzunehmen. Da es sich bei den zu verarbeitenden Informationen um quantitative Größen und Einschätzungen handelt, wurde Fuzzy Logic eingesetzt.

Um vor dem Einsatz an einer Hydrieranlage zu testen, ob Fuzzy Logic überhaupt geeignet ist, diese Art von Prozeß zu beherrschen, wurde von uns ein vereinfachtes kinetisches Modell der Hydrieranlage als Simulation programmiert und zu Testzwecken genutzt. Dieses Modell beschreibt die reale Anlage nicht in so guter Weise, als daß dadurch eine modellgestützte Regelung aufgebaut werden könnte; es ist jedoch genau genug, um erkennen zu können, wie der Fuzzy-Regler auf das dynamische Verhalten des Prozesses reagiert und ob der eingeschlagene Weg der richtige ist. Der Versuch die Modellanlage mit der Hand zu fahren, führte zu ähnlichen (unbefriedigenden) Ergebnissen, wie sie bei der realen Anlage erzielt werden.

An dieser Modellanlage wurde die Entwicklung des Fuzzy-Controllers durchgeführt.

4.1 Kriterium zur vergleichenden Bewertung der Regelgüte

Fuzzy Logic Control ist eine empirische Vorgehensweise, womit das prinzipielle Problem gegenüber exakten Methoden zur Reglermodellierung darin besteht, daß keine exakte Abschätzung der Regelgüte vor dem Projektbeginn durchgeführt werden kann, wenn für den speziellen behandelten Prozeß noch keine praktischen Erfahrungen vorliegen. Dieser Nachteil wird bei Fuzzy Logic Control - das zeigen zumindest alle bis heute durchgeführten Projekte - dadurch kompensiert, daß bereits nach kurzer Projektzeit eine Verbesserung des Prozesses erreichbar ist. Diese Verbesserung muß jedoch quantifiziert werden können, um sie in ein ökonomisches Verhältnis zum Aufwand setzen zu können und somit in jeder Projektphase abschätzen zu können, ob eine weitere Verfeinerung des Optimierungsreglers in einem sinnvollen Verhältnis zum Aufwand steht.

Da bei der Hydrieranlage zwei widersprüchliche Ziele, nämlich Maximierung der Selektivität und Maximierung des Umsatzes, bestehen, muß man zur Erfolgsabschätzung eine Zielfunktion definieren, die beide Größen berücksichtigt.

Die Regelgüte kann nach dem Konzept des Vergleiches der Mittelwerte und der Varianzen der integrierten Fehlerdifferenz zwischen Soll- und Ist-Werten dieser Zielfunktion berechnet und verglichen werden. Die von uns verwendete Zielfunktion ist eine Gleichung mit gewichtetem Umsatz und gewichteter Selektivität und hat folgende allgemeine Form:

$$F_i = \int_{t-n}^{t} (A \times (Ums_{ist} - Ums_{soll}) + (B \times (Sel_{ist} - Sel_{soll})) \times dt$$

Durch Berechnung der durchschnittlichen integrierten Fehler bei verschiedenen Regelungskonzepten ist es möglich, die Qualität dieser Konzepte zu vergleichen. Ziel der durchzuführenden Optimierung ist es, diese Fehlerfunktion zu minimieren.

4.2 Akquisition der Wissensbasis

Der Betriebsleiter schilderte schon im ersten Gespräch im wesentlichen zwei konkrete Problemstellungen und die darauf folgenden Aktionen der Operatoren, um den Prozeß stabil zu halten; beide Beispiele lassen sich auf der Basis der obigen grundsätzlichen verfahrensbezogenen Überlegungen leicht nachvollziehen:

1. Der Katalysator altert, wodurch der Umsatz sinkt; die Operatoren wollen den Umsatz halten und erhöhen als Reaktion darauf die Feed-Temperatur (Zufuhr). Durch die Erhöhung der Temperatur sinkt die Selektivität, was wiederum durch eine Erhöhung des Moderatorstromes ausgeglichen wird, wodurch wiederum der Umsatz etwas sinkt ...

2. Die schwankenden Mengenströme werden ebenfalls durch Veränderungen des Moderatorstroms und der Feed-Temperatur abgefangen. Wenn beispielsweise der Aufgabestrom sinkt, verbleibt das Gas länger am Katalysator, reagiert länger und "treibt" so den Umsatz nach oben und die Selektivität nach unten; die Operatoren können hierauf mit einer Senkung der Aufgabestromtemperatur oder mit einer Erhöhung des Moderatorstromes reagieren.

Ob die Operatoren über den Moderatorstrom oder die Temperatur eingreifen, entscheidet sich vor allem danach, welche Eingriffsmöglichkeit schon weitgehend ausgeschöpft ist. Ist beispielsweise der Moderatorstrom im mittleren Bereich gestellt, die Temperatur aber bereits sehr hoch, dann wird der Operator bei einer zu geringen Selektivität dadurch eingreifen, daß er die Temperatur senkt. Diese Vorgehensweise läßt sich vor allem dadurch begründen, daß man sich für weitere Eingriffe einen möglichst hohen Spielraum erhalten möchte.

Neben diesem eher trivialen Auswahlkriterium gibt es allerdings einen Unterschied zwischen der Wirkung einer Änderung des Moderatorstromes und einer Änderung der Aufgabestromtemperatur: Während der Moderator die Reaktion auf dem gesamten Katalysatorbett bremst oder beschleunigt, verschiebt eine Temperaturänderung nur den Anfangspunkt des Temperaturprofils. Die Temperatur wirkt damit eher auf den Umsatz - der Moderatorstrom eher auf die Selektivität des Prozesses. Auch diese Besonderheiten des Prozesses können in einem Fuzzy-Regler berücksichtigt werden.

Auf der Basis des in dieser Akquisitionsphase erworbenen Wissens kann man nun die Struktur des Fuzzy-Reglers bestimmen und die Produktionsregeln formulieren. In der letzten Phase werden die Produktionsregeln dann verfeinert.

4.3 Aufbau der konventionellen Regelung

Fuzzy-Regler können und sollen PID-Regler nicht ersetzen, sondern ergänzen. Die Stärke der Fuzzy-Regler liegt vor allem in der sinnvollen und regelbasierten Verknüpfung mehrerer Größen, weshalb sie sich vor allem als übergeordneter "Optimierungsregler" eignen. Da vor allem in der Entwicklungsphase des Fuzzy-Reglers zunächst das Verhalten des Reglers am Prozeß beobachtet werden muß, bevor man die Sollwertführung freigibt, muß dem Fuzzy-Regler eine stabile - auch suboptimale - Regelung unterlagert sein.

Bei der betrachteten Anlage bietet sich folgende Verschaltung der Regelkreise an:

Die Wasserstoffzufuhr muß vom Mengenstrom des Ethins anhängen. Der Mengenstrom des Wasserstoffs wird mit einem Durchflußtransmitter (FT) gemessen und mit
einem Durchflußregler (FC) über ein Stellventil geregelt. Der Sollwert des Durch-
flußreglers wird dabei über einen Kennlinienfeldblock in Abhängigkeit von dem gemessenen Ethinstrom eingestellt. Für derartige Balance-Regelungen liegen bewährte
Konzepte vor.

Die Aufgabestromtemperatur wird über ein Kaskade von zwei Reglern geregelt. Ein
Temperaturregler (TC) erhält den Wert der Temperatur über einen Temperaturtrans-
mitter (TT) und gibt seinen Ausgang an einen Dampf-Durchflußregler weiter (FC),
welcher den Dampfstrom durch den Wärmetauscher über ein Stellventil regelt. Die
Führungsgröße ist bei diesem System der Sollwert der Temperatur. Dieser Sollwert
wird vom Fuzzy-Führungsregler vorgegeben.

Der Moderatorstrom wird über einen einfachen Durchflußregelkreis geregelt: Ein
Durchflußregler (FC) erhält einen Meßwert von einem Durchflußtransmitter und
erhält vom Fuzzy-Regler - über ein Rampe als Inkrementalwert - seinen Sollwert.

Die gesamte Struktur der unterlagerten Regelung sieht folgendermaßen aus:

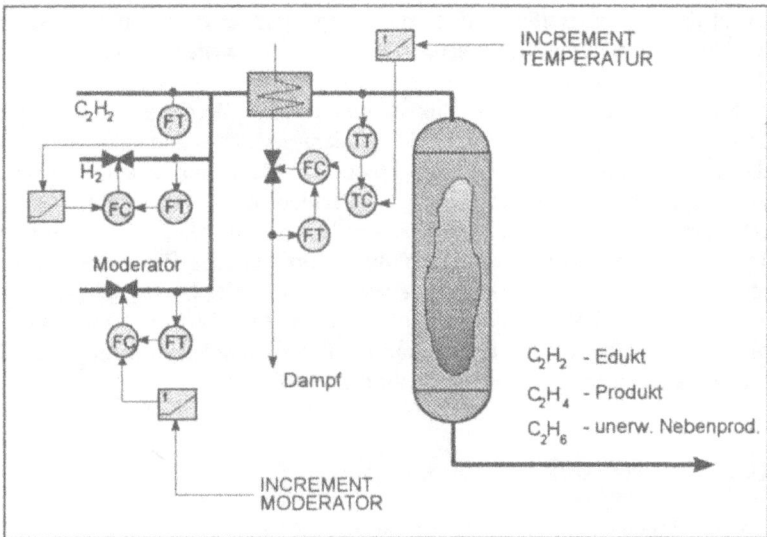

*Bild 5: In diesem Schema ist die unterlagerte Regelung dargestellt. Die Regelkreise
erhalten eine inkrementelle Sollwertführung vom Fuzzy-Regler, sind aber in der Lage,
die Anlage - auch beim Ausfall des Fuzzy-Reglers - sicher zu betreiben.*

4.4 Auswahl der Grundstruktur des Fuzzy-Reglers

Da alle Prämissenteile (wenn...) der aufgestellten Regeln vier Größen enthalten, nämlich Temperatur, Moderatorstrom, Umsatz und Selektivität, müssen zunächst diese Größen als linguistische Variablen definiert werden. Umsatz und Selektivität erhielten zunächst drei linguistische Terme ("hoch", "mittel" und "niedrig"), Moderator und Temperatur je zwei Terme ("hoch" und "niedrig").
Die Konditionsteile beinhalten die Variablen Temperatur und Moderatorstrom. Da es jedoch - auf Grund der wechselnden Betriebsbedingungen der Anlage - keine absoluten Maße dafür gibt, wie hoch die Temperatur oder der Moderatorstrom sein müssen, um einen bestimmten Betriebszustand zu erreichen, wurden inkrementelle Ausgänge gewählt. Der Regler stellt die Temperatur beispielsweise bei sinkendem Umsatz nicht auf einen bestimmten Wert, er erhöht den Sollwert um ein bestimmtes Inkrement pro Zeiteinheit, bis die hierfür verantwortliche(n) Regel(n) nicht mehr greifen.

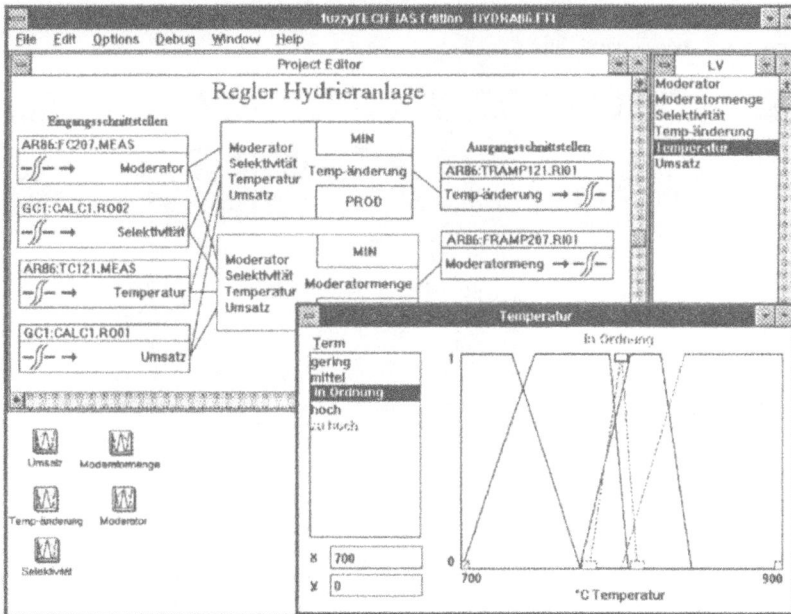

Bild 6: Fuzzy-Regler der Hydrieranlage als Bildschirmabdruck der fuzzyTECH-Shell. Die Eingangsgrößen "Temperatur", "Selektivität", "Moderator" und "Umsatz" sind über zwei Regelblöcke mit den Ausgängen verknüpft.

Nach der Eingabe der Variablen sind die Eingangs- und Ausgangsinterfaces an das Prozeßleitsystem zu konfigurieren. Hierzu legt man in der *fuzzy*TECH-IAS-Shell die Objektnamen der konfigurierten Regelblöcke fest. Hierdurch wird die Verbindung zum laufenden Prozeß vom Objekt-Manager des Foxboro-I/A-Series-Systems durchgeführt.

Um ein übersichtliches Fuzzy-System zu entwickeln, hat es sich bewährt, die Zahl der Parameter pro Regelblock gering zu halten. Daher verwendet der Fuzzy-Regler der Hydrieranlage für die beiden Stellgrößen separate Regelblöcke (Bild 6).

4.5 Aufbau der Regelbasis

Zur Beschreibung der Regelstrategie sind insgesamt 18 Regeln formuliert worden. Alle möglichen Eingangskombinationen der Vorbedingungen der Regeln, für die keine Regeln formuliert worden sind, führen nicht zu einer Veränderung der Sollgröße für "Temperatur" und "Moderator". Bild 7 zeigt die Regeln des Fuzzy-Systems als Tabellendarstellung.

	fuzzyTECH 3.0 IAS HYDRA86.FTL - [Spreadsheet Rule Editor]					
File Edit Debug Analyzer Compile Options Window Help						
Matrix	**IF**				**THEN**	
#	**Moderator**	**Selectiv**	**Temperatur**	**Umsatz**	**DoS**	**delta_Temp**
1	niedrig	gering	niedrig	niedrig	1.00	sleep
2	hoch	gering	niedrig	niedrig	1.00	sleep
3	niedrig	hoch	niedrig	niedrig	1.00	hoch
4	hoch	hoch	niedrig	niedrig	1.00	sleep
5	niedrig	gering	mittel	niedrig	1.00	sleep
6	hoch	gering	mittel	niedrig	1.00	sleep
7	niedrig	hoch	mittel	niedrig	0.92	hoch
8	hoch	hoch	mittel	niedrig	1.00	sleep
9	niedrig	gering	hoch	niedrig	1.00	sleep
10	hoch	gering	hoch	niedrig	1.00	sleep
11	niedrig	hoch	hoch	niedrig	0.61	hoch
12	hoch	hoch	hoch	niedrig	1.00	sleep
13	niedrig	gering	niedrig	hoch	1.00	sleep

Bild 7: In der Regeldarstellung des Tabelleneditors der fuzzyTECH-Shell können die Regeln übersichtlich eingegeben werden. Der DoS (Degree of Support), der die Plausibilität der Regeln beschreibt, wird zunächst für die Regeln auf 1 gesetzt.

Im zweiten Schritt werden die Regeln dann mit dem Matrizeneditor optimiert. Hierbei wird jede mögliche Regel durch ein Quadrat auf einer je zweidimensionalen Matrix mit zwei wählbaren Eingangsgrößen dargestellt. Ein schwarzes Quadrat kennzeichnet eine nicht plausible Regel ("0% wahr"), ein weißes Quadrat eine absolut plausible Regel ("100% wahr"). Regeln, die weder völlig wahr oder völlig falsch sind, werden durch Graustufen gekennzeichnet. Durch einfaches Anwählen anderer Variablen kann man die Matrix aus allen gegebenen Eingangsgrößen und Ausgangsaktionen frei zusammenstellen. Sinnvoll ist diese Darstellung vor allem, um sicherzustellen, daß man keine Regel vergessen hat, und um benachbarte Regeln miteinander vergleichen und bezüglich der Plausibilität übersichtlicher bewerten zu können.

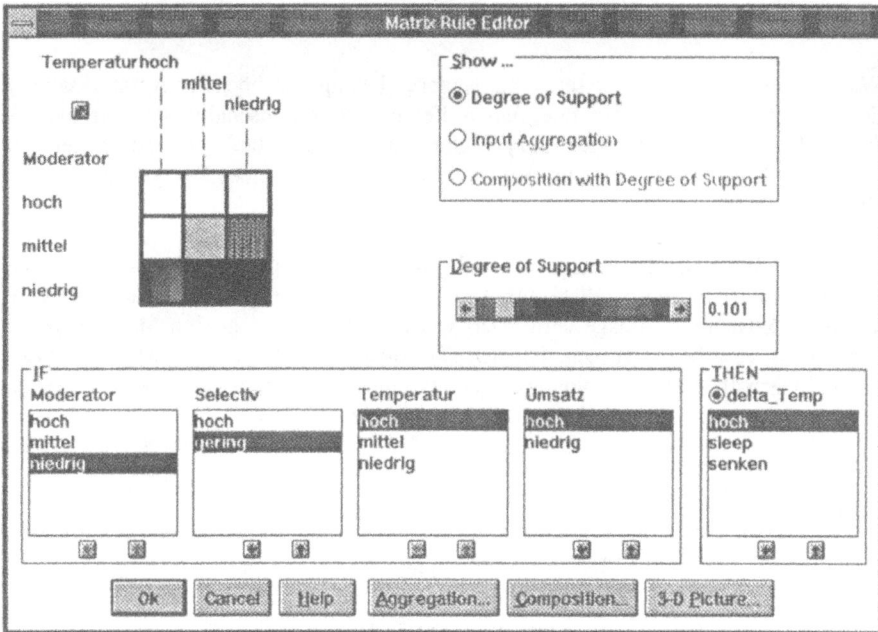

Bild 8: In der Matrixdarstellung des Regeleditors erkennt man besonders gut die Wichtung der Regeln gegeneinander, da auf der Matrix ähnliche Regeln benachbart dargestellt werden

4.6 Feineinstellung des Fuzzy-Controllers

Der auf obige Weise entwickelte Fuzzy-Controller zeigte auf Anhieb ein sehr stabiles Regelverhalten. Dennoch gab es bestimmte Zustände, in denen das System zu starke oder nicht optimale Reaktionen zeigte. Diese Punkte waren nicht weit vom Optimum entfernt und mit geringem Aufwand verbesserbar.

Für die Fuzzy-Inferenzverfahren wurden zunächst nur die Standard-Verfahren aus der *fuzzy*TECH-Shell verwendet: Die Fuzzyfizierung wurde mit einfachen linearen Zugehörigkeitsfunktionen realisiert und die Defuzzyfizierung mit der CoM-Methode (Center-of-Maximum). Als Verknüpfungsoperator wurde der Minimum-Operator eingesetzt, als Inferenzoperator der Gamma-Operator mit einem $\gamma = 0$.

5. Bewertung der Regelgüte

Während ein Anlagenfahrer selbst bei längerer Übung und höchster Aufmerksamkeit den Prozeß nur mit einem integrierten Fehler von durchschnittlich mehr als 7% fahren konnte, erreichte der Fuzzy-Regler einen integrierten mittleren Fehler von etwa 1%. Der reine Engineering-Aufwand für die Erstellung des Fuzzy-Reglers belief sich auf etwa 4 Mannwochen.

Bei einem Durchsatz der Anlage von mehr als 10 Tonnen pro Stunde macht dies eine Energieeinsparung von 4 - 11% aus. Um eben diesen Betrag können damit auch die variablen Kosten der Anlage vermindert werden. Wegen der großen Mengen, die in der Anlage verarbeitet werden, hat sich der Aufwand an Hardware und an Software damit innerhalb einer Zeit von weniger als einem Jahr amortisiert, wenn man die komplette Instrumentierung der Anlage mit einbezieht.

6. Literatur

[1]   N.N., fuzzyTECH IAS Edition Manual, Inform Aachen 1993
[2]   C. v. Altrock: "Über den Daumen gepeilt" in c't 2/1991
[3]   C. v. Altrock: "Fuzzy Logic in Wissensbasierten Systemen" in etz 11/1991
[4]   Deans / Lax, "Thermodynamische Tabellen", Springer-Verlag
[5]   P. Bork u.a., "Fuzzy-Control zur Optimierung der Kühlwasseraufbereitung an einer Chemie-Reaktoranlage", atp 5/1993
[6]   G. Gariglio: " Fuzzy in der Praxis" in "Electronic" Heft 20/1991
[7]   Dr. A. Granderath, "Erfahrungen mit Fuzzy Logic Control bei der Automatisie-rung einer Destillations-Kolonne" in "Fuzzy-Locic", Oldenbourg-Verlag 1993
[8]   H. Hetzheim, G. Hommel, "Fuzzy Logic für die Automatisierungstechnik" in ATP 10/1991
[9]   Prof. Dr. H. Kindel, "Fuzzy-Control" in atp 1/1993

[10]   N.N., FOXBORO Company, The Physical-Property-Library

[11]   Omron: "Fuzzy Logic - a 21th Century Technology"

[12]   R. Stenz & U. Kuhn, "Vergleich: Fuzzy-Automatisierung und konventionelle Automatisierung einer Batch-Destillationskolonne", atp 5/1993

[13]   C. Synowletz & K. Schäfer: "Chemiker-Kalender" (Thermodynamische Tabellen), Springer-Verlag

[14]   H.J. Zimmermann: "Fuzzy Sets Theory - and it´s Applications", Kluwer-Nijhoff Publishing

[15]   Material der I.I.R.-Fuzzy-Konferenz, München 5/1992, darunter Vorträge der Hoechst AG (Dr. Müller-Nehler), von Prof. Zimmermann und C. v. Altrock

[16]   Shinskey F.G., "Process Control Systems", Foxboro New York 1979

9.

Schnelladeverfahren für NiCd-Batterien

G. Flinspach, A. Osswald, P. Wolf, H. Surmann*
Robert Bosch GmbH, Geschäftsbereich Elektrowerkzeuge, *Universität Dortmund

Nickel-Cadmium-Batterien stellen heute Dank ihrer elektrochemischen Eigenschaften und dem hohen Fertigungsstandard ein Speichersystem für elektrische Energie dar, das unerreichte Vorteile für netzunabhängig betriebene Geräte mit großem Leistungsbedarf wie zum Beispiel Elektrowerkzeuge bietet. Der hohe praktische Nutzen dieses Batteriesystems wurde in den letzten Jahren nicht zuletzt auch durch eine dramatische Weiterentwicklung der Ladetechnik hin zu kürzeren Ladezeiten erzielt. Mit der dafür erforderlichen Erhöhung des Ladestroms sind die Anforderungen an die Steuerung und Überwachung des Ladeprozesses erheblich gestiegen. Die Vielfältigkeit der Randbedingungen beim Laden und ein daraus resultierendes uneinheitliches Verhalten der Batterie sind dabei eine besondere Herausforderung an ein Ladegerät. Bei dem neuen Schnelladegerät AL12FC wurde versucht, das Potential, das fuzzy control zur Behandlung unvollständig modellierbarer Systeme mit großer Parameterstreuung wie der elektrochemischen Sekundär-Batterie bietet, auszunutzen.

1. Grundlagen der NiCd-Batterien

Allen Sekundärbatterien gemeinsam ist, daß sie durch reversible chemische Prozesse elektrische Ladung wiederholt aufnehmen und abgeben können. Die in der NiCd-Zelle ablaufenden Vorgänge seien im folgenden kurz beschrieben ohne auf Details einzugehen [1, 2, 3].

Die positive Elektrode trägt als aktives Material Nickelhydroxid $Ni(OH)_2$, das durch den Ladeprozeß zu Nickeloxihydroxid $NiOOH$ oxidiert wird. Die negative Elektrode besteht aus Cadmiumhydroxid $Cd(OH)_2$, das beim Laden zu metallischem Cadmium reduziert wird. Der alkalische Elektrolyt, Kalilauge KOH, nimmt nicht aktiv an den Lade-/Entladereaktionen teil sondern dient lediglich zur Ionenleitung. Die aktiven Elektrodensubstanzen ändern bei den Redox-Reaktionen ihren Oxidationszustand durch Austausch von Hydroxil-Ionen.

Reaktion an der positiven Nickel-Elektrode:

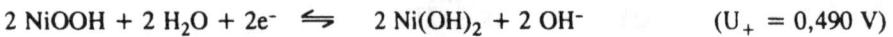

$$2\ NiOOH + 2\ H_2O + 2e^- \iff 2\ Ni(OH)_2 + 2\ OH^- \qquad (U_+ = 0{,}490\ V)$$

Reaktion an der negativen Cadmium-Elektrode:

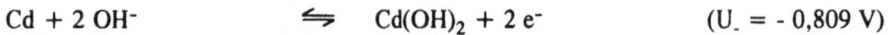

$$Cd + 2\ OH^- \iff Cd(OH)_2 + 2\ e^- \qquad (U_- = -\,0{,}809\ V)$$

Summenformel:

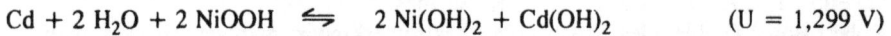

$$Cd + 2\ H_2O + 2\ NiOOH \iff 2\ Ni(OH)_2 + Cd(OH)_2 \qquad (U = 1{,}299\ V)$$

Diese Reaktionen können nahezu beliebig oft ablaufen und führen zu einer sehr hohen Lebensdauer der NiCd-Zelle. Sie sind beim Laden in ihrer kalorischen Bilanz leicht negativ, das heißt sie entnehmen der Zelle Wärme und führen zu einer thermischen Kompensation der ohmschen Verluste - unter bestimmten Voraussetzungen ist sogar ein Abkühlen der Zelle zu beobachten. Die Geschwindigkeit, mit der die Reaktionen ablaufen, hängt ganz wesentlich von der Konstruktion der Batteriezellen ab. Die schnelladefähigen Hochstrom-Zellen [4, 5, 6], wie sie bei Elektrowerkzeugen eingesetzt werden, besitzen üblicherweise Sinterelektroden, die aus einem vernickelten Stahlgitter als Trägermaterial und durch einen Sintervorgang hochporös aufgetragener aktiver Substanz bestehen. Konduktiv voneinander getrennt werden die spiralförmig aufgewickelten Elektrodenbänder von einer Zwischenlage aus elektrolytgetränktem Kunststofffließ, dem Separator. Umhüllt wird diese Anordnung durch einen zylindrischen, gasdicht verschlossenen Stahlbecher, der mit einem Überdruckventil ausgestattet ist. Elektrodenaufbau und -anordnung führen zu einer sehr großen aktiven Oberfläche und kurzen Ionenmigrationswegen. Dies ermöglicht den für diese Zellen typischen kleinen Innenwiderstand; sowohl beim Laden als auch beim Entladen können sehr große Ströme fließen.

Problematisch ist jedoch das Überladen der Zellen, das heißt Ladestromzufuhr bei bereits vollständig aufgeladener Batterie. Der Überladestrom kann nicht mehr als chemische Energie in der Elektrodensubstanz gespeichert werden, sondern führt nach folgender Reaktionsgleichung zur Freisetzung molekularen Sauerstoffs an der positiven Elektrode, d. h. es entsteht Gas:

Überladereaktion:

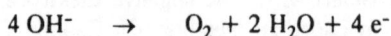

$$4\ OH^- \rightarrow O_2 + 2\ H_2O + 4\ e^-$$

Diese Überladereaktion setzt bei großen Ladeströmen auch schon vor Erreichen des Vollzustands ein und spiegelt die begrenzte Stromaufnahmefähigkeit der Zellen wider. Die Möglichkeit, dennoch gasdichte Zellen zu bauen, resultiert daraus, daß diese Gasungsreaktion auch umgekehrt ablaufen kann. Gelangt der Sauerstoff durch Diffusion zur negativen Elektrode, kann er dort elektrochemisch und bei entsprechenden Zusätzen zur Cadmium-Elektrode auch katalytisch reduziert werden. Die Rekombinationsreaktion ist exotherm, sie führt dazu, daß die elektrische Leistung, die durch den Überladestrom in die Zelle gesteckt wird, vollständig in Wärme umgesetzt wird.

Die Probleme beim Überladen lassen sich also folgendermaßen zusammenfassen:

Überladung führt zu Sauerstofffreisetzung und dementsprechend zu einem Druckanstieg in der gasdichten Zelle. Bei großem Überladestrom kann es zum Ansprechen des eingebauten Überdruckventils und damit zu dauerhaftem Elektrolytverlust kommen, die Zelle 'trocknet' aus. Desweiteren oxidiert Sauerstoff die Separatorfolie irreversibel unter Carbonatbildung. Sauerstoffrekombination erhöht die Zellentemperatur und beschleunigt damit noch die Separatorzersetzung und die damit verbundene Alterung der Batterie.

All diese Punkte verdeutlichen die Notwendigkeit, den Ladestrom der Stromaufnahmefähigkeit anzupassen und ein Überladen mit großem Strom zuverlässig zu vermeiden.

Die Batterien für Akkuwerkzeuge bestehen aus einer Reihenschaltung von 4 bis 20 gasdichten zylindrischen NiCd-Einzelzellen (4,8 V - 24 V) in einem gemeinsamen Gehäuse. Zur Bereitstellung der Meßgröße Zellentemperatur wird ein temperaturabhängiger Widerstand in das Gehäuse integriert. Die Schnittstelle zum Ladegerät besteht aus zwei stromführenden Kontakten und aus einem dritten Kontakt zur Temperaturmessung. Die Aussagekraft der Meßgröße Temperatur ist eingeschränkt durch die Toleranz des Sensors sowie eine uneinheitliche Montageweise, die vor allem durch unterschiedliche thermische Ankopplung an die Batteriezellen die Auswertung der zeitlichen Temperaturänderung dT/dt erschwert. Eine wesentliche Erleichterung für das Erfassen des Akkuzustands wäre die Verfügbarkeit der Größe Zelleninnendruck, weil an ihr sofort die bei fehlendem Gleichgewicht zwischen Stromaufnahmefähigkeit und Stromzufuhr auftretende Gasung erkennbar werden würde. Druckmessung ist aber am Serienprodukt nicht denkbar. So stehen also lediglich die direkt meßbaren Größen Klemmenspannung U und Temperatur T sowie die daraus abgeleiteten Größen dU/dt und dT/dt zur Verfügung.

In Bild 1 sind der charakteristische Spannungs- und Temperaturverlauf während einer 6A-Konstantstromladung bei Raumtemperatur aufgezeigt. Zu erkennen ist, wie die

Spannung über weite Phasen des Ladevorgangs nur leicht ansteigt während beim
Erreichen des Vollzustands ein stärkerer Anstieg eintritt, der auf eine zunehmende
Polarisation an den Elektrodenoberflächen zurückzuführen ist. Ihm folgt ein
Übergang zu fallender Spannung, der durch die schnell steigende Temperatur aus dem
negativen Temperaturkoeffizienten der Zellenspannung und dem sinkenden
Innenwiderstand resultiert.

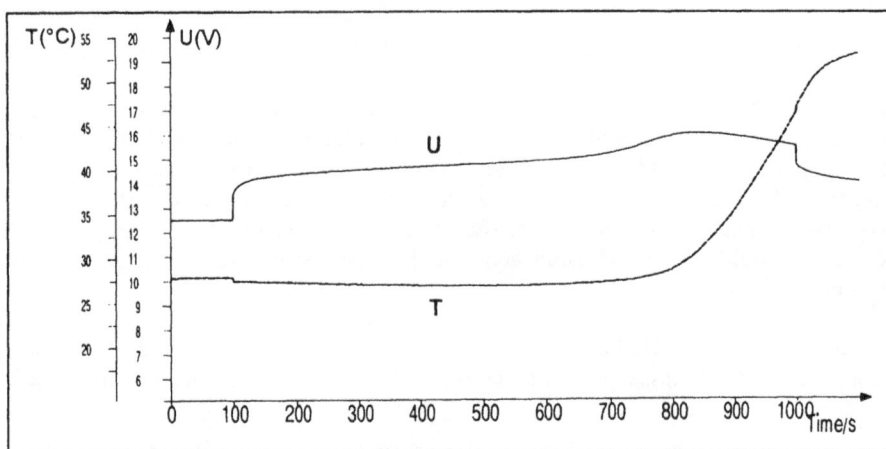

Bild 1: Konstantstromladung einer NiCd-Batterie (Nennkapazität 1,2 Ah, 10 Zellen)

2. Überblick bisheriger Schnelladeverfahren

Von Schnelladeverfahren spricht man heute bei einer Ladezeit von weniger als einer
Stunde. Die schnellsten Ladegeräte für NiCd-Batterien benötigen bereits weniger als
10 Minuten für eine Volladung. Bei der im Elektrowerkzeugbereich verbreitetsten
Zellengröße (SC) mit standardmäßig 1300 mAh Kapazität sind dafür nahezu 10 A
Ladestrom erforderlich. Ein Überladen mit solch großen Strömen führt innerhalb von
wenigen Minuten zur Zerstörung der Zellen.

Die übliche Strategie ist Laden mit konstantem Strom und Abschalten bei Erkennen
des Vollzustands nach einem aus der folgenden - sicher nicht vollständigen - Liste von
Kriterien beziehungsweise einer Kombination mehrerer Kriterien [4]-[7]:

a) Negatives Delta U:

Dieses häufig angewandte Kriterium basiert auf der Detektion des Spannungs-
maximums und des anschließenden Spannungsrückgangs um einen bestimmten Betrag
delta U. Eine Abschaltung nach diesem Kriterium erfolgt relativ spät im
Überladebereich, wenn die Temperatur der Zellen schon kräftig ansteigt. Außerdem
treten Fälle auf, bei denen der zu Grunde liegende Spannungsverlauf gar nicht oder in
abgeschwächter Form auftritt. Bei lange gelagerten Batterien zum Beispiel kann das
Spannungsmaximum verschmieren, weil die einzelnen Zellen in ihrem Ladezustand
etwas auseinandergelaufen sind. Bei erhöhter Temperatur ($> 40°C$) ist die
Spannungscharakteristik stets flacher, bisweilen tritt ein ausgeprägtes Maximum
überhaupt nicht auf. Bei tiefer Temperatur ($< 10°$ C) gibt es Effekte, die ein
Spannungsmaximum schon in früher Ladephase auftreten lassen und zu verfrühtem
Abschalten führen.

b) Grenzwert im Spannungsanstieg:

Die ansteigende Flanke des Spannungsverlaufs bei voll werdender Batterie wird auf
das Überschreiten eines Steigungsgrenzwertes untersucht. Probleme treten auf, wenn
der Spannungsverlauf wie unter a.) nicht dem Standardverlauf entspricht.

c) Delta T:

Die Batterie wird solange geladen, bis sie gegenüber der Anfangstemperatur eine
Erhöhung um einen bestimmten Betrag (z. B. 15 °C) erfahren hat. Dies führt zu
unnötiger Temperaturerhöhung und ist nicht geeignet für schon warme Batterien, die
durch das Laden nicht noch weiter erwärmt werden dürfen.

d) Grenzwert der Temperatursteigung:

Eine kräftig steigende Temperatur ist ein deutliches Indiz für Überladung und zeigt
sicher an, daß die Batterie voll ist. Probleme entstehen jedoch durch die Sensorik der
Batterietemperatur. Es gibt Batterien, bei denen der Sensor thermisch besser an die
Minusklemme der Batterie angekoppelt ist als an die Zellen. Ein scheinbarer Tem-
peraturanstieg durch die ohmsche Erwärmung der Klemme ist die Folge.

e) Zeitabschaltung:

Dies ist nur möglich, wenn dem Ladegerät die Zellenkapazität und der Anfangsladezustand bekannt sind. Beides ist in der Regel nicht der Fall.

Jedes der hier aufgeführten Abschaltkriterien zeigt in der Praxis seine Grenzen. Die große Bandbreite an Randbedingungen beim Laden und eine Fülle von Störeinflüssen erlauben es nicht, sich auf eines der Kriterien zur Kontrolle eines Schnelladevorgangs zu beschränken. Auch eine parallele Abfrage mehrerer Kriterien, mit logischem 'oder' verknüpft, führt zu keinem befriedigenden Ergebnis, weil auch damit nicht alle auftretenden Fälle zuverlässig behandelt werden. Die Ursache dafür liegt darin, daß die Batterien häufig Verhaltensweisen zeigen, die, wenn man den Verlauf einer einzigen Größe, beispielsweise der Klemmenspannung, isoliert betrachtet, keine eindeutige Aussage über den Zustand der Batterie zulassen. Erfolgversprechender ist, alle meßbare Information parallel zu bewerten und die daraus abgeleiteten Aussagen gegenseitig auf Plausibilität zu überprüfen, das heißt über gewichtete Verknüpfungen der Einzelaussagen zu sichereren Entscheidungen zu kommen.

3. Neues Ladeverfahren mit Fuzzy Control

3.1 Ausgangssituation

Aus Gründen der Liefersicherheit werden Zellen verschiedener Hersteller in die Produktion der Batterien einbezogen. Dies hat zur Konsequenz, daß herstellungsbedingte Unterschiede im Verhalten der Batterien auftreten. Trotz gleicher chemischer Grundzusammensetzung zeigen sich zum Beispiel konstruktiv bedingte Unterschiede im Innenwiderstand der Zellen, erkennbar an verschieden großen Überspannungen beim Laden. Auch die Erwärmung der Zellen beim Laden ist nicht bei allen Zellen gleich. So findet man also auch bei identischen Randbedingungen unterschiedliches Verhalten der Batterien beim Laden.

Ein weiterer wesentlicher Faktor, der sich auf das Ladeverhalten der Batterien auswirkt, ist deren Vorgeschichte. Für den Innenwiderstand spielt es eine wesentliche Rolle, ob die Zellen ständig in Gebrauch sind oder längere Lagerzeit hinter sich haben. Sekundäres Kristallwachstum der Elektrodenmassen mit Einfluß auf die aktive Oberfläche ist eine von mehreren Ursachen dafür [6].

Man betrachte nun den Fall, daß eine NiCd-Batterie in ein Ladegerät eingesteckt wird. Da sich die Batterien am Einsteckende, dem Interface zum Ladegerät, nicht unterscheiden, stellt sich die Situation folgendermaßen dar:

- der Zellen-Hersteller und die davon abhängenden Eigenschaften sind unbekannt
- der Anfangsladezustand ist beliebig und unbekannt
- die Vorgeschichte ist unbekannt
- die Anzahl der Zellen in der Batterie ist zunächst unbekannt, kann aber aus der Klemmenspannung abgeschätzt werden, wenn auch nicht immer eindeutig.
- die Umgebungstemperatur ist unbekannt
- die Temperatur der Batterie kann gemessen werden

Die vielschichtigen Randbedingungen und uneindeutigen Zusammenhänge im Zellen-Verhalten machten es bisher unmöglich, ein Ladegerät zu bauen, welches bei allen Batterien unter allen Umständen zuverlässig arbeitete. Trotz Einschränkung des Temperaturbereichs, innerhalb dessen Schnelladung überhaupt zugelassen wurde, war es bisher nicht möglich, den Vollzustand immer sicher und rechtzeitig zu erkennen. Ein Überladen mit entsprechender Temperaturüberhöhung oder ein verfrühtes Abschalten und damit fehlende Kapazität mußte oft in Kauf genommen werden.

3.2 Motivation für Fuzzy Logic Control

Die Aufgabe war, ein Ladegerät zu entwickeln, welches für alle schnelladefähigen Batterien des Produktbereichs gleichermaßen angewendet werden kann und folgenden Forderungen gerecht wird:

- Schonendes Laden auf volle Kapazität bei Ladezeiten von etwa einer Viertelstunde

- Sicheres Abschalten, auch bei Batterien, die voll eingesteckt werden

- Akzeptanz eingeschränkter Sensorik

Die Forderung, die Batterien auf volle Kapazität zu laden, muß besonders hervorgehoben werden, weil teilweise die Auffassung vertreten wird, daß das Laden schonender wird, wenn bereits kurz vor Erreichen des Vollzustands abgeschaltet und eine Überladung dadurch vermieden wird. Bei einer Reihenschaltung von mehreren Zellen besteht jedoch die Gefahr, daß die einzelnen Zellen durch zum Beispiel unterschiedliche Selbstentladung in ihrem Ladezustand auseinanderlaufen, was beim Entleeren der Batterie dazu führt, daß manche Zellen schon sehr tief entladen oder gar umgepolt werden, während andere noch über eine Restkapazität verfügen. Dieser in der Praxis häufig auftretende, zellenschädigende und lebensdauervermindernde Effekt kann umgangen werden, indem die Batterie durch begrenztes, kontrolliertes Überladen mit kleinem Strom symmetriert wird.

Erforderlich ist dafür aber eine Ladesteuerung, die den Ladestrom nicht mehr länger als festen Wert ansieht, den es nur im rechten Moment abzuschalten gilt, sondern als variable Ausgangsgröße, die der momentanen Stromaufnahmefähigkeit der Zellen behutsam angepaßt werden kann. Da aber die NiCd-Zelle ein extrem nichtlineares, durch die erwähnten Parameterschwankungen weitgehend unbestimmtes System darstellt, von dem nur sehr eingeschränkte Modellvorstellungen existieren, ist ein konventioneller Regleransatz ohne Erfolgsaussicht. Während es einem Menschen, der Erfahrung im Laden von Batterien besitzt, relativ leicht fällt, den momentanen Zustand anhand des Verlaufs der meßbaren Größen zu beurteilen und den Ladevorgang entsprechend zu beeinflussen, ist es einer automatischen Steuerung, die auf festen

Grenzen bei der Bewertung von Eingangsinformation basiert, unmöglich, das wechselhafte Verhalten von elektrochemischen Zellen zu beherrschen.

Aus dieser Situation heraus bot sich an, einen Fuzzy-Regler einzusetzen, der einerseits eine Abbildung des vorhandenen menschlichen Erfahrungswissen und den daraus abgeleitenden heuristischen Entscheidungsregeln auf einen automatischen Laderegler ermöglicht und andererseits durch die unscharfen Grenzen bei der Bewertung gemessener Größen die Chance bietet, auf das uneinheitliche Verhalten der Batterien richtig zu reagieren und ein unter den gegebenen Umständen optimales Laden zu erreichen.

3.3 Der Fuzzy-Regler

Die Grundprinzipien von Fuzzy Logic Control werden hier mit Verweis auf die Literatur [8 - 12] als bekannt angenommen. Dem ersten Entwurf des Fuzzy-Reglers lagen eine Vielzahl von Aufzeichnungen der Batteriespannung und -temperatur während Konstantstromladevorgängen unter den verschiedensten Randbedingungen zugrunde. Sehr schnell wurden für die linguistischen Variablen "Temperatur", "Spannung", "Temperaturänderung" und "Spannungsänderung", die zu den vier Eingangsgrößen T, U, dT/dt und dU/dt korrespondieren, Zugehörigkeitsfunktionen aufgestellt und Regeln formuliert. Für die Form der Zugehörigkeitsfunktionen wurden im Hinblick auf den begrenzten Speicherumfang des Zielprozessors (siehe 3.4) einfache Dreiecks- und Trapezfunktionen gewählt. Bild 2 zeigt zum Beispiel die unscharfen Mengen "niedrig", "normal" und "hoch" für die linguistische Variable Temperatur.

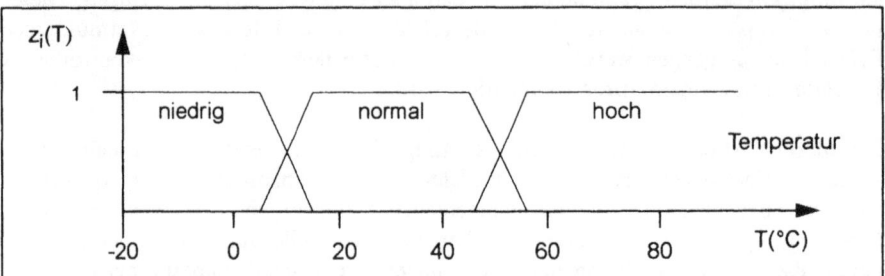

Bild 2: Zugehörigkeitsfunktionen der linguistischen Variable Temperatur

Entsprechend sind für die Spannung die unscharfen Mengen "normal" und "hoch" und für die Spannungs- und Temperaturänderung jeweils "negativ" und "positiv" definiert. Die Ausgangsgröße Ladestrom I wird durch die vier Mengen "null", "klein", "mittel" und "groß" repräsentiert (Bild 3).

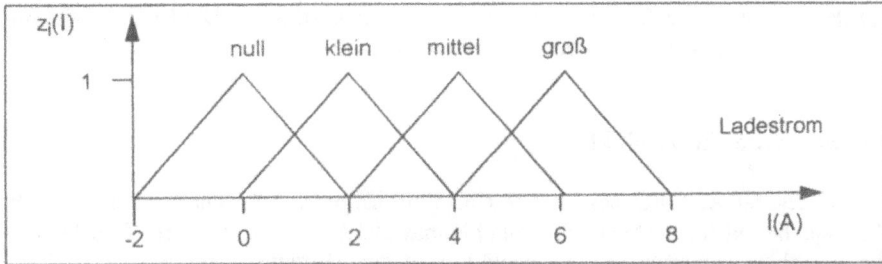

Bild 3: Zugehörigkeitsfunktionen der linguistischen Variable Ladestrom

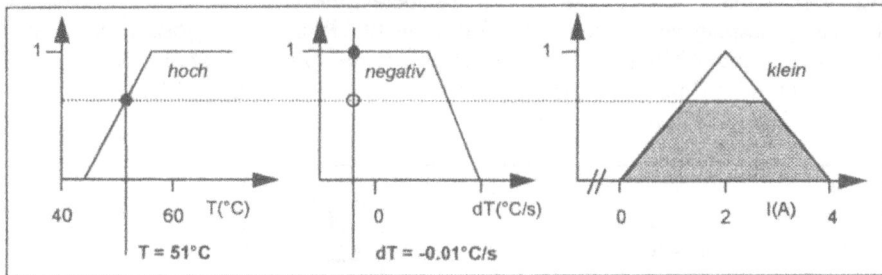

Bild 4: Auswertung der Regel "Wenn Temperatur hoch
und Temperaturänderung negativ dann Strom klein"

Die klassischen Wenn-Dann-Regeln wurden in konjunktiver Normalform, das heißt unter ausschließlicher Verwendung des 'und'-Operators formuliert. Hier einige Beispiele der insgesamt 8 Regeln:

WENN Spannung = hoch
    DANN Strom = null

WENN Temperatur = niedrig
    DANN Strom = klein

WENN Temperatur = normal UND Temperaturänderung = positiv
    DANN Strom = klein

WENN Temperatur = normal UND Spannungsänderung = positiv
    DANN Strom = groß

WENN Temperatur = hoch   UND Temperaturänderung = negativ
    DANN Strom = klein

Für den UND-Operator wurde innerhalb der t-Norm [9] der einfache Minimum-Operator gewählt, daß heißt von mehreren Prämissen einer Regel wird nur diejenige berücksichtigt, die am wenigsten erfüllt ist. Die Übertragung der Regelauswertungen auf deren Schlußteil erfolgt mit der Max-Min-Inferenz (Bild 4). Die Defuzzifizierung wird nach der Schwerpunkt-Methode durchgeführt.

3.4 Realisation im Produkt

Das Ladegerät AL12FC besteht aus einem primärgetakteten Schaltnetzteil, das als Stromquelle mit frei wählbarem Strom bis maximal 6 A betrieben wird (Bild 5). Für die komplette Steuerung des Ladegeräts wird der Mikroprozessor ST-6 von SGS-Thomson eingesetzt, der mit einem integriertem 8 Bit Analog-Digital-Wandler und Digitalausgängen zur stufenweisen Stromsollwertvorgabe ausgestattet ist. Der AD-Wandler begrenzt die Auflösung der Temperaturmessung auf 0,5° C und der Spannungsmessung auf 20 mV. Die Aufgaben des Prozessors umfassen neben der Berechnung und Weitergabe des Stromsollwerts die Überprüfung der Batterie auf Kurzschluß oder Unterbruch, Meßbarkeit des NTC-Widerstands und Vorliegen einer für Schnelladung zulässigen Temperatur.

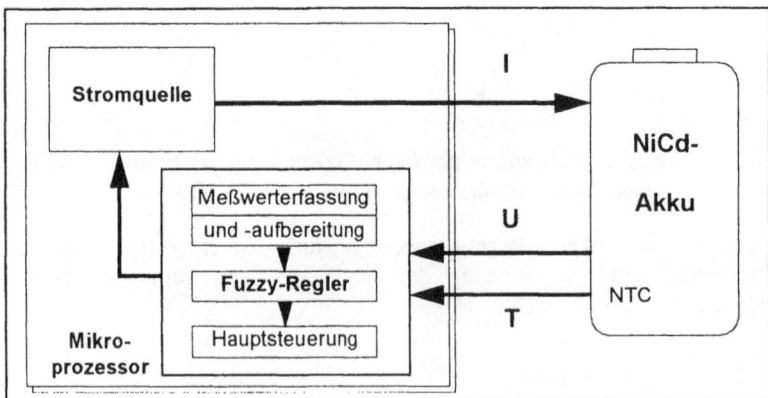

Bild 5: Block-Schema des Ladegeräts

Der beim ST-6 zur Verfügung stehende, maskenprogrammierbare Speicherbereich ist kleiner als 2 KB und ließ zunächst fraglich erscheinen, ob die vorgesehene Regelung überhaupt realisierbar ist. Die Diskretisierung der Meßwerte durch den AD-Wandler auf den Zahlenbereich 0 bis 255 und die gewählte Struktur des Fuzzy-Reglers mit dem UND-Operator und der MaxMin-Inferenz führen jedoch dazu, daß die erforderlichen Prozessoroperationen sich auf einfache Vergleiche, sowie Additionen und eine einzige Division pro Regler-Zyklus für die Schwerpunktsberechnung beschränken. So hat sich der zur Verfügung stehende Speicherumfang als ausreichend erwiesen.

Die Geschwindigkeitsanforderungen an den Prozessor sind sehr gering. Der Aufruf der Meßroutine und des Fuzzy-Reglers erfolgt einmal je Sekunde. Der Fuzzy-Regler mit insgesamt 4 Eingangsgrößen, 13 Zugehörigkeitsfunktionen, 8 Regeln und einer Ausgangsgröße benötigt für einen Durchlauf etwa 10 Millisekunden, so daß keine zeitlichen Probleme auftreten.

3.5 Das Ladegerät AL12FC im Vergleich

Für die vergleichende Beurteilung eines Ladegerätes ist erforderlich, genau definierte Testbedingungen einzustellen und dafür zu sorgen, daß für die verschiedenen Ladegeräte identische Bedingungen vorliegen. Dies ist nur mit Einschränkungen möglich, da das Batterieverhalten keine absolut reproduzierbare Größe ist. Außerdem müssen objektiv auswertbare Kriterien definiert sein, die eine grundsätzliche Bewertung überhaupt ermöglichen [13]. Der Füllgrad ist zum Beispiel das Verhältnis der nach dem Laden entnehmbaren Kapazität zur Nennkapazität der Zelle. Zu dessen Bestimmung muß auch der Entladevorgang exakt vorgegeben sein. In unserem Fall ist dies eine Entladung mit konstant 12 A bis zu einer Entladeschlußspannung von 0.7 V pro Zelle. Der Ladewirkungsgrad gibt an, wieviel Ladung entnehmbar ist bezogen auf die vorher durch das Ladegerät zugeführte Ladung. Mit dem Ladewirkungsgrad zusammenhängend ist die Temperaturerhöhung während des Ladens.

Für den Vergleich des Ladegeräts AL12FC mit dem Vorgänger-Modell GAL12, welches den gleichen maximalen Ladestrom von 6 Ampere liefert, jedoch nur nach negativem Delta-U abschaltet, wurden Ladevorgänge mit derselben Batterie (9,6 V) bei gleicher Starttemperatur nach vollständiger Entleerung durchgeführt. Folgende Tabelle zeigt die Ergebnisse:

	GAL12	AL12FC
Ladezeit (Sekunden)	990	960
Temperaturerhöhung (K)	16,5	9,1
zugeführte Ladung (Ah)	1,63	1,47
entnommene Ladung (Ah)	1,34	1,34
Ladewirkungsgrad (Ah/Ah)	0,82	0,91
zugeführte Energie (Wh)	19,67	17,53
entnommene Energie (Wh)	11,61	11,84
Ladewirkungsgrad (Wh/Wh)	0,59	0,68

- Die Temperaturerhöhung beim Laden ist deutlich geringer geworden, wobei die Absolutwerte fallabhängig - in der Regel kleiner sind

- Der Ladewirkungsgrad ist entsprechend gestiegen

- Die Ladezeit ist durch die empfindlichere Vollerkennung kürzer geworden

- Der Füllgrad ist in beiden Fällen gleich hoch (Nennkapazität der Batterie 1,2 Ah)

Außerdem sind folgende prinzipiellen Vorteile des neuen Ladegeräts in der Praxis bestätigt worden:

- Die Robustheit gegenüber Störeinflüssen ist größer, Fehlabschaltungen nahezu ausgeschlossen

- Der zulässige Anfangstemperaturbereich konnte von 10 - 45 °C auf 0 - 60 °C erweitert werden

- Erste Zyklustests lassen auf eine deutliche Steigerung der Batterielebensdauer, soweit sie durch das Laden beeinflußt ist, schließen

4. Zusammenfassung

Das neue Ladegerät AL12FC für gasdichte NiCd-Batterien besitzt eine Mikroprozessorsteuerung, die sich nicht wie bei den meisten anderen Ladegeräten darauf beschränkt, einen vorgegebenen Ladestrom beim Erkennen des Vollzustands abzuschalten, sondern die den Ladestrom während der gesamten Ladezeit dem momentanen Zustand des Akkus bzw. dessen Stromaufnahmefähigkeit anpaßt. Die Bestimmung des optimalen Stroms aus den zur Verfügung stehenden Meßdaten Batteriespannung und -temperatur, die einmal in der Sekunde erfaßt werden, wird einem Fuzzy-Regler überlassen. Die geforderte Robustheit gegenüber Variation der Akku-Eigenschaften und gegenüber kurzzeitigen Störungen konnte mit dieser Regler-Strategie erreicht werden. Außerdem hat sich der Fuzzy-Regler als tolerant gegenüber der eingeschränkten Sensorik, speziell der gering auflösenden Spannungsmessung und der unterschiedlichen Temperaturfühler-Ankopplung herausgestellt. Durch die Ladestromanpassung ließ sich der Temperaturbereich, innerhalb dessen ein Akku schnell geladen werden kann, wesentlich erweitern. Durch starke Entladebeanspruchung erwärmte Akkus sind so wesentlich schneller wieder einsatzbereit. Die Akkus werden immer so schnell wie möglich, aber so langsam wie für einen Erhalt der Leistungsfähigkeit nötig, auf ihre volle Kapazität geladen.

5. Literatur

[1]   W.U. Falk, A.J. Salkind: "Alkaline Storage Batteries", Wiley & Sons, 1969

[2]   D. Linden: "Handbook of Batteries and Fuel Cells", McGraw-Hill, 1984

[3]   T.R. Crompton: "Battery reference book", Butterworth Publishing, 1990

[4]   "Sealed Type Ni-Cd Batteries - Engineering Handbook", Sanyo, 1990

[5]   "Nickel-Cadmium Batteries - Technical Handbook", Panasonic, 1992

[6]   "Gasdichte NiCd-Akkumulatoren", Varta-Fachbuch Bd. 9, 1988

[7]   J.R. Hodge, R. Bonnaterre: "Fast charging of Sealed NiCd-Batteries", Int. Symp. Power Sources, 1974

[8]   L. A. Zadeh: "Making Computers think like people", IEEE 8/84

[9]   H.-J. Zimmermann: "Fuzzy Sets Theory and Its Applications", Kluwer-Nijhoff Publishing, 1990

[10]   C. v. Altrock: "Über den Daumen gepeilt", c't 3/91

[11]   D. Gariglio: "Fuzzy in der Praxis", Elektronik 20/91

[12]   H. Hetzheim: "Fuzzy Logic für die Automatisierungstechnik?", atp 33/91

[13]   G. Flinspach: "Interne Bewertungskriterien für NiCd-Schnelladegeräte", Robert Bosch GmbH, 1991

10.

Fuzzy Control und NeuroFuzzy bei Waschautomaten

Dipl.-Ing. Harald Steinmüller
AEG Hausgeräte AG

Bild 1: Manueller und automatisierter Waschvorgang (Quelle: AEG)

Das Waschen der Bekleidung und anderer Gebrauchstextilien ist seit Jahrhunderten ein alltäglicher Bestandteil der menschlichen Hygiene. Während die Komponenten des Waschprozesses Wasser, Chemie, Temperatur und Mechanik, bezogen über die Zeit praktisch unverändert geblieben sind, hat sich die Verfahrenstechnik entscheidend ge-

wandelt. Durch den Einsatz von Fuzzy Control und NeuroFuzzy lassen sich intelligente
Funktionen umsetzen, die den Waschprozeß noch weiter optimieren.

Diese Entwicklung läßt sich grob in drei Stufen untergliedern. Der erste
Entwicklungsabschnitt war in erster Linie durch "harte Arbeit" bei der Durchführung
des Waschvorgangs geprägt. Der Schritt zur nächsten Stufe wurde durch die
Einführung von Waschautomaten vollzogen (Bild 1). Manuelle Tätigkeiten begannen
damit mehr und mehr überflüssig zu werden. Im Laufe der Zeit konnten die
Waschgeräte durch die zunehmende technische Reife deutlich verbessert werden. Das
besondere Augenmerk dieser Entwicklung lag dabei auf einem möglichst sparsamen
Einsatz der zum Waschen benötigten Rohstoffe. Der Wasserverbrauch je gefüllter
Wäschetrommel sank um mehr als 70% (Bild 2).

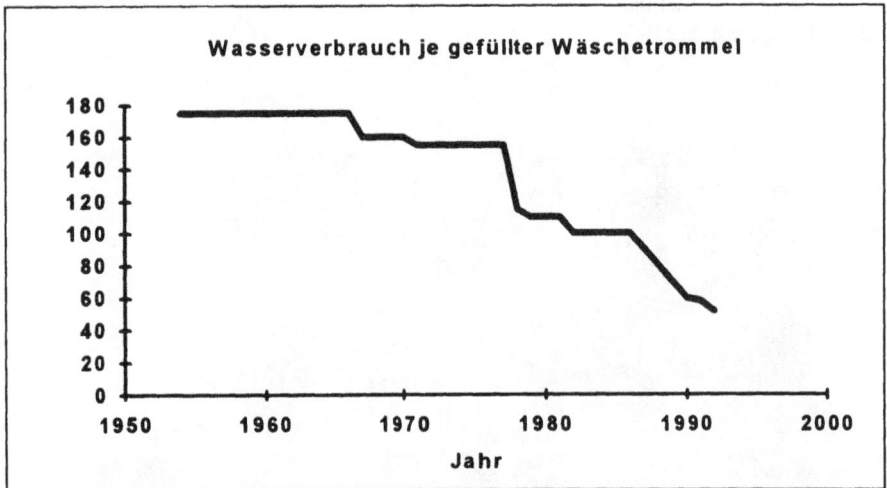

Bild 2: Senkung des Wasser- und damit des Energieverbrauches

Allerdings war die zugeführte Wassermenge nahezu unabhängig von der gewählten
Wäschemenge und damit war das Waschen kleinerer Beladungsmengen uneffektiv.
Neue Techniken, wie beispielsweise die Mengenautomatik, sollten eine Korrelation
zwischen Wäschemenge und Wasserbedarf herstellen. Erzielt wurde damit ein
Wasserverbrauch, der für 5 kg Wäsche bei rund 70 Liter und für 1 kg bei 50 Liter
liegt. Absolut gesehen also eine deutliche Reduzierung, aber der spezifische
Wasserverbrauch zwischen großen und kleinen Wäscheposten klafft immer noch weit
auseinander (Bild 3). Bei voller Beladung ist es möglich mit 14 Liter/kg zu waschen,
während für 1 kg Beladung 50 Liter /kg eingesetzt werden müssen.

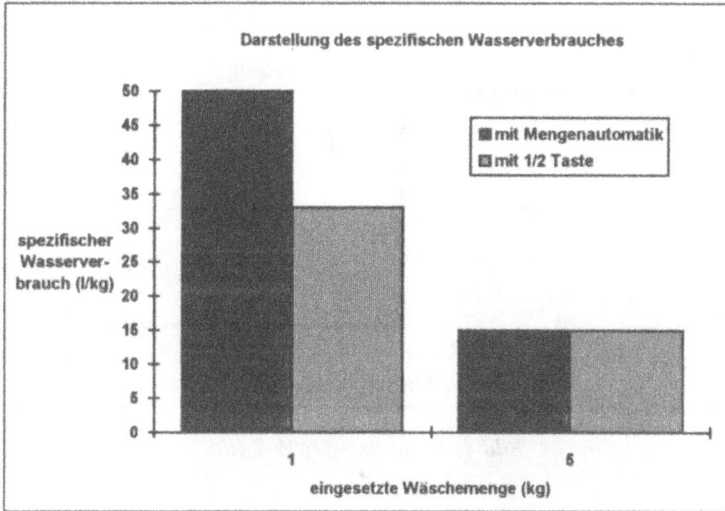

Bild 3: Darstellung des spezifischen Wasserverbrauches

Die Mengenautomatik war deshalb eine Lösung, die dem wachsenden Umweltbewußtsein bei Hersteller und Verbraucher auf Dauer nicht mehr gerecht werden konnte. Um eine weitere Anpassung des Waschprozesses erreichen zu können, wurde eine Option integriert, mit der es dem Verbraucher möglich war, das angebotene Laugenniveau per Knopfdruck (½-Taste) abzusenken und damit den Wasserbedarf für halbe Beladungen zu reduzieren. Erreicht wurde durch diese Maßnahme ein erneuter Rückgang des Wasserverbrauches auf ca. 32 Liter für 1 kg Wäsche - vorausgesetzt allerdings, der Verbraucher war imstande die Entscheidung zu treffen, daß seine aktuelle Beladung den Anforderungen einer halben Beladung (oder kleiner) entspricht (Bild 4).

Sollten die Waschautomaten mit herkömmlichen Steuerungen weiter optimiert werden, müßten immer mehr Entscheidungen an den Bediener herangetragen werden und das obwohl dieser nicht in der Lage ist, die Richtigkeit seiner Wahl zu prüfen. Der Bediener kann allenfalls beurteilen, ob das Waschergebnis seinen Anforderungen genügt oder nicht. Keinesfalls kann er feststellen, inwieweit dieses Ergebnis auch mit einem reduzierten Einsatz an "Rohstoffen" erzielbar gewesen wäre.

Um diesem Dilemma zu entgehen, wurde von AEG der Schritt in den 3. Entwicklungsabschnitt der Waschtechnik vollzogen. Mit Hilfe der Fuzzy Logik wurden Waschautomaten entwickelt, die ihre Waschprozesse selbst an die Bedürfnisse der Beladung anpassen, um dabei ein Maximum an Bedienerfreundlichkeit und Ökologie zu bieten.

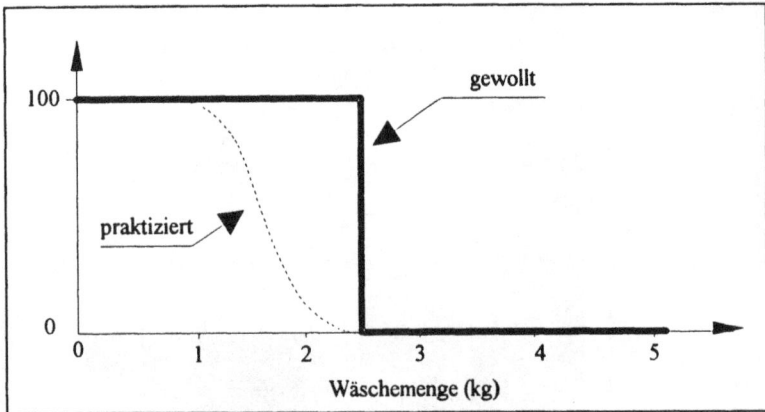

Bild 4: Benutzung der ½-Taste

1. Erläuterungen zu einem herkömmlichen Waschprozeß

Zum allgemeinen Verständnis der Waschtechnik soll an dieser Stelle näher auf den Ablauf eines herkömmlichen Waschprozesses eingegangen werden. Zunächst einige Begriffsdefinitionen:

Endschleudern: Schleudern am Ende des Waschprozesses bis auf angewählte Drehzahl.

Freie Flotte :   Nicht in der Wäsche gebundenes Wasser eines Prozeßabschnittes.

Gebundene Flotte: In der Wäsche gebundenes Wasser eines Prozeßabschnittes.

Gesamtflotte: Freie und gebundene Flotte in einem Prozeßabschnitt.

Klarwäsche: Alle Prozeßabschnitte (ohne Vorwäsche) bis zum Erreichen des 1. Spülganges.

Sättigungspunkt
derWäsche: Gesamtwasseraufnahmefähigkeit der Wäsche unter gegebenen verfahrenstechnischen Bedingungen.

Bild 5 zeigt den Wasserstands- und Temperaturverlauf eines üblichen Koch-/Buntprogrammes ohne Vorwäsche.

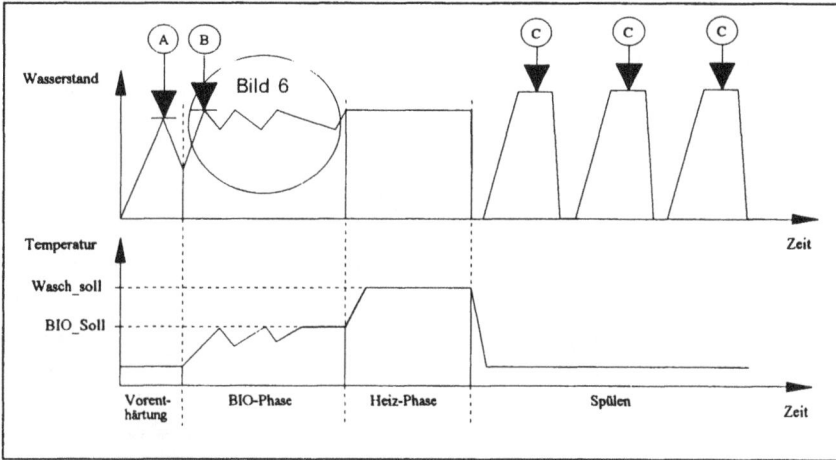

Bild 5: Verläufe von Wasserstand und Temperatur in einem herkömmlichen Koch-/Buntprogramm ohne Vorwäsche

Zu Beginn des Programms wird bis auf ein definiertes Laugenniveau Wasser gefüllt (Punkt A, Bild 5) und über ein separat eingespültes Wasserenthärtemittel eine Vorent-härtung des Wassers durchgeführt. Nach Ablauf einer festgelegten Zeitspanne erfolgt das Einspülen des Waschmittels (Punkt B, Bild 5) und der eigentliche Waschprozeß gelangt in seinen ersten Teilabschnitt: Die Biophase. In der Biophase wird die Temperatur so niedrig gehalten, daß die enzymatischen Wirkstoffe des Waschmittels ihre Wirkung voll entfalten können. Nach Abschluß der Biophase wird dann auf die gewählte Endtemperatur aufgeheizt, um eine ausreichenden Bleichwirkung zu er-zielen. Am Ende dieses Prozeßabschnittes wird die verschmutzte Lauge abgepumpt und ein Großteil des in der Wäsche gebundenen Wassers durch Ausschleudern entfernt. Drei sich anschließende Spülgänge dienen zur Entfernung der Waschmittelrückstände aus der Wäsche.

In jedem der Spülgänge wird Frischwasser auf ein definiertes Niveau aufgefüllt (Punkt C, Bild 5), die Wäsche in der Trommel bewegt und nach Abschluß des Austauschprozesses wird das Spülwasser abgepumpt und die Wäsche durch Ausschleudern weitgehend entfeuchtet. Das Schleudern des dritten Spülganges ist als Endschleudern ausgelegt und beendet das Waschprogramm.

Die Regulierung des Wasserverbrauches erfolgt in den Schritten Biophase, Heizphase und in den Spülgängen über zugeordnete Schaltwerte eines Druckwächters (Bild 6).

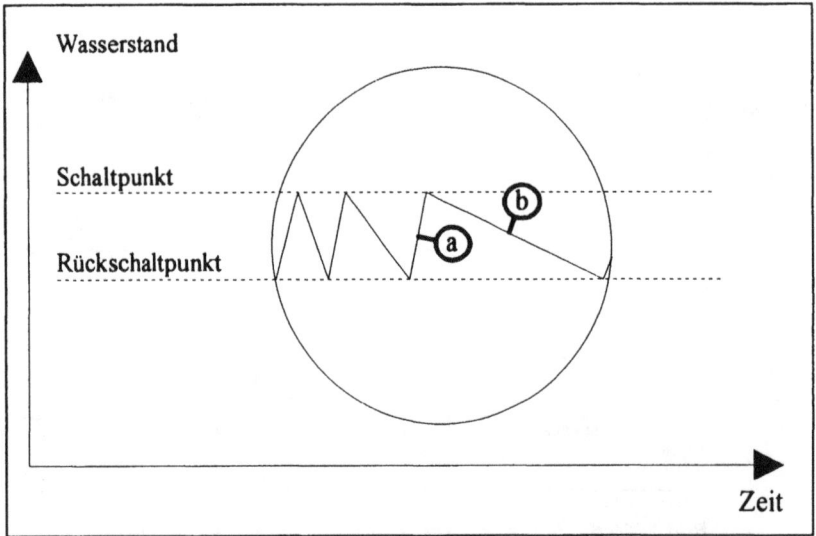

Bild 6: Steuerung des Wasserstandes
a) Wasserzulauf (Füllen bis Niveauschaltpunkt erreicht)
b) Saugen (Absenken des Wasserstandes durch die Wäsche)

Jeder dieser Schaltwerte entspricht dabei einem definierten Wasserstand (Niveau) im Bottich, d.h. wenn der aktuelle Wasserstand entsprechend dem Saugverhalten der Wäsche unter den Rückschaltpunkt eines zugeordneten Niveaus abfällt, wird die freie Flotte wieder bis zum Schaltpunkt ergänzt.

2. Kriterien der optimalen Steuerung

Die Wassermenge eines Prozeßabschnittes setzt sich aus gebundener und freier Flotte zusammen. Während die gebundene Flotte zumindest im Sättigungspunkt der Wäsche fast ausschließlich beladungsabhängig ist, stellt sich die freie Flotte als reine Funktion der gewählten geometrischen Verhältnisse und der Verfahrenstechnik dar. Der freie Flottenanteil tritt als Überträger der Heizenergie, als Medium zum Laugenaustausch und als Wasservorrat, aus dem die Wäsche ihre gebundene Flotte entnimmt, auf.

Um die optimale Verfahrensführung des Waschvorganges hinsichtlich Wasserverbrauch und Energieeinsatz gestalten zu können, müssen folgende Kriterien als Grundlage der Waschprozeßregelung dienen:

1) $Q_1 = m \cdot cs$
2) $cs = f(h,a)$
3) $W = (Q_1 + Q_2) \cdot c \cdot T$
4) $Q_3 \sim Q_1$

mit:

Q_1:   gebundene Flotte
Q_2:   freie Fotte
Q_3:   Wassermenge im Spülen
m: Masse der Wäsche
cs: spezifische Saugfähigkeit der Wäsche
h: Wasserstand in der Trommel (Niveau)
a: Wäscheart
c: spezifische Wärmekapazität des Wassers
T: Temperaturdifferenz
W: zum Erwärmen des Wassers benötigte Energie

Diese Zusammenhänge stellen eine vereinfachte Beschreibung dar.

- Die Steuerung der gebundenen Flotte ergibt sich aus dem Wäscheverhalten selbst. Die Verfahrenstechnik muß ausreichend freie Flotte zur Verfügung stellen, damit die Wäschebeladung zum frühest möglichen Zeitpunkt ihren Sättigungszustand erreichen kann. Dadurch wird das gewünschte Wasch- bzw. Spülergebnis sichergestellt (Gleichung 1) und 2)).

- Der Energieverbrauch verhält sich proportional zur eingesetzten Wassermenge; d.h. wird mehr freie Flotte zur Verfügung gestellt, als für die Sättigung der Wäsche und die ablaufenden Austauschvorgänge benötigt wird, muß diese "Fehlsteuerung", mit einem unnötig hohen Energieverbrauch bezahlt werden (Gleichung 3)).

- Zwischen der Wasserbedarfsmenge einer Wäschebeladung in der Klarwäsche und der insgesamt benötigten Spülwassermenge - bei gegebener Verfahrenstechnik - existiert ein im Prinzip proportionaler Zusammenhang (Gleichung 4)).

Zusammengefaßt ergibt sich damit folgendes Anforderungsprofil an den Fuzzy-Regler:

Zu Beginn des jeweiligen Prozeßabschnittes muß die richtige Menge an freier Flotte in Abhängigkeit von Art und Menge der Wäsche bereitgestellt werden. Die Spülwassermenge soll aus dem Wäscheverhalten in der Klarwäsche und der Verfahrenstechnik des gewählten Waschprogrammes abgeleitet werden.

3. Erstellung des Fuzzy-Systems

In zahlreichen Versuchen hat sich herauskristallisiert, daß die Sauggeschwindigkeit und die aufgenommene Wassermenge über einen bestimmten Zeitraum ein geeignetes Abbild der Wasserbedarfsmenge einer Wäschebeladung darstellen.

Stellt man einem unbekannten Wäscheposten in einer Trommelwaschmaschine eine definierte Wassermenge zur Verfügung (Bild 7), saugt die Wäsche entsprechend ihrer Zusammensetzung unterschiedliche Wassermengen, wenn die Trommel in einem dafür speziell entwickelten Rhythmus bewegt wird. Nach Ablauf einer vorgegebenen Zeit T_1 wird geprüft, welche Menge an freier Flotte von der Beladung aufgesaugt wurde.

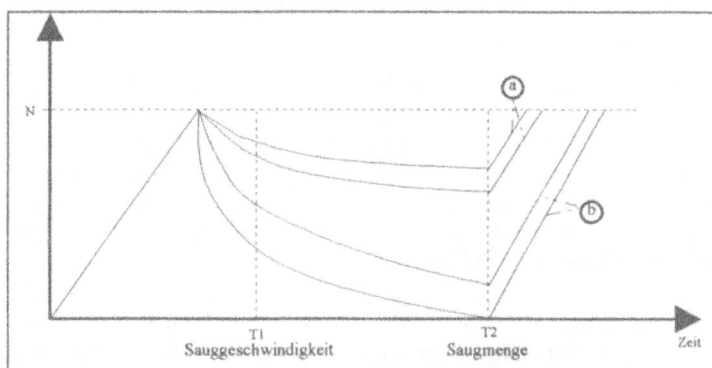

Bild 7: Messung der Sauggeschwindigkeit und des Saugvermögens
a) Kleine, wenig saugfähige Beladung, b) große, saugfähige Beladung

Die resultierende Größe "Sauggeschwindigkeit" (gesaugte Wassermenge/T_1) beschreibt die mittlere, spezifische Saugfähigkeit dieses Wäschepostens; d.h. eine hohe Sauggeschwindigkeit entspricht einer großen, spezifischen Saugfähigkeit, während eine kleine Sauggeschwindigkeit auf Gewebe mit geringer Saugfähigkeit hindeutet. Die in Bild 8 dargestellten Versuchsergebnisse zeigen deutlich, daß sich abhängig von Wäscheart und Beladungsmenge eine Tendenz in der Sauggeschwindigkeit ergibt, gleichzeitig macht die "Unschärfe" der Sauggeschwindigkeit den Einsatz von Fuzzy-Control sinnvoll.

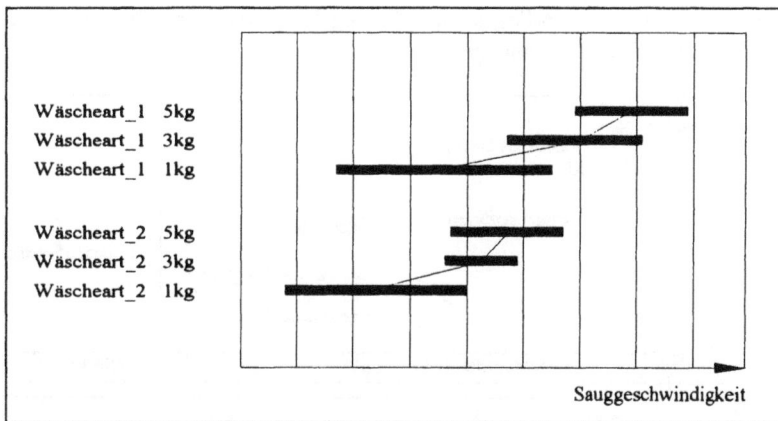

Bild 8: Die Sauggeschwindigkeit hängt sowohl von Wäschemenge und -art ab.
Dargestellt als Balken sind die 95%-Vertrauensbereiche für saugfähige
Wäsche (Wäscheart_1) und wenig saugfähige Wäsche(Wäscheart_2)

Am Ende einer weiteren Zeit T_2 (Bild 7) wird die freie Flotte wieder auf das Aus-
gangsniveau ergänzt. Die dazu erforderliche Wassermenge (Bild 7, Meßgröße
"Saugmenge") beschreibt das Gesamtsaugvermögen der Beladung und dient als Maß
für die Menge der eingesetzten Waschmaschinenfüllung. Damit entspricht eine große
zu ergänzende Wassermenge einer großen Beladung, eine kleine Wassermenge einer
kleinen Beladung. Die Kombination der beiden sensorisch erfaßten Meßgrößen
"Sauggeschwindigkeit" und "Saugmenge" erlaubt eine relativ präzise Aussage über
den in der Klarwäsche zu erwartenden Wasserbedarf des eingesetzten Wäschepostens,
der zum Zeitpunkt T_2 nur zu einem geringen Teil angefeuchtet ist.

Die ermittelte Wasserbedarfsmenge wird daraufhin zu Beginn der Biophase (Punkt B,
Bild 5) zugegeben. Eine schnelle Durchfeuchtung und eine angemessenen Flotte für
den Laugenaustausch sind damit von Anfang an sichergestellt.

In der nächsten Stufe (Bild 9) werden weitere benötigte Flottenergänzungen in der
Klarwäsche, abhängig vom Nachtaktzeitpunkt der Zuläufe erfaßt und mit den beiden
anfänglich gemessenen Größen "Sauggeschwindigkeit" und "Saugmenge" verknüpft.
Der so erhaltene Wert beschreibt den Weg, den eine Beladung bezüglich ihrer
Wasseraufnahme in der Klarwäsche durchlaufen hat.

Eine Kombination aus dem Meßwert "gebundene Flotte" (Gesamtsumme des von der
Beladung aufgenommenen Wassers) und den bisherigen Erkenntnissen über die

Wasserbedarfsmenge der vorliegenden Beladung bildet die Basis für die Zuordnung
der erforderlichen Spülwassermenge.

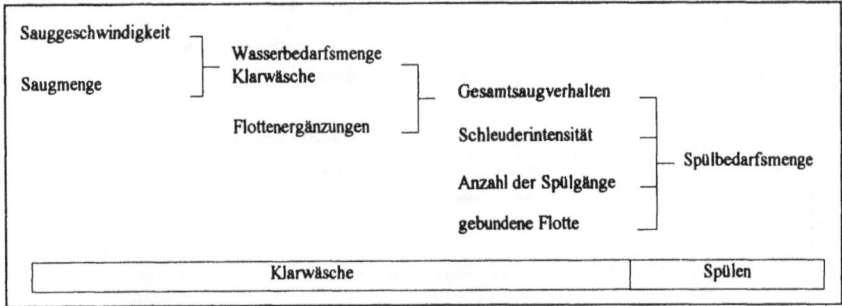

Bild 9: Darstellung der regelungstechnischen Verknüpfung

Der Umfang der Spülwassermenge ergibt sich aber nicht ausschließlich aus der in der
Klarwäsche eingesetzten Laugenmenge, die nun entfernt werden muß, sondern ist
außerdem abhängig von der Anzahl der Spülgänge und der Schleuderintensität vor
Beginn eines Spülganges. Eine Zusammenfassung dieser Einflußfaktoren im Fuzzy-
Regler mündet dann letztendlich in einer Spülvorfüllmenge, die zu Anfang jedes
Spülganges (Punkt C, Bild 5) eingefüllt wird.

Die erkannten Zusammenhänge wurden in Form eines Gesamtkonzeptes (Bild 9) verknüpft und in einen Fuzzy-Regler übernommen. Mit den Vorversuchen als
Wissensbasis wurden die benötigten Zugehörigkeitsfunktionen erstellt. Das Gerüst der
Regelstruktur ist damit beschrieben, die eigentlichen Regelplausibilitäten sind aber zu
diesem Zeitpunkt noch nicht bearbeitet worden.

4. Einsatz des NeuroFuzzy-Moduls

Nachdem das Grundgerüst der Regelarchitektur entsprechend der gewonnenen Erfahrungswerte aufgestellt wurde, müssen im nächsten Schritt die Regelplausibilitäten
mit realen Zahlenwerten eingestellt werden. Anfänglich wurde ein Experte zur
Bereitstellung der Regelplausibilitäten herangezogen (Bild 10).
Ziel war es, die aus den Vorversuchen vorhandenen Eingangsgrößen möglichst genau
auf die gewünschten Ausgangsgrößen abzubilden. Das dabei durch den Experten
erstellte Regelwerk mit insgesamt 58 Regeln zeigte aber bei der Prüfung deutliche
Schwächen. Bis zu 30% Abweichung zwischen Soll- und Istausgangswerten wurden
festgestellt. Außerdem erwies das Einstellen der Regelplausibilitäten durch den
Experten, bedingt durch die großen Datenmengen und komplexen Zusammenhänge,

als sehr zeitintensiv. Um diesen Tuningvorgang effizienter zu gestalten und die Fehlerquote abzusenken, wurde darauf verzichtet, erneut einen Experten als Interpreter zwischen Regelwerk und Datenmaterial zwischenzuschalten. Statt dessen sollte ein NeuroFuzzy-Modul das Anlernen der Regelplausibilitäten übernehmen.

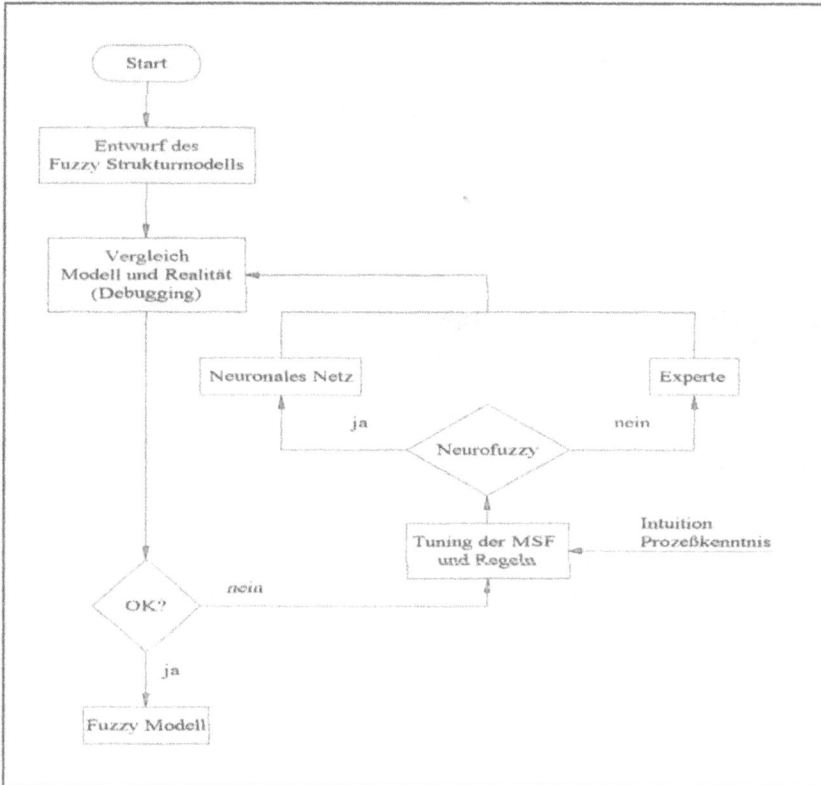

Bild 10: Einstellung der Regelplausibilitäten

Das zur Anwendung vorgesehene Datenmaterial rekrutierte sich dabei fast ausschließlich aus den bereits erwähnten Vorversuchen, so daß erneute Versuche unterbleiben konnten. Ein Waschexperte wandelte die Versuchsergebnisse in die benötigten Lerndateien um. Die Inputdaten beschreiben dabei die gewonnenen Erkenntnisse bzgl. des Wäscheverhaltens ("Sauggeschwindigkeit", "Saugmenge" etc.), die Outputdaten entsprechen den Schlußfolgerungen, die aus dem Input gezogen werden müssen ("Wasserbedarfsmenge in der Klarwäsche", "Spülbedarfsmenge").

Die Unterschreitung einer vorher festgelegten Fehlergrenze beendete jeweils einen Lernzyklus.

Das damit angelernte Regelwerk wurde im darauffolgenden Schritt einer Plausibilitätsprüfung durch einen Waschexperten unterzogen. Ein festgestelltes Fehlverhalten in der Regelstrategie wurde innerhalb der Struktur eingegrenzt und die "fehlerbehafteten" Regelplausibilitäten mit einer lokalen Lerndatei optimiert. Das so, innerhalb von 3 Manntagen (einschließlich Bereitstellung der Lerndateien) erstellte Regelwerk mit insgesamt 159 Regeln liegt bei einer Fehlerquote von kleiner 2%. Beispielsweise wird damit einer vollen Waschmaschinenfüllung (5 kg) die benötigte Spülwassermenge auf ± 0,35 Liter genau automatisch zugeordnet.

5. Umsetzung in eine aktuelle Steuerung

Da es unnötig ist, die Zusammenhänge zwischen Sauggeschwindigkeit, Saugmenge und Spülwasservorfüllmenge permanent neu zu berechnen, wurde auf die Implementation eines speziellen Fuzzy-Prozessors im Öko-Lavamat 6953 verzichtet. Statt dessen wurden die erkannten Zusammenhänge in Form von Tabellenwerten in einem konventionellen Mikroprozessor abgelegt. Die Tabellenwerte selbst wurden aus dem durch das NeuroFuzzy-Modul erzeugten Fuzzy-Regelwerk ausgelesen.

Theoretisch würde sich ein stufiger Ablauf bei der Zuordnung der Wasserbedarfsmenge in der Klarwäsche und den Spülwassermengen ergeben. Da aber die Anzahl der Tabellenstufen ausreichend hoch ist, stellt sich in der Praxis ein kontinuierlicher Zusammenhang ein.

In Bild 11 ist das Gesamtsystem mit allen Verknüpfungen abgebildet. Diese Regelstruktur setzt sich aus 2 Einzelmodulen zusammen. Über Modul 1 (62 Regeln) wird der Wasserbedarf in der Klarwäsche eingeregelt, Modul 2 (97 Regeln) bestimmt die benötigte Spülwassermenge.

Variablen:	Saugges.:	Sauggeschwindigkeit
	Saugmenge:	Saugmenge
	Saugmeng2:	Flottenergänzungen
	Geb. Flotte:	Gebundene Flotte
	A. Spül. G.:	Anzahl der Spülgänge
	Schl. Inten.:	Schleuderintensität
	Was Bed Klar:	Wasserbedarf in der Klarwäsche
	Ges. Saug. Verh.:	Gesamtsaugverhalten
	Was Bed Spül.:	Spülbedarfsmenge

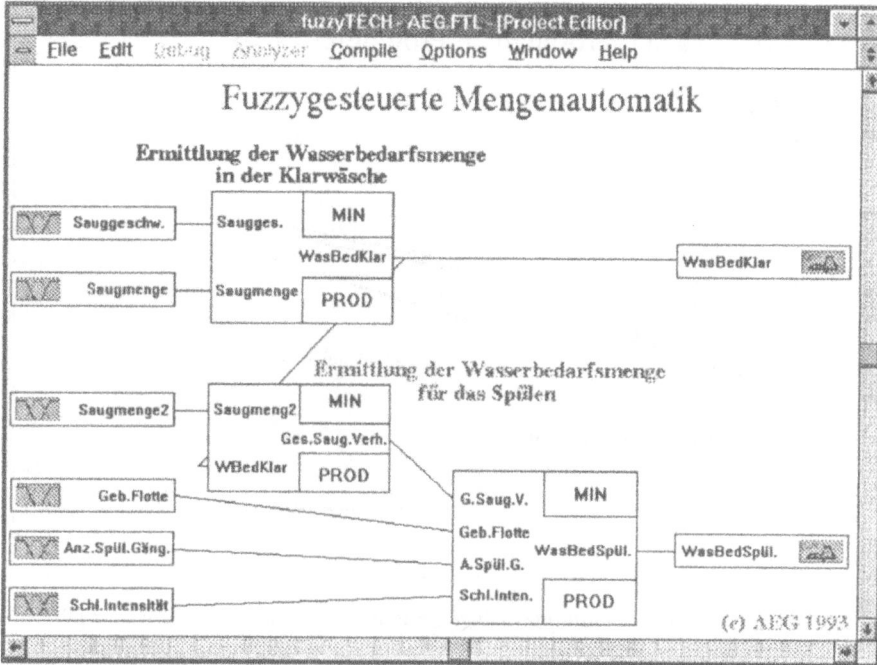

Bild 11: Struktur des aufgebauten Fuzzy-Systems

6. Zusammenfassung und Ergebnis

An den erreichten Werten des Öko-Lavamat 6953 mit sensorgeregelter Mengenautomatik läßt sich die Wirksamkeit von Fuzzy Logik beim Einsatz in der Waschprozeßregelung beweisen. Bei gleichbleibendem Wasch- und Spülergebnis ist es gelungen, den spezifischen Wasserverbrauch deutlich zu reduzieren (Bild 12).

Für eine volle Beladung werden weniger als 11 Liter/kg benötigt. Gleichzeitig wurde der spezifische Wasserverbrauch für 1 kg Wäsche von 32 Liter/kg auf 27 Liter/kg gesenkt. Letztendlich entlastet die Anwendung von Fuzzy Logik in dieser sensorgeregelten Waschmaschine aber nicht nur die Umwelt, sondern befreit den Verbraucher von der Qual der Wahl, welches Waschprogramm denn nun das ökologischste/ökonomischste Programm für seinen Wäscheposten sei.

Wasserverbrauch im Programm \ 95° /

Verbrauch (l)

60 –
50 –   "normale" Mengenautomatik

40 –   mit 1/2 Taste

30 –

20 –   "Fuzzy" Mengenautomatik

10 –

0   1   2   3   4   5
                                                    Wäschemenge (kg)

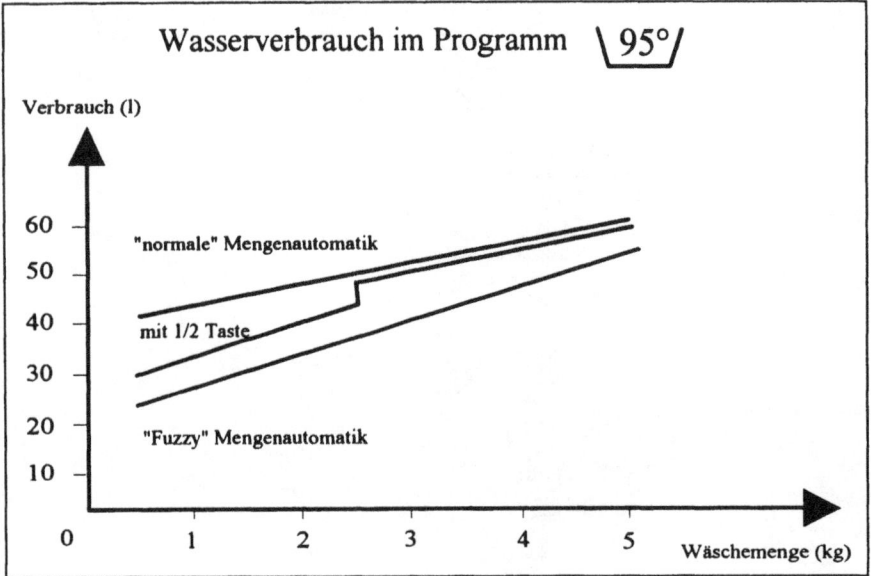

Bild 12: Darstellung beladungsabhängiger Wasserverbrauch Öko-Lavamat 6953

Bezogen auf einen Durchschnittshaushalt kann man davon ausgehen, daß allein durch die automatische Beladungsmengenerkennung (sensorgeregelte Mengenautomatik) rund 20% des sonst zum Waschen benötigten Wassers eingespart werden können. Außerdem wird der Energieverbrauch analog zu dem in der Klarwäsche reduzierten Wasserverbrauch minimiert.

11.

Regelung einer Laufkatze
durch Fuzzy Logik Control

Herbert Behr
Elektromatik GmbH

1. Einsatz von Laufkatzen in der industriellen Logistik

Bei der heutigen automatisierten Fertigung von Produkten ist eine weitere Kostener-
sparnis bei der Materialverarbeitung kaum möglich. Deshalb versucht man im logisti-
schen Bereich z. B. durch die Automatisierung von Kranen weiter zu rationalisieren.
Sehr gute Ergebnisse können hier durch den Einsatz von Lagerverfolgungssystemen
(auch direkt am Kran mit verteilter Intelligenz) oder Kran-Ziel-Steuerungen erzielt
werden.

Zur Reduzierung der Transportzeiten und Erhöhung des Durchsatzes werden Krane
mit hohen Geschwindigkeiten und kurzen Beschleunigungs- und Abbremszeiten
eingesetzt. Maximalgeschwindigkeiten bis zu 160 m/min und Beschleunigungszeiten
von 2 m/s^2 sind Stand der Technik.

Ein Randproblem stellt hierbei das Pendeln der Last dar. Materialbeschädigung oder
ein verzögertes Absetzen der Last können die Folgen sein. Dieses Lastpendeln wird
vor allem durch hohe Geschwindigkeitsänderungen während der Beschleunigungs-
und Abbremsphase hervorgerufen. Ursachen können aber auch mechanische
Ungenauigkeiten am Kran oder externe Einflüsse (z. B: Wind beim Freilagerkran)
sein.

Konstruktiv versucht man das Pendeln durch aufwendige Verspannung der Traversen
oder Teleskope zu reduzieren. Dies führt jedoch im allgemeinen zur Vergrößerung
des Lastaufnahmemittels und damit zur Verringerung des Verfahrbereiches. Eine

Alternative hierzu ist die elektronische Reduzierung des Pendelns (Pendeldämpfung). Hierbei ist zu beachten, daß es allgemeingültige Regeln für die Lastpendelreduktion nicht gibt. Vielmehr sind je nach Kran unterschiedliche Strategien angebracht. Man kann eine unproblematische Last, wie beispielsweise eine Rolle Walzstahl, mit relativ hoher Geschwindigkeit beschleunigen und erst in der Nähe des Ziels den Pendelwinkel reduzieren.

Bei einem Containerkran darf der durch die Beschleunigung des Krans entstehende Pendelwinkel bei weitem nicht so groß sein, weil dies zur Zerstörung des Transportgutes führen kann. Auch ist es einleuchtend, daß beispielsweise beim Transport von Gießpfannen mit 180 to. flüssigem Stahl nur sehr geringe Pendelwinkel auftreten dürfen, um das Transportgut nicht zu verlieren.

2. Bisheriger Lösungsansatz

Bisher wurden zur elektronischen Lastpendeldämpfung sehr genaue Antriebe (Gleichstrommotore) mit hohen Drehzahlregelverhältnissen (1:100) verwendet. Hierbei kamen Lastpendeldämpfungen mit konventionellen Reglern zum Einsatz, die modelliert, simuliert und schließlich optimiert wurden. Dabei mußten unter anderem folgenden Voraussetzungen erfüllt sein:

- Die mechanische Konstruktion hinsichtlich Gewicht, Reibfaktoren usw. muß bei der Modellierung bekannt sein.
- Waren "schlechtere" Regler wie z. B. Frequenzumrichter mit Stellverhältnissen von 1:50, Ständeranschnittsteuerungen mit Regelgüte von maximal 1:20 oder gar Schützsteuerungen vorhanden, mußten diese durch die teureren Gleichstromantriebe ersetzt werden.

Im Widerspruch zu diesem hohen antriebstechnischen Aufwand steht, daß ein erfahrener Kranfahrer selbst mit einem nur vierstufigem Antriebssystem in der Lage ist, durch richtiges Abfangen einen Kran sicher pendelarm in die gewünschte Position zu bringen. Um eine funktionierende Pendeldämpfung bei verschiedenen Krantypen in verschiedenen Bereichen mit unterschiedlicher Antriebsregelung zu erreichen, beispielsweise in der Nachrüstung älterer Krananlagen, beschritt man deshalb einen anderen Weg. Es wurde der Versuch unternommen, das Wissen der Kranführer über ihre Strategien (es gibt unterschiedliche) beim Dämpfen einer Pendelschwingung zu ermitteln und als "wenn-dann"-Regeln zu verbalisieren. Außerdem wurden an den Kranen Messungen durchgeführt, um Eingangsgrößen mit Priorität und Wertebereich in der Wirklichkeit aufzunehmen. Diese Ergebnisse bildeten die Grundlage für die Entwicklung des nachfolgend beschriebenen Fuzzy-Systems.

3. Betriebsarten eines Laufkrans

Man muß beim Einsatz der elektronischen Lastpendeldämpfung grundsätzlich von zwei Betriebsarten ausgehen. Im Automatikbetrieb wird eine Zielposition vorgegeben und ohne Eingriff von Hand angefahren.

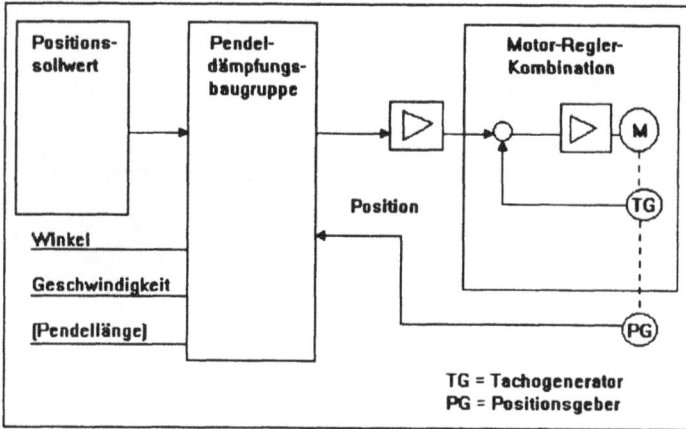

Bild 1: Automatikbetrieb mit Pendeldämpfung

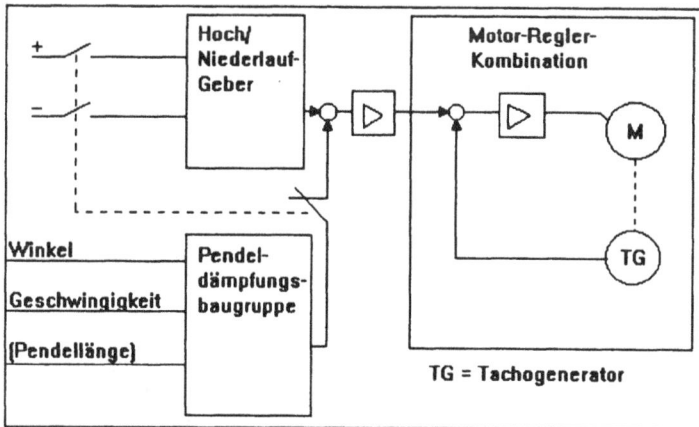

Bild 2: Pendeldämpfung im Handbetrieb

Im manuellen Betrieb wird dem Kranfahrer während der Fahrt jeder Freiraum gelassen. Erst beim Rückstellen des Meisterhebels nach Stellung Null tritt die Pendeldämpfung in Aktion.

3.1 Automatik-Betrieb

Im Automatikbetrieb unterscheidet man folgende Fahrbereiche:
a) Beschleunigungsbereich
b) Bereich konstanter Geschwindigkeit
c) Brems- und Positionierbereich

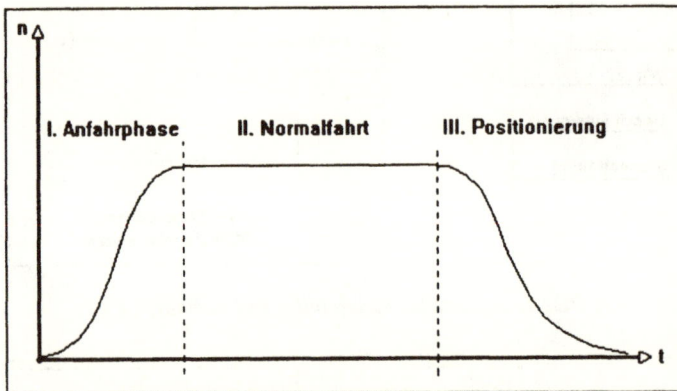

Bild 3: Phasen eines Transportvorgangs

Für jeden dieser Bereiche wird ein eigener Fuzzy-Regler aktiviert. Der Zeitpunkt für den Aufruf jedes Reglers ist abhängig vom Erreichen bestimmter kranspezifischer Daten und vom Ergebnis des gerade aktiven Reglers.

a) Beschleunigungsbereich

Für den Beschleunigungsbereich wird je nach Krantyp und Transportgut ein spezieller Regler eingesetzt. Man unterscheidet hier grob den Beschleunigungs-Regler mit Pendeldämpfung und den Beschleunigungs-Regler mit konstanter Beschleunigung. Der Beschleunigungs-Regler mit Pendeldämpfung verhindert schon während der Beschleunigung größeres Pendeln. Er wird immer dort eingesetzt, wo während der Gesamtfahrt nur geringes Pendeln erlaubt ist. Ein typisches Beispiel ist hier der Gießkran, bei dem meist auch das Lastgewicht bekannt ist, oder gemessen wird, so daß eine Gewichtsermittlung während der Beschleunigung nicht erforderlich ist. Im Gegensatz hierzu kann bei konstanter Beschleunigung ein Fuzzy-System zur Identifizierung der Masse eingesetzt werden. Grundlage dieser Schätzung ist das unterschiedliche Pendelverhalten verschiedener Lasten während jeweils identischer Beschleunigung des Krans. Sie hat zwei Ursachen. Bei gleicher Pendellänge bewirkt eine Änderung der Masse eine Verschiebung des Schwerpunktes des Pendels und somit eine Veränderung des Abstandes des Schwerpunktes vom Drehpunkt. Folge dieser Verschiebung ist eine Veränderung der Pendelfrequenz. Zudem bewirkt eine höhere Masse bedingt durch ihre größere Trägheit auch eine Veränderung der Amplitude der Pendelbewegung während der Beschleunigungsphase. Die Auswertung dieser Beobachtungen ermöglicht eine Schätzung der Masse.

b) Bereich konstanter Geschwindigkeit

Während dieser Transportphase bieten sich zwei alternative Fahrweisen an. Zum einen kann der Kran im Hinblick auf eine Transportzeitminimierung mit maximal möglicher Geschwindigkeit gefahren werden. Dies bedeutet, das in dieser Phase keine Pendeldämpfung möglich ist, weil hierzu kein "Regelfleisch" vorhanden ist. Als Alternative bietet sich zur Reduzierung einer Pendelung während dieser Transportphase an, Veränderungen der Geschwindigkeit innerhalb bestimmter Grenzen zuzulassen. Auf diese Weise können mit einem entsprechenden Regler auch innerhalb der Konstantphase Pendelschwingungen eliminiert werden, wobei dies zu Lasten der Transportzeitminimierung geht.

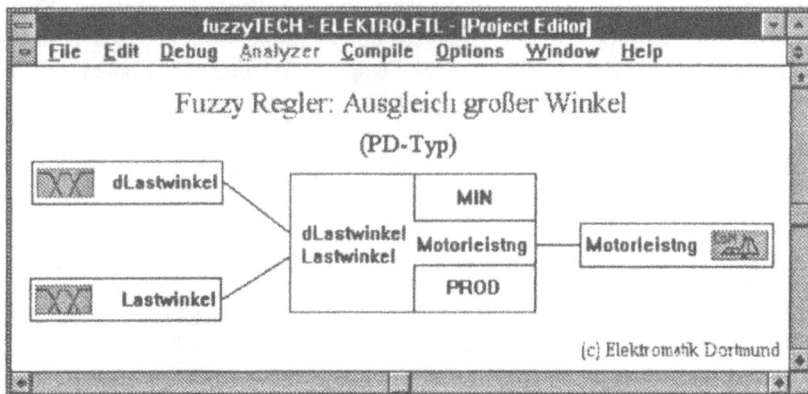

Bild 4: DerFuzzy-Regler zur Pendeldämpfung während der konstanten Fahrt vermeidet übermäßige Pendelung

c) Brems- und Positionierbereich

Der Beginn des Brems- und Positionierbereiches wird durch ein eigenes Fuzzy-System ermittelt. Eingangsgrößen sind hierbei die Masse der zu bewegenden Last (falls sie nicht bekannt ist muß von der Nennlast ausgegangen werden), der Winkel und die Winkelgeschwindigkeit. In Abhängigkeit der Masse wird zunächst eine Mindestdistanz ermittelt, diese wird dann in Abhängigkeit des Pendelzustandes durch einen ebenfalls durch das Fuzzy-System ermittelten Faktor verändert. Insbesondere ist hierbei sicherzustellen, daß sich sich die Last beim Eintreten in die aktive Bremsphase in einem noch ausgleichbaren Pendelbereich befindet.
Die eigentliche Positionierung geschieht durch einen weiteren Regler. Da die Positioniergenauigkeit gegenüber dem Pendelausgleich Priorität hat, ist das Fuzzy-System so eingestellt, daß durch die Pendeldämpfung eine genaue Positionierung nicht gefährdet ist. Die Bremskurve wird in Abhängigkeit der Eingangsgrößen Distanz, Geschwindigkeit und Winkel ermittelt. Der sich durch die Geschwindigkeitsreduzierung ergebende Winkel wird vom Regler durch Veränderung der Verzögerungswerte gering gehalten und bei Erreichen des Ziels nahezu eliminiert.

3.2 Manueller Betrieb

Ein Fuzzy-Modul generiert aus den Eingangsgrößen Winkel, Winkelgeschwindigkeit und Geschwindigkeit die Ausgangsgeschwindigkeit zur Pendelreduzierung. Sind die Eingangsgrößen nahe 0, wird die Pendeldämpfung deaktiviert und der Kranfahrer kann in der niedrigsten Fahrstufe die Feinpositionierung vornehmen. Für die Ausgangsgröße werden Funktionen verwendet wie bei der Automatikfahrt.

Allgemeine Regeln für die manuelle Pendeldämpfung sind beispielsweise:

WENN Sollgeschwindigkeit	UND Winkel	UND Winkelgeschwindigkeit	DANN Motorgeschwindigeit
positiv mittel			positiv mittel
positiv klein			positiv klein
null	positiv mittel	positiv klein	positiv mittel
null	negativ mittel	null	negativ klein
null	negativ klein	positiv klein	null
null	null	positiv klein	null
null	null	negativ klein	null
...	...	...	...

4. Hardwarerealisierung

4.1 Sensorik

Die Sensorik bei Kranen stellt in vielerlei Hinsicht besondere Anforderungen. Neben der mechanischen Robustheit und Unempfindlichkeit gegen Stoß, Schmutz und große Temperaturschwankungen treten durch den Einsatz von Leistungsstellern mit hohen Stromflanken die EMV-Probleme immer mehr in den Vordergrund. So müssen beispielsweise Spikes auf den Leitungen von Analogsensoren durch geeignetete Maßnahmen (dies kann auch ein Fuzzy-Modul sein) herausgefiltert werden. Um Störungsprobleme dieser Art auszuschalten wurde digitale Sensortechnik eingesetzt.

Für die Weg- und Geschwindigkeitsmessung wurden absolute Lasermeßsysteme verwendet, die mit einer Meßrate von 60 ms gerade noch schnell genug sind. Der Winkelgeber ist ein normaler Rotationsimpulsgeber, der mit dem Kranseil verbunden ist. In der Entwicklung ist zur Zeit eine Lösung, die ohne mechanische Verbindung eine Messung des Pendelwinkels mit ausreichender Genauigkeit ermöglicht.

4.2 Elektronik

Da die elektronische Pendeldämpfung sowohl einzeln betrieben werden als auch integraler Bestandteil der Elektromatik-Zielsteuerung sein kann, ist diese Entwicklung auf verschiedener Hardware lauffähig.

1. Als Zusatzbaugruppe für die speicherprogrammierbare Steuerung (SPS) Siemens S5. Zur Verarbeitung der Fuzzy-Inferenz wird eine 486CPU-Zusatzkarte eingesetzt, da die für die S5 angebotenen Fuzzy-Funktionsbausteine für die Regelungsaufgabe nicht ausreichend flexibel und zu langsam sind. Die 486CPU-Karte ist über Dual-Port RAM mit dem S5-Bus verbunden und erlaubt über Interrupt einen schnellen Datenaustausch. Die S5-eigene CPU übernimmt die Datenvorverarbeitung und die Logikverknüpfungen.

Zur Realisierung der Fuzzy-Regler ist das Online-Modul von *fuzzy*TECH auf der 486CPU implementiert. Durch die serielle Schnittstelle der 486CPU-Karte ist eine Online-Entwicklung über einen externen PC möglich.

S5	Netz- teil	Zähler- bau- gruppe	Digital- eingabe- bau- gruppe	Digital- ausgabe- bau- gruppe	Analog- ausgabe- bau- gruppe	CPU 928B (S5-CPU)	486CPU (Fuzzy- Regler)

Position

Winkel

(Pendellänge)   Steuersignale

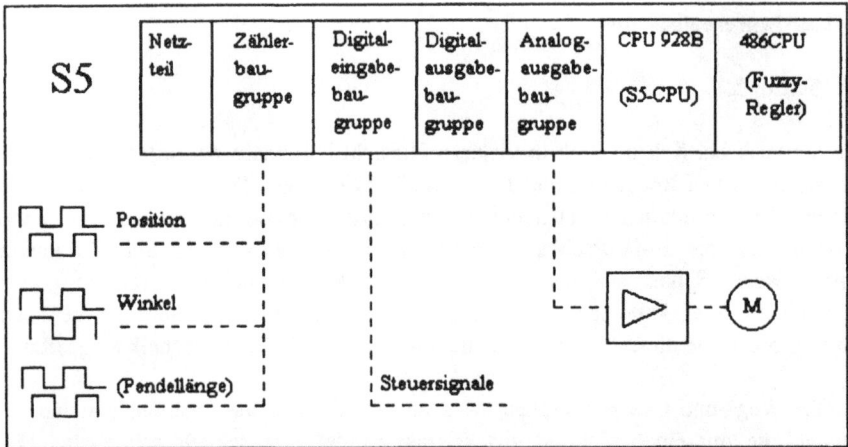

Bild 5: Hardwarerealisierung

2. Ein autarkes Pendeldämpfungssystem auf Basis des Fuzzy-Prozessors FUZZY166 [3] ist zur Zeit in Entwicklung (Bild 6).

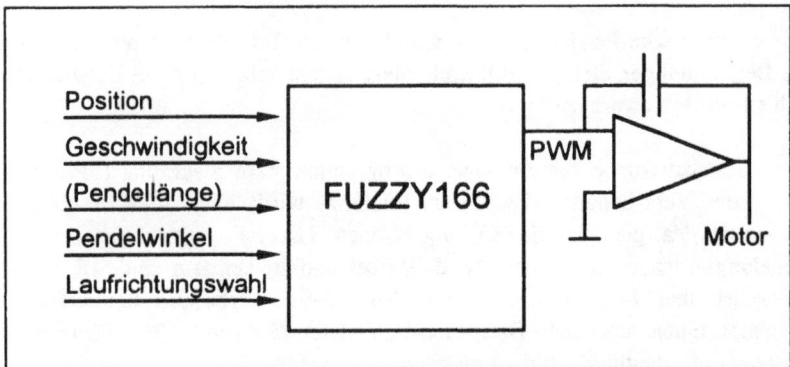

Position

Geschwindigkeit

(Pendellänge)   FUZZY166   PWM

Pendelwinkel   Motor

Laufrichtungswahl

Bild 6: Regelung mit FUZZY166

3. Eine Integration in die Drehstromständer-Regelung von Elektromatik befindet sich zur Zeit in Planung. Hierbei soll die hohe Performance des FUZZY166 gleichzeitig dazu benutzt werden, um selbständige Optimierungsläufe des Reglers durchzuführen.

5. Entwicklung und Test

Die Entwicklung fand direkt auf der Zielhardware (SPS) statt. Zuerst wurde ein "Rumpfprogramm", welches die Interfacemodule für die Ankopplung der 486CPU an die S5-CPU und für die Meßsysteme und den Analogausgang enthielt, geschrieben. Mit diesem Rumpfprogramm wurden die ersten Tests direkt am Kran durchgeführt. Es stand hierfür ein "kleiner" 10-Tonnen-Kran mit Drehstromkurzschlußläufermotoren zur Verfügung.

Die Schützsteuerung wurde durch einen Frequenzumrichter mit Bremschopper komplettiert. Durch Vorgabe verschiedener Sollwerte (Rampen, Sollwertsprünge) und gleichzeitiges Messen der Antwort wurden die Wertebereiche für diesen Kran ermittelt und in eine Datei geschrieben.

Die Entwicklung des eigentlichen Fuzzy-Reglers erfolgte zunächst als Prototyp durch den fuzzyTECH-Precompiler, der ein entwickeltes Fuzzy-System (Regeln, linguistische Variable, ...) in C Code umsetzt. Dieser Prototyp wurde dann mit erweitertem Rumpfprogramm "on-line" weiter optimiert [4].

6. Literatur

[1]   Dr. Georg Kimmerle: "Mit einer Steuerbewegung ins Ziel", Elektromatik Dortmund (1993).

[2]   Meyer, S. und Zimmermann, W: "Selbsttätige Kompensation der Lastpendelungen bei Katzfahrantrieben", Siemens 2.45, S.750.

[3]   N.N.,"FUZZY-166 Quick Reference Manual", INFORM GmbH Aachen (1992).

[4]   von Altrock, C. und Krause, B., "On-Line-Development Tools for Fuzzy Knowledge-Base Systems of Higher Order", 2nd Int'l Conference on Fuzzy Logic and Neural Networks Proceedings, IIZUKA, Japan (1992), ISBN 4-938717-01-8.

12.

Der Einsatz von Fuzzy-Control zur Regelung von Tablettenpreßmaschinen

Dr.-Ing. Wolfgang Linke
KORSCH AG

Die Maschinenfabrik KORSCH Berlin hat eine mehr als 70jährige Tradition in der Entwicklung und Fertigung von Preßmaschinen für vorzugsweise pulverförmiges und körniges Material. Ein wichtiges Einsatzgebiet dieser Pressen ist die Produktion von Tabletten für die chemisch-pharmazeutische Industrie. Sie werden aber auch für Preßlinge aus Metallpulver, Feinkeramik, Nahrungs- und Genußmittel, Farben u.v.m. verwendet.

Die wichtigsten Anforderungen an solche Maschinen sind neben einer vollautomatischen Produktion mit hoher Ausstoßleistung (bis 1Mio Tab/h), die Einhaltung konstanter Parameter der produzierten Tabletten. Insbesondere in der Pharmaindustrie werden sehr hohe Anforderungen an die zulässigen Toleranzgrenzen des Gewichtes der Tabletten, aber auch an die Tablettenhärte und die Tablettengeometrie gestellt. Die Einhaltung dieser Toleranzgrenzen ist, sowohl von der Maschine (Werkzeugtoleranzen, Dynamik etc.) als auch von den zu verpressenden Materialien (Füll-, Fließ-, Bindeeigenschaften etc.) abhängig.

Da all diese Einflußgrößen stochastischen Schwankungen unterliegen, müssen die Tablettenpressen mit Prozeßkontroll- und Regelmechanismen ausgestattet sein. Dazu wurde von KORSCH das System "PHARMAKONTROLL" entwickelt. In diesem seit vielen Jahren weltweit bewährte Prozeßkontroll-, Steuer- und Regelgerät werden bisher konventionelle Regelstrategien eingesetzt.

In Zusammenarbeit zwischen INFORM GmbH Aachen und der KORSCH-Maschinenfabrik Berlin wurde untersucht, ob durch den Einsatz von Fuzzy-Control für die Regelung von Tablettenpressen eine Verbesserung des Systemverhaltens bzw. eine höhere Effizienz bei der Systementwicklung und -adaption erreicht werden kann. Die Ergebnisse dieser Studie sind im folgenden dargestellt.

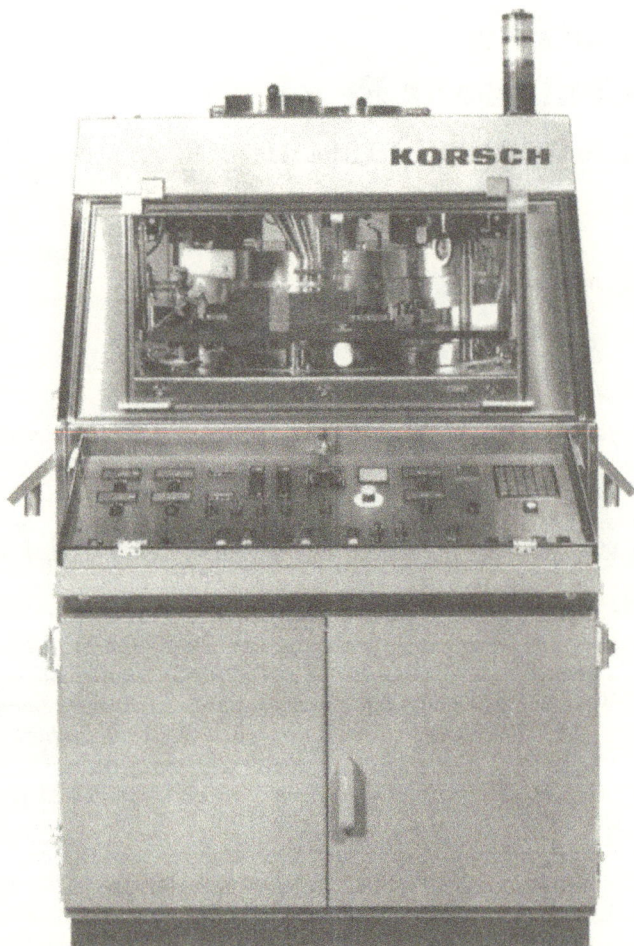

Bild 1: Hochleistungs-Doppelrundlaufpresse KORSCH-Pharmapress 800

1. Prinzip des Preßvorganges und Funktion der Regelung

Kernstück der hier betrachteten Hochleistungs-Rundlaufpressen ist ein zylindrischer Matrizentisch (Bild 2). Dieser ist an seinem Umfang mit einer Vielzahl von axialen Bohrungen versehen, welche durch eine Dosiereinrichtung mit Preßmasse gefüllt werden. In diese Bohrungen tauchen Ober- und Unterstempel ein. Beim Drehen dieses Matrizentisches werden die Ober- und Unterstempel durch zwei gegenüberliegende Druckrollen zusammengedrückt und damit die Preßmasse verdichtet, d.h. die Tabletten werden gepreßt. Beim Weiterdrehen des Tisches werden die Stempel nach oben geführt, so daß die Tabletten durch den Unterstempel aus der Matrize ausgestoßen werden.

Bei der Presse KORSCH PH 800 (Bild 1) mit 85 Stempelpaaren, einer Tischdrehzahl von 100/min. und zwei auf dem Umfang verteilten Preßstellen (Druckrollenpaaren) werden somit über eine Million Tabletten pro Stunde produziert. Das zur Presse gehörige System "PHARMAKONTROLL" überwacht die wichtigsten Kenngrößen wie Tablettengewicht, Tablettenhöhe, -härte und die Preßkraft. Dabei werden jeweils die Einzelwerte, die Mittelwerte (meist über eine Tischumdrehung) sowie die relative Standardabweichung überwacht. Außerdem beinhaltet das System Regelungsmechanismen für die genannten Parameter.

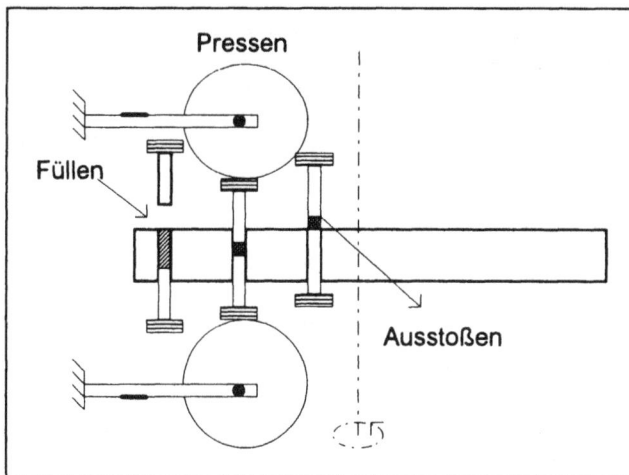

Bild 2: Funktionsprinzip der Rundlaufpresse

Die Überprüfung des Gewichtes der Tabletten (als deren wichtigster Parameter) erfolgt über eine mit dem "PHARMAKONTROLL" gekoppelte elektronische Waage.

Aufgrund der hohen Ausstoßleistung der Presse kann das Tablettengewicht jedoch
nicht kontinuierlich, sondern nur in Intervallen als Stichprobe gemessen werden. Da
trotzdem jede einzelne Tablette die Gewichtstoleranzen einhalten muß, wird eine
indirekte Methode der Gewichtskontrolle angewandt. Dabei wird bei jedem Preßvor-
gang die Kraft gemessen, welche zum Zusammendrücken von Ober- und
Unterstempel auf ein definiertes Maß benötigt wird. Diese Preßkraft ist bei konstanten
geometrischen Verhältnissen fast nur von der Menge und damit vom Gewicht des
Preßgutes, daß sich in der Matrizenbohrung befindet, abhängig.

Die Messung der Preßkraft erfolgt dabei ebenfalls indirekt. Dazu sind die
Druckrollen, durch welche die Preßkraft eingeleitet wird, an Schwingen aufgehängt.
Die mechanische Verformung dieser Schwingen wird mit Dehnungsmeßstreifen erfaßt
und stellt ein direktes Maß für die Kraft dar. Aufgrund des engen und sehr
empfindlichen Zusammenhanges zwischen Preßkraft und Tablettengewicht und
dadurch, daß die Preßkraft kontinuierlich gemessen werden kann, wird durch die
Preßkraftregelung eine hohe Gewichtskonstanz erreicht.

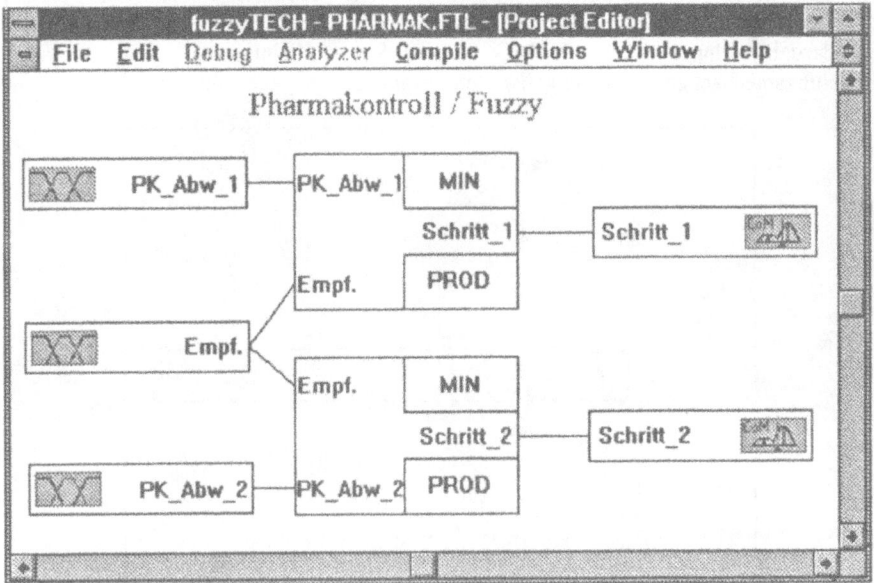

Bild 3: Aufbau des Fuzzy-Reglers

Als Regelgröße dient dabei der arithmetische Mittelwert aller Preßkraft-Einzelwerte
über eine Tischumdrehung. Stellgröße ist die Dosiermenge des zugeführten

Preßgutes, welche durch eine schrittmotorbetätigte Dosiereinrichtung verstellbar ist. In dem bisher verwendeten konventionellen Regler ist dessen Übertragungsverhalten im Systemspeicher abgelegt. Daraus wird bei einer gemessenen Regelabweichung und unter Beachtung weiterer Parameter die Schrittanzahl des Schrittmotors der Dosiereinrichtung ermittelt. Dieser Regelmechanismus hat sich bei allen KORSCH-Tablettenpressen unter den unterschiedlichsten Einsatzbedingungen vielfach bewährt.

Trotzdem wurde untersucht, ob sich das Systemverhalten bei Einsatz eines Fuzzy-Reglers noch verbessern läßt. Außerdem sollen die hierbei gemachten Erfahrungen auf weitere, z.T. kompliziertere Regelungsaufgaben der Tablettenpressen angewendet werden.

2. Der Fuzzy-Regler

Für den Entwurf des Fuzzy-Reglers sowie dessen Optimierung wurde das Entwicklungssystem *fuzzy*TECH eingesetzt. Der entwickelte Regler hat den in Bild 3 gezeigten Aufbau.

Der Regler wurde in zwei parallele Regelblöcke unterteilt, deren Eingangsgrößen jeweils die Preßkraftabweichung PK_Abw (Istwert - Sollwert), sowie die Empfindlichkeit Empf. (Presskraftänderung pro 100 Dosierschritte) sind. Ausgangsgrößen sind jeweils die Schrittzahlen für den Motor zur Verstellung der Dosiereinheit. Die Gesamtschrittzahl ergibt sich aus der Summe der beiden Ausgangsgrößen.

Die Unterteilung in zwei scheinbar gleiche Regelblöcke wurde deshalb gewählt, weil man der Preßkraftregelung prinzipiell zwei Arbeitsbereiche zuordnen kann. Dies sind:

• Der quasistationäre Bereich, in dem nur geringe Schwankungen (hervorgerufen durch Inkonsistenz des Preßmaterials, Temperaturdrift etc.) ausgeregelt werden müssen. Dieser Bereich stellt das normale Arbeitsregime dar.

• Der Einschwingbereich, bei dem durch Parameteränderung oder sprungartige Änderungen der Einflußgrößen große Regelabweichungen ausgeregelt werden müssen.

Diese beiden Arbeitsbereiche werden durch die zwei Regelblöcke repräsentiert. Der quasistationäre Bereich umfaßt Preßkraftabweichungen von etwa ± 3% des Gesamtmeßbereiches der Preßkraft. Der Einschwingbereich beinhaltet alle anderen Abweichungen (bis ± 100%).

Nun könnte man diesen zwei Bereichen auch dadurch Rechnung tragen, daß der linguistischen Variablen "Preßkraftabweichung" (PK-abw) entsprechend gewählte

Terme und Zugehörigkeitsfunktionen zugeordnet werden. Problematisch ist dabei, daß für die Auflösung der Basisvariablen nur ein konstanter Wert über den gesamten Variablenbereich möglich ist. Die Auflösung muß jedoch bei geringer Preßkraftabweichung (quasistationärer Bereich) wesentlich höher sein als bei großer Abweichung (Einschwingbereich). Ein Ausweg wäre die Wahl einer sehr hohen Auflösung über den gesamten Bereich der Preßkraftabweichung. Nachteilig wäre hierbei, daß diese hohe Auflösung entsprechend höhere Rechenzeit erfordert, die bei großen Preßkraftabweichungen gar nicht notwendig ist und das Systemverhalten verschlechtert. Die gewählte Unterteilung in zwei Regelblöcke ist deshalb eine recht einfache Lösung des Problems.

Durch eine entsprechende Wahl der Basisvariablen-Bereiche und der Zugehörigkeitsfunktionen wurde erreicht, daß der obere Regelblock nur bei Preßkraftabweichungen von $\leq 3\%$ (des Gesamtmeßbereiches), der untere Regelblock nur bei Abweichungen von $> 3\%$ wirksam wird.

Das so entwickelte Fuzzy-System (Bild 3) weist folgende Merkmale auf: Die linguistische Variable 'Empfindlichkeit' wurde in drei Terme aufgeteilt, die beiden Preßkraftabweichungen und Schrittzahlen in jeweils sieben Terme. Für beide Regelblöcke wurden die gleichen Fuzzy-Inferenzstrategien verwendet. Für die Aggregation erwies sich der Minimumoperator, für die Komposition der Produktoperator als brauchbar. Als Defuzzifikationsmethode diente jeweils das Verfahren "Center of Maximum".

Die Anzahl der Fuzzy-Produktionsregeln mit einem Plausibilitätsgrad > 0 beträgt beim oberen Regelblock 38, beim unteren Block 33 Regeln. Das System wurde zunächst anhand des vorhandenen Erfahrungswissens zur Regelung von Tablettenpressen entworfen. Dieser Entwurf wurde nun mit Hilfe von Realdaten einer Presse im Debugger von *fuzzy*TECH auf plausibles Verhalten überprüft und eine erste Optimierung vorgenommen. Der dann vorliegende Regler wurde in ein vorhandenes Rahmenprogramm (Meßwerterfassung, Parametereinstellung, Visualisierung, Datenausgabe etc.) eingebaut und auf einem PC prototypisch implementiert. Damit erfolgte dann eine erste Erprobung am realen Prozeß.
Es konnte bereits hier ein recht gutes Systemverhalten festgestellt werden, welches in einigen Punkten dem konventionellen Regler bereits überlegen war. Die endgültige Optimierung des Reglers erfolgte dann mit Hilfe des On-Line-Moduls von *fuzzy*TECH an laufenden Prozeß an unterschiedlichen KORSCH Tablettenpressen.

3. Systemverhalten des Fuzzy-Reglers an KORSCH-Tablettenpressen

Das Verhalten des jetzt optimierten Fuzzy-Reglers soll nun an einigen Beispielen dargestellt werden. Die Bilder 4 und 5 zeigen die Sprungantworten des Systems, ausgerüstet mit dem Fuzzy-Regler im Vergleich mit dem bisher eingesetzten konventionellen Regler. Dazu wurde bei laufender Regelung der Preßkraftsollwert sprunghaft von 20% des Gesamtmeßbereiches auf 50% erhöht, bzw. von 80% auf 50% verringert. Die Preßkraftabweichung betrug also zum Zeitpunkt des Sprunges +30% bzw. -30% bezogen auf den Maximalwert. In den Bildern ist die Preßkraftabweichung über der Anzahl der Tischumdrehungen aufgetragen, wobei der Sprung bei Umdrehung 0 erfolgte. Diese Darstellung wurde deshalb gewählt, da als Regelgröße der Preßkraftmittelwert über eine Tischumdrehung dient, und somit nur ein Wert pro Umdrehung vorliegt.

An den Bildern sieht man, daß der Fuzzy-Regler ein deutlich besseres Verhalten zeigt als der konventionelle Regler. Ein Überschwingen ist hier im Gegensatz zum konventionellen Regler nicht vorhanden. Eine Regelabweichung gegen Null wird schon nach etwa fünf Tischumdrehungen erreicht. Dieses Verhalten ist für die Regelung der Tablettenpressen als sehr gut zu bezeichnen, zumal im praktischen Einsatz Sprünge dieser Größenordnung nicht auftreten.

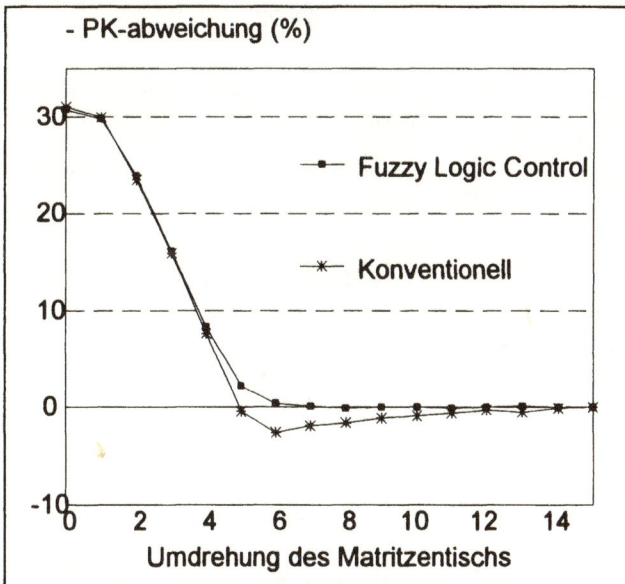

Bild 4: Sprungantwort (30% → 50%) einer KORSCH PH230 mit konventionellem Regler und mit Fuzzy-Regler

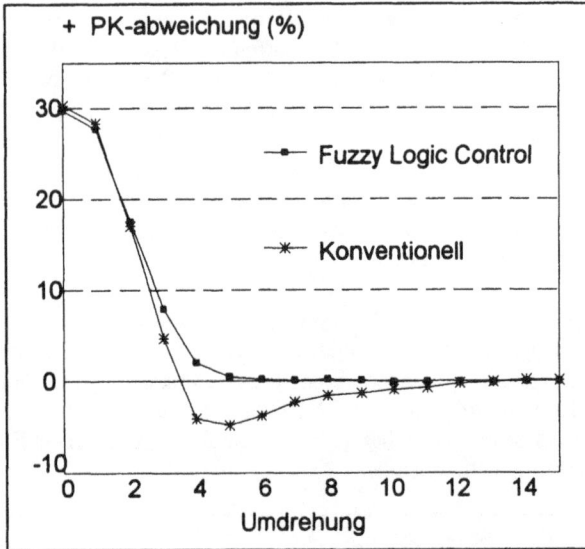

*Bild 5: Sprungantwort (80% → 50%) einer KORSCH PH230
mit konventionellem Regler und mit Fuzzy-Regler*

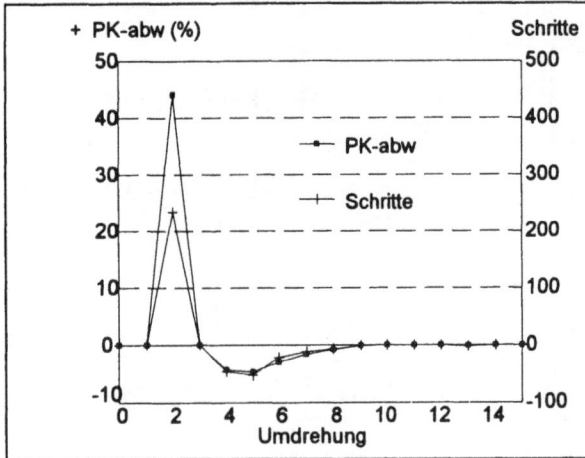

Bild 6: Impulsantwort (50% → 6% → 50%) einer KORSCH PH230 mit Fuzzy-Regler

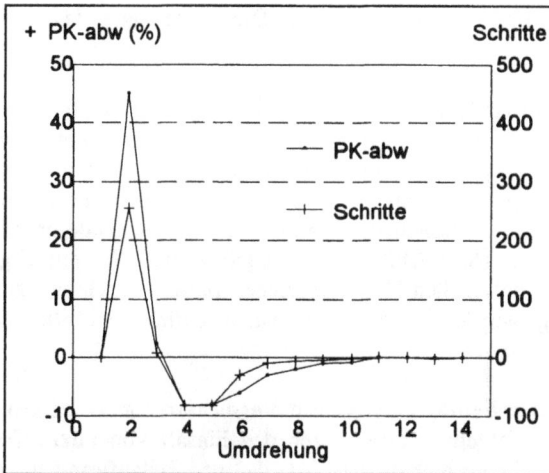

Bild 7: Impulsantwort (50% → 6% → 50%) einer KORSCH PH230 mit konventionellem Regler

Im weiteren wurde die Impulsantwort des Fuzzy-Systems und des konventionellen Reglers in Verbindung mit der Tablettenpresse untersucht. Die Bilder 6 und 7 zeigen die Verläufe der Preßkraftabweichung und der ausgegeben Dosierschritte. Es wurde bei konstanter Preßkraft von 50% der Signaleingang der Preßkraft für eine Tischumdrehung (Umdrehung 2) gesperrt, so daß für diese eine Umdrehung der Preßkraftmittelwert nur 6%, d.h. die Abweichung 44% betrug. Man sieht, daß beide Systeme sofort mit der Ausgabe von Dosierschritten antworten. Daß sich diese Dosierungsänderung erst bei Umdrehung 4 auswirkt, ist darin begründet, daß die Ausführung dieser Dosierschritte bei der gewählten Drehzahl etwa eine Tischumdrehung in Anspruch nimmt. Ab Tischumdrehung 5 wird dann die Auswirkung dieser Schritte ausgeregelt. Auch an diesen Beispielen ist zu sehen, daß das Fuzzy-System ein besseres Verhalten als das konventionelle System zeigt.

4. Zusammenfassung

Bei Pressen für Tabletten werden meist sehr hohe Anforderungen an die Konstanz der Tablettenparameter (Gewicht, Härte etc.) gestellt. Um diese Konstanz zu erreichen, sind die Pressen der KORSCH Maschinenfabrik Berlin mit Prozeßkontroll- und Regelgeräten ausgerüstet. Bisher werden dafür konventionelle Regelungsstrategien verwendet, welche sich gut bewährt haben. In einer Studie wurde untersucht, ob durch den Einsatz von Fuzzy-Control eine Performanceverbesserung für die

Pressenregelung erreicht werden kann. Die Ergebnisse lassen sich wie folgt zusammenfassen:

Auf Basis des vorhandenen Prozeß-Fachwissens ist es relativ problemlos und in kurzer Zeit gelungen, den Prototyp eines Fuzzy-Reglers zu entwerfen. Dieser Regler zeichnet sich aufgrund seiner umgangssprachlichen Systemdefinition durch eine gute Übersichtlichkeit aus. In einem ersten Schritt wurde der Regler im Debugger von *fuzzy*TECH anhand von Realdaten optimiert. Die anschließende praktische Erprobung an einer KORSCH PHARMAPRESS 230 zeigte bereits sehr gute Ergebnisse, welche teilweise dem konventionellen Regler überlegen waren. Durch eine anschließende On-Line-Optimierung wurde das Systemverhalten optimal an alle Randbedingungen angepaßt.

Die im vorliegenden Beitrag dargestellten Versuchsergebnisse zeigen, daß die Regeleigenschaften von Tablettenpressen durch den Einsatz von Fuzzy-Control verbessert werden können. Sehr vorteilhaft dabei ist, daß der Zeitaufwand für die Entwicklung und insbesondere die Optimierung dieser Regler im Vergleich zu anderen Advanced-Control-Verfahren sehr gering ist, wodurch eine optimale Anpassung an die jeweiligen Maschinentypen bzw. Nutzeranforderungen möglich ist.

13.

Regelung einer Müllverbrennungsanlage mit Fuzzy Logik

Constantin von Altrock, Bernhard Krause
INFORM GmbH

Klaus Limper und Dr. W. Schäfers
L. & C. Steinmüller GmbH

Der Aufbau einer konventionellen Regelung erfordert prinzipiell ein mathematisches Modell der Regelstrecke. Bei der Regelung einer Müllverbrennungsanlage scheitert dieser Ansatz, da die Qualität des Mülls in der Regel nicht bekannt ist und sich zur Prozeßlaufzeit auch nicht hinreichend messen läßt. Die daraus resultierenden Unsicherheiten müssen durch einen entsprechenden Regelungsansatz berücksichtigt werden. Hier vorgestellt wird der Einsatz der Fuzzy-Technologie.

In regelungstechnischen Anwendungen wird Fuzzy Logik mittlerweile häufig eingesetzt. Die Zusammenhänge zwischen Eingangs- und Ausgangsgrößen werden dabei durch Produktionsregeln wiedergegeben, die die Reaktionen des Reglers in Form linguistischer WENN-DANN-Beziehungen ausdrücken.

Zur Regelung komplexer Prozesse müssen große Regelmengen bearbeitet werden, soll das vorhandene Expertenwissen vollständig genutzt werden. Erweiterte Methoden der Fuzzy-Technologien erleichtern die Handhabung großer Systeme, so z. B. Fuzzy Associative Maps (FAMs) und die sogenannte On-Line Technologie, die eine Optimierung des Fuzzy-Reglers bei laufendem Prozeß und in Echtzeit ermöglicht. Durch die Verwendung spezieller Software-Entwicklungswerkzeuge kann sowohl eine schnelle

Implementierung des Expertenwissens als auch ein schneller Zugriff auf die Systemstrukturen zur Verbesserung der Regelung ermöglicht werden.

Die Anwendung der erweiterten Fuzzy-Technologien durch den Einsatz eines Fuzzy-Entwicklungssystems wird anhand der Regelung der Müllverbrennungsanlage in Hamburg-Stapelfeld vorgestellt.

1. Müllverbrennung

Anlagen zur Müllverbrennung sind zunehmend Gegenstand öffentlicher Diskussionen. Die Anforderungen zur Behandlung ständig steigender Abfallmengen stehen dabei neuen, immer restriktiveren Umweltgesetzen gegenüber. Erweiterte Kenntnisse über die Toxizität von chlororganischen Schadstoffemissionen verändern auch die Ziele bei der Müllverbrennung: Neben einer konstanten Verbrennungsleistung wird eine ökologische Optimierung des Prozesses - also eine möglichst große Volumenreduktion des Mülls bei minimierten Emissionen - vordringlich. Den schematischen Aufbau einer Müllverbrennungsanlage zeigt Bild 1.

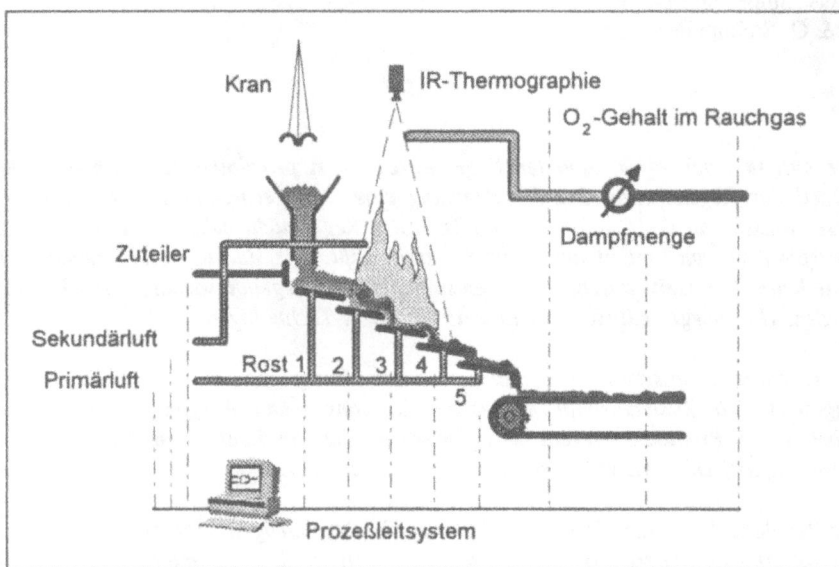

Bild 1: Schematische Struktur der Müllverbrennungsanlage in Hamburg Stapelfeld

Der angelieferte Müll wird zunächst in einem Bunker gelagert und von dort mit einem Kran in den Aufgabetrichter der Verbrennungsanlage gegeben. Über den Fallschacht und die Zuteilvorrichtung gelangt der Müll dann auf den Rost. Dieser besteht aus zwei parallelen Rostbahnen mit jeweils 5 Rostzonen. Auf dem Rost durchwandert der Müll nach der Trocknungszone die Verbrennungszone und gelangt schließlich zur Ausbrandzone, von wo die ausgebrannte Schlacke in den Entschlacker fällt. Die optimale Feuerlage ist auf der Mitte der 3. Rostzone, da der Müll dann ausreichend vorgetrocknet ist und anschließend noch genügend Verweilzeit vorhanden ist, um einen vollständigen Ausbrand zu erreichen (Bild 2). Die entstehende Verbrennungswärme dient der Erzeugung elektrischer Leistung .

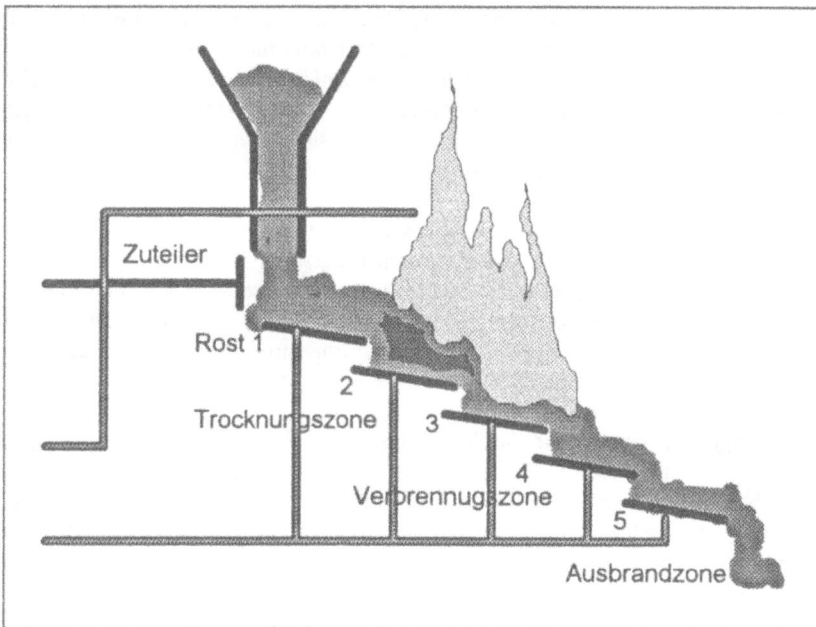

Bild 2: Trocknungs-, Verbrennungs- und Ausbrandzone

Obwohl der Kranführer versucht, den Müll durch Mischung zu homogenisieren, ist eine einheitliche Aufgabequalität nicht einzuhalten. Bestehende Automatisierungen und Regelungen haben vor allem zum Ziel, die thermische Leistung bei gutem Ausbrand konstant zu halten und so die Voraussetzungen für eine gleichbleibend hohe Energieproduktion zu schaffen. Um dieses Ziel zu erreichen ist der Einsatz qualifizierter Anlagenfahrer unabdingbar. Trotz dieser Maßnahmen ist bei den meisten Verbrennungsanlagen aufgrund der extrem inhomogenen Zusammensetzung des Hausmülls ein manueller Eingriff zeitweise nicht zu vermeiden. Bei diesen manuellen Eingriffen wird aufgrund der Beobachtung des Feuerraums auf die Zuteilung des Mülls und auf die Rostfahrweise eingegriffen.

Ziel der Feuerungsführung ist es, bei einer einzuhaltenden thermischen Feuerleistung und einem vorgegebenen Sauerstoffgehalt im Rauchgas durch eine ausreichende Ausbrandgüte den gesetzlichen Anforderungen an die Rostschlacke und die Flugasche zu genügen. Darüber hinaus wird zur Entlastung der nachgeschalteten Rauchgasreinigungsanlagen zunehmend eine Absenkung der verbrennungstechnisch bedingten Schadstoffgehalte im Rauchgas bereits am Kesselaustritt erwartet.

Steigende Abfallmengen, restriktivere Umweltgesetze und erweiterte Kenntnisse über die Toxizität von chlororganischen Schadstoffemissionen erfordern neben der konstanten Verbrennungsleistung immer vordringlicher auch eine ökologische Optimierung des Prozesses. Gefordert ist dabei eine möglichst große Volumenreduktion des Mülls bei minimierten Emissionen. Bei der Verbrennung muß ein Regelungssystem daher folgende Bedingungen einhalten:

- Regelung der O_2-Konzentration im Abgas auf einen Sollwert.
- Einhaltung einer gleichbleibenden thermischen Leistung
- Aufrechterhaltung der optimierten Strömungsverhältnisse im Feuerraum und im 1. Kesselzug mit möglichst geringen Schwankungen, so daß die gewünschten Bedingungen zur Erzielung möglichst geringer Emissionen zur Vermeidung von Korrosionen erhalten bleiben [14].

Diese Bedingungen können nur durch eine optimierte Verbrennung in einem stabilen Arbeitspunkt erfüllt werden. Herkömmliche Regelungen reagieren nicht auf lokale und zeitabhängige Inhomogenitäten des zugeführten Mülls, die auf veränderten Heizwerten und unterschiedlichen Zündeigenschaften beruhen. Dadurch sind starke Schwankungen im Verbrennungsprozeß, die gleichzeitig mit ungünstigen Emissionswerten verbunden sind, nicht zu vermeiden.

Wichtigste Regelgröße ist die erzeugte Dampfleistung. Sie wird hauptsächlich durch die Primärluft, die den verschiedenen Rostzonen zugeführt wird, beeinflußt. Störungen entstehen durch die beschriebene inhomogene Zusammensetzung des Abfalls, die zu einem lokal unterschiedlichen Verbrennungsablauf führt. Die Primärluftverteilung muß daher ständig den Bedürfnissen der einzelnen Zonen angepaßt werden. Da der O_2-Gehalt des Abgases auf einem konstanten Wert zu halten ist, werden Sekundär- und Primärluft gegensinnig zueinander geregelt.

Zwischen Zuteiler und Verbrennungsbereich ist immer eine von der Aufgabequalität abhängige Menge an unverbranntem Müll vorhanden. Durch diesen Speichereffekt gibt es keinen direkten Zusammenhang zwischen Zuteilerbewegung und Feuerlage. Die Feuerlage kann nur durch Beobachtungen des Anlagenfahrers bzw. nur über eine spezielle Sensorik bzw. Bildauswertung ermittelt werden.

Eine mögliche Automatisierung ist das Beobachten der Verbrennung mittels der IR-Thermografie. Dies bedeutet zunächst, daß die Anlagenfahrer die Verbrennung direkt aus dem Kontrollraum beobachten können. Aufgrund der Geometrie der Brennkammer liegt in der vorliegenden Anlage die zu beobachtende Zone im wesentlichen bei Rostzone 3 und den nicht vollständig einsehbaren Zonen 2 und 4 (Abb. 3). Dies ist mehr als ausreichend, um die Feuerlage zu bestimmen. Zusätzlich können über statistische Auswertungen des IR-Bildes die Breite der Verbrennungszone ermittelt und Informationen über asymmetrische oder geteilte Feuerlagen abgeleitet werden.

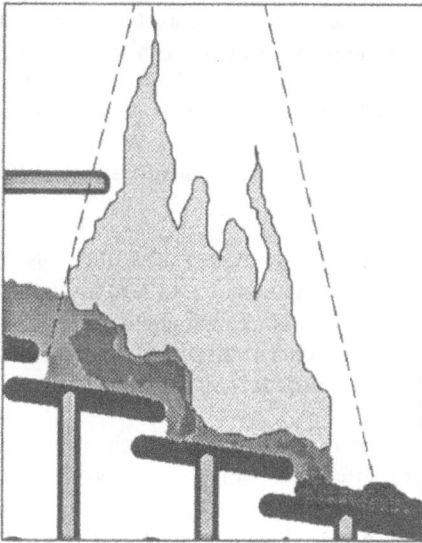

Bild 3: Erfassungszone der IR-Kamera

Auch wenn alle obengenannten Informationen vorliegen, Basis für die Entwicklung eines konventionellen Regelungssystems ist der Aufbau eines entsprechenden mathematischen Modells. Verbrennungsprozesse sind jedoch in der Regel hochgradig nichtlinear und stellen Mehrgrößenprobleme dar. Auch für konventionelle Regelungsstrategien bleibt daher nur der Weg, einen Regler durch heuristisches Programmieren zu erstellen.

Neue Lösungswege für diese Problemstellungen bieten die Verfahren des Advanced Control, insbesondere des Fuzzy Logic Control, wurde bereits bei ähnlichen Verbrennungsprozessen erfolgreich eingesetzt [7, 13]. Komplexe Wechselwirkungen zwischen den verschiedenen evaluierten Informationen erfordern eine Methode der strukturierten Informationsanalyse.

2. Entwicklung eines Fuzzy-Reglers

Der konventionelle Weg der heuristischen Prozeßautomatisierung ist personalintensiv: Neben der Definition von Hardware und Schnittstellen muß das regelungstechnische Wissen des Anlagenfahrers sowie die Erfahrung des Regelungsingenieurs akquiriert und durch Softwarespezialisten implementiert werden. Alle Spezialisten müssen zusammengebracht werden, um die entwickelte Regelungsstrategie in den Code einer Programmiersprache umzusetzen. Aus diesem Grund müssen menschliche Ideen, Konzepte und Zusammenhänge auf einem technischen Niveau formuliert werden. Typischerweise werden Konzepte in Form von Funktionen dargestellt, Zusammenhänge mittels WENN-DANN-Regeln ausgedrückt. Fuzzy Logik ist eine erprobte Methode diese Art von linguistischem Wissen - durch die Benutzung von linguistischen Variablen mit Zugehörigkeitsfunktionen - in WENN-DANN-Regeln zu implementieren.

Stand der Technik bei Fuzzy Logik Applikationen ist die Verwendung einfacher Methoden zur Berechnung unscharfer WENN-DANN-Regeln. Obgleich die Algorithmen, die diese einfachen Berechnungsmethoden verwenden, erfolgreich bei einer Vielzahl von Regelungsproblemen eingesetzt wurden, stellen sie nur eine grobe Approximation der eigentlich zugrundeliegenden Inhalte dar.

Eine bessere Darstellung der Inhalte kann durch die Verwendung von Fuzzy-Operatoren und erweiterte Inferenzverfahren - z. B. durch Regeln, die selbst unscharf sind - erreicht werden. Fuzzy-Operatoren repräsentieren linguistische Verknüpfungen wie "und" und "oder" [6, 8, 15]. Verschiedene erweiterte Inferenzverfahren wurden entwickelt, wie Zadehs "compositional rule of inference" [17], Koskos [11] sogenannte Fuzzy Associative Maps (FAMs) und Andere [10, 12, 16]. Diese Konzepte ermöglichen es, jeder Regel einen Plausibilitätsgrad (oft auch als "degree of support" bezeichnet) zuzuordnen. Zadehs Verfahren ermöglicht eine sehr feine Einstellung der Regeln, erfordert aber einen sehr hohen Rechenaufwand, so daß die Verwendung in den meisten zeitkritischen Systemen nicht möglich ist. Im Vergleich dazu benötigt Koskos Verfahren einen geringen Rechenaufwand, führt andererseits jedoch nur einen Gewichtungsfaktor für jede Regel ein [1].

Um sowohl einen vertretbaren Berechnungsaufwand als auch die Beschreibung komplexer Systeme zu ermöglichen, wurde in [3, 4] eine Kombination der obengenannten Methoden entwickelt: Der Grad zu dem eine Regel "feuert" wird bestimmt durch die Aggregation des Erfülltheitsgrades der Vorbedingung mit dem Plausibilitätsgrad der Regel. Diese Operation erfolgt unter Verwendung eines Fuzzy-Operators. Wählt man in diesem Fall den Produktoperator, so kann der Plausibilitätsgrad als "Gewichtung" jeder einzelnen Regel angesehen werden. Für die Anwendung dieser Methode gibt es eine einfache Strategie: Definiert man zunächst die Plausibilitätsgrade entweder als 0 oder 1, so kann gemäß der bekannten einfachen Verfahren der Fuzzy Logik eine Regelmenge aufgebaut werden. Im Verlauf der Optimierung können dann auch Zwischenwerte im Bereich von 0 bis 1 eingesetzt werden.

Komplexere Systeme mit 50 oder mehr Fuzzy-Regeln, in denen die Regeln einfach nur aufgelistet sind, werden schnell unübersichtlich. In diesen Fällen erweist es sich als sinnvoll, erweiterte Strukturen, wie beispielsweise die Klassifizierung von Regeln in Regelblöcken [3, 4] und ihre geeignete Darstellung zu verwenden.

Obgleich Fuzzy-Regelungssysteme auch in einer konventionellen Programmiersprache erstellt werden können, ist es bei komplexen Anwendungen sehr sinnvoll, ein Tool zu verwenden, um die wiederholte Programmierung von Methoden, wie z.B. Inferenzstrategien oder Defuzzifikationsmethoden zu vermeiden [2]. Auf dem Markt sind bereits einige Werkzeuge für die Entwicklung von Regelungssystemen verfügbar.

Die Tool-unterstützte Entwicklung eines Fuzzy-Reglers beginnt mit dem Entwurf eines Prototypen. Er sollte die gesamte Struktur des gewünschten Systems enthalten und entspricht damit einer vollständigen Regelungsstrategie. Für den gegebenen Prozeß wurde ein Prototyp mit 18 linguistischen Variablen und 70 Fuzzy-Regeln in insgesamt 9 Regelblöcken aufgebaut. Die Regelungsstrategie wird kompiliert und in die Prozeßleitsoftware, bzw. zu Testzwecken in eine Prozeßsimulation eingebunden.

3. Regleroptimierung

Wenn der zunächst erstellte Prototyp noch keine zufriedenstellenden Ergebnisse liefert, muß die Regelstrategie optimiert werden. Eine Reihe der zur Entwicklung verwendbaren Tools läßt Reglerveränderungen nur über den Weg der erneuten Codegenerierung und anschließender Compilation des Codes zu. Obschon dieses Konzept ausreichend gut beim ersten Aufbau einfacher Regler arbeitet, beinhaltet es Nachteile bei der Fehlersuche und Systemverbeserung.

Auch die Verwendung von handelsüblichen Debuggern ist dazu nicht geeignet, da diese Systeme nur auf der Ebene des erstellten Codes und nicht in Echtzeit arbeiten.

Hinzu kommt, daß während der Entwicklung einer Fuzzy-Regelungsstrategie für einen kontinuierlichen Prozeß - oder dessen Simulation - eine Optimierung meist durch kleine Veränderungsschritte erfolgt. Anschließend wird die Reaktion der Regelstrecke auf die Änderungen getestet und analysiert. Durch notwendige wiederholte Compilation des Reglers - und der damit verbundenen Unterbrechung der Kontinuität des Prozesses steigt die Entwicklungszeit oft erheblich.

Aus diesen Gründen wurde zur weiteren Optimierung die "On-Line"-Technik angewendet. Mit dieser Technologie ist es möglich, eine Fuzzy-Logik-Regelungsstrategie graphisch zu visualisieren, während das Fuzzy-System zur gleichen Zeit den Prozeß in Echtzeit regelt. Diese Vorgehensweise ermöglicht dem Ingenieur das dynamische Verhalten des Reglers gleichzeitig mit dem Prozeß zu verfolgen.

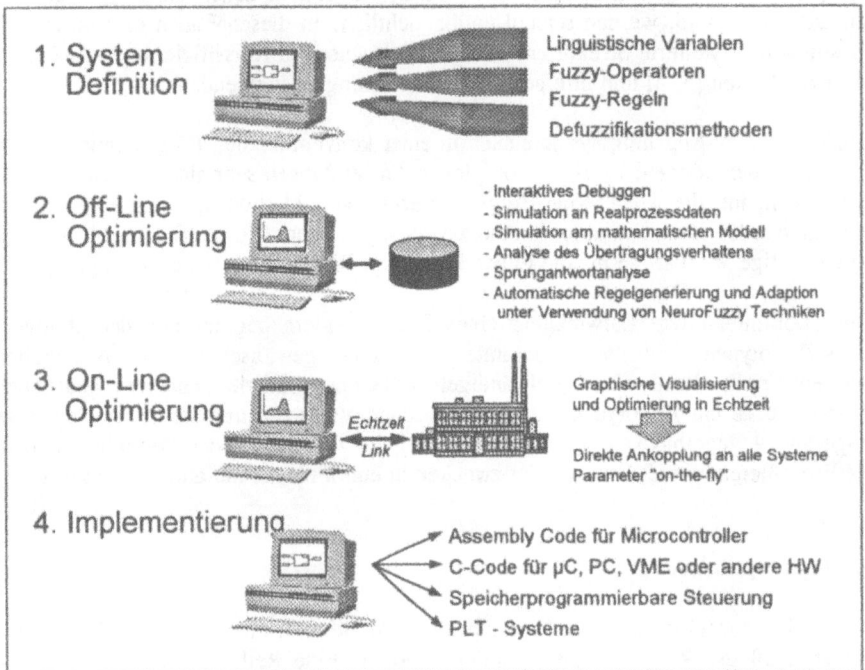

Bild 4: Entwicklungsmethodik für Fuzzy-Logik-Systeme

Ziel der Optimierung ist es, durch die Erprobung von Modifikationen der Regeln oder der Zugehörigkeitsfunktionen die Regelungsgüte zu verbessern. Wenn ein Codegenerator - in diesem Zusammenhang oft als Fuzzy-Precompiler bezeichnet - benutzt wird, so muß bei jeder Veränderung der Regler vom Prozeß getrennt und neu compiliert werden. Zusätzlich zu einer großen Ineffizienz ergibt sich aus diesem Ansatz ein weiterer Nachteil: Ein kontinuierlicher Prozeß wird für die Compilation aus dem Arbeitspunkt auf manuelle Regelung umgestellt. Folglich kann das Ergebnis der Regelstrategieveränderung vom Entwickler nur schwer visualisiert werden. Diese Vorgehensweise macht eine effiziente Optimierung nahezu unmöglich.

Nach Abschluß der Optimierung des Systems können code- und laufzeitoptimierende Precompiler und Compiler verwendet werden, um die Zielhardware im Dauerbetrieb möglichst gering zu belasten.

Bild 4 zeigt die Schritte der Entwicklungsstrategie, in denen komplexe Fuzzy-Logik-Systeme zur Regelung erarbeitet werden [9]:

1. System-Definition:
- Die Erstellung des Systems beinhaltet die Definition der linguistischen Variablen, Fuzzy-Operatoren, der Fuzzy-Regelbasis und die Festlegung der Defuzzifikationsmethoden.
- Hilfreich ist dabei die Verwendung von graphischen Designtools.
- Den Abschluß dieses Entwicklungsschrittes bildet der erste Prototyp des Reglers.

2. Off-Line Optimierung:
- Um das statische Verhalten des Reglers zu überprüfen, werden interaktive Tests durchgeführt: Auf Veränderungen der Eingangswerte hin wird der Informationsfluß im System analysiert. Zusätzlich kann die Regelgüte anhand von vorher aufgezeichneten Prozeßdaten bzw. - wenn möglich - durch den Einsatz eines Simulationsmodells getestet werden.
- Für alle Debug-, Simulations- und Analyse-Schritte ist eine Implementation des Reglers notwendig. Graphische Analysetools und Debugger von graphischen Entwurfswerkzeugen erleichtern die Optimierung und Fehlererkennung.
- Den Abschluß dieses Entwicklungsschrittes bildet ein verfeinerter Prototyp.

3. On-Line Optimierung:
- Der verfeinerte Prototyp wird am laufenden Prozeß optimiert.
- Um eine On-Line-Entwicklung zu ermöglichen muß die Entwicklungsumgebung mit der Prozeßhardware verbunden sein. Läuft die Entwicklungssoftware auf Workstation oder PC, also nicht auf dem eingesetzten Prozeßleitsystem, so kann eine Verbindung beispielsweise über eine serielle Schnittstelle hergestellt werden.
- Dieser Entwicklungsschritt erlaubt eine weitere Optimierung des Systems, das anschließend implementiert werden kann.

4. Implementierung
- Das optimierte System wird für das Zielsystem codeoptimiert.
- Dazu können spezielle Precompiler oder Compiler für die jeweilige Hardware verwendet werden.

- Das Ergebnis ist eine - nach Laufzeit und Code-Größe optimierte - Reglersoftware.

4. Eine neue Reglerstruktur

Die Anwendung erweiterter Fuzzy Logik Entwicklungstechniken führt zu einer neuen Struktur für das gewünschte Regelungssystem. Das System ist in drei Stufen unterteilt, in denen jeweils eine kurz- und eine langfristige Strategie behandelt wird (Bild 5).

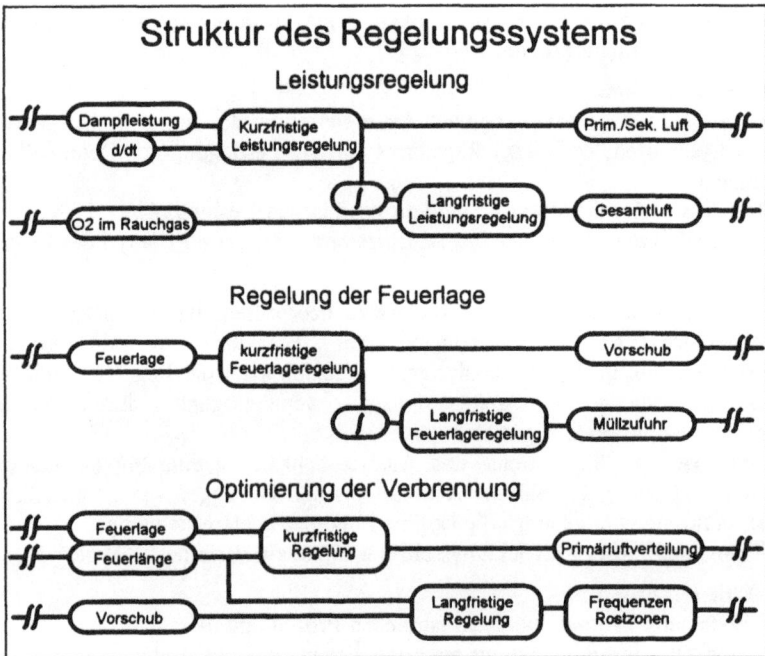

Struktur des Regelungssystems

Leistungsregelung

- Dampfleistung — d/dt — Kurzfristige Leistungsregelung — Prim./Sek. Luft
- O2 im Rauchgas — Langfristige Leistungsregelung — Gesamtluft

Regelung der Feuerlage

- Feuerlage — kurzfristige Feuerlageregelung — Vorschub
- Langfristige Feuerlageregelung — Müllzufuhr

Optimierung der Verbrennung

- Feuerlage — Feuerlänge — kurzfristige Regelung — Primärluftverteilung
- Vorschub — Langfristige Regelung — Frequenzen Rostzonen

Bild 5: Struktur des Fuzzy Control Systems

Die erste Stufe entspricht einer Leistungsregelung, aufgeteilt in
- einen kurzfristigen Regelzyklus zur Regelung der Dampfleistung,
- einen langfristigen Regelzyklus zur Regelung des O_2- Anteils des Rauchgases.

Der Sollwert der langfristigen Regelung wird aus der Kombination der Sensordaten mit den aus der kurzfristigen Regelung erhaltenen Informationen über das Verhalten des Systems berechnet.

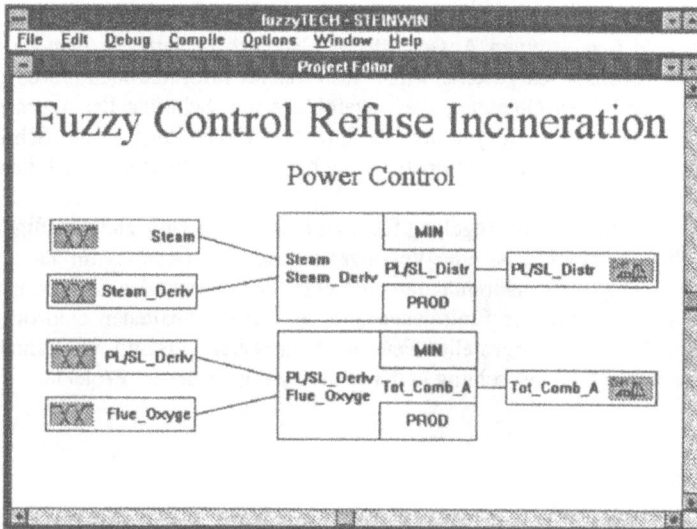

Bild 6: Ausschnitt der Struktur des Fuzzy Projektes: "Leistungsregelung"

Die zweite Stufe regelt den Durchsatz der Müllmenge, wobei
* der Vorschub für die kurzfristige Regelung der Feuerposition und
* der Zuteiler für die langfristige Anpassung der Müllzufuhr benutzt wird.

Zur Bestimmung der momentanen Feuerlage werden charakteristische Parameter aus der IR-Thermographie bezogen. In der dritten Stufe, die der Optimierung der Verbrennung dient, werden zusätzliche Informationen aus der IR-Thermographie verwendet. Die Optimierung besteht dabei aus folgenden Schritten:
* Regelung der Primärluft der verschiedenen Rostzonen
* Regelung der Feuerlänge durch die Vorschubgeschwindigkeiten in den einzelnen Rostzonen.

Die Benutzung von Fuzzy Logik ermöglicht die Verwendung vieler und verschiedenartiger Informationen. Neben direkt meßbaren Werten, wie z. B. die Dampfleistung, treten kennzeichnende Parameter für die Feuerlage und die Feuerlänge auf, die aus den Daten der IR-Thermografie berechnet werden. Das Ergebnis ist ein hybrides System, in dem konventionelle Berechnungsmethoden mit den Methoden der Fuzzy Logik kombiniert werden um die auftretenden Unsicherheiten angemessen zu berücksichtigen. Um die Regelungsstrategie aus vorliegendem Expertenwissen abbilden zu können, wurden die einzelnen Teile der gezeigten Struktur unter Verwendung von liguistischen Variablen und Fuzzy-Regeln implementiert.

Zur Implementierung wurde das graphische Entwicklungs-Tool *fuzzy*TECH verwendet. Bild 6 zeigt einen Ausschnitt des Hauptarbeitsblattes in dem der Bereich der Leistungsregelung dargestellt wird. Konkretere Informationen verbergen sich hinter den dargestellten Objekten, die Regelblöcke und Schnittstellen repräsentieren. Den Regelblöcken entspricht jeweils ein Satz von Fuzzy-Regeln, die Schnittstellen stellen den Datentransfer zu den vor- bzw. nachgeschaltete Rechenoperationen her.

Die optimierte Feuerleistungsregelung führt zu einem insgesamt gleichmäßigeren Verbrennungsablauf. Dadurch ist eine Verringerung des CO-Gehaltes im Rauchgas und eine Verbesserung der Ausbrandparameter erzielbar, verbunden insbesondere auch mit einer Verminderung der Emissionen und der darin enthaltenen chlororganischen Bestandteile. Der hier vorgestellte Feuerleistungsregler entstand im Rahmen eines vom Bundesminister für Forschung und Technologie geförderten Projektes.

5. Literatur

[1]   C. von Altrock, B. Krause und H.-J. Zimmermann, "Advanced Fuzzy Logic Control Technologies in Automotive Applications," Proceedings of 1992 IEEE International Conference on Fuzzy Systems, pp.835-843, San Diego, March 1992.

[2]   C. von Altrock, B. Krause und H.-J. Zimmermann, "On-Line Development Tools for Fuzzy Knowledge-Based Systems of Higher Order," Proceedings of the 2nd International Conference on Fuzzy Logic und Neural Network, pp.269-272, Iisuka, July 1992.

[3]   C. von Altrock, B. Krause und H.-J. Zimmermann, "Framework of a Fuzzy Intelligence Research Shell," Working Paper 5/90, RWTH University of Aachen, Germany 1990.

[4]   C. von Altrock, B. Krause und H.-J. Zimmermann, "Implementation of a Fuzzy Intelligence Research Shell," Working Paper 6/90, RWTH University of Aachen, Germany 1990.

[5]   S. Assilian und E.H. Mamdani, "An experiment in Linguistic Synthesis with a Fuzzy Logic Controller," Internat. J. Man-Machine Stud. 7, pp. 1-13, 1975.

[6]   J. C. Fodor, "On Fuzzy Implication Operators," FSS 42, pp. 293-300, 1991.

[7]   M. Fujiyoshi, T Shiraki, "A Fuzzy Automatic-Combustion-Control-System," Proceedings of the 2nd International Conference on Fuzzy Logic and Neural Network, pp.469-472, Iisuka, July 1992.

[8]   M. M. Gupta und J. Qi, "Design of Fuzzy Logic Controllers Based on Generalized T-Operators," FSS 40, pp. 473-489, 1991.

[9]   INFORM Software Corp., *fuzzy*TECH Explorer Manual., Version 3.0, 1992

[10] J. M. Keller und A. Nafarieh, "A new Approach to Inference in Approximate Reasoning," FSS 41, pp. 17-37, 1991.

[11] B. Kosko, "Neural Networks and Fuzzy Systems", Prentice-Hall International, 1992.

[12] Mitsumoto und H.-J. Zimmermann, "Comparison of Fuzzy Reasoning Methods," FSS 8, pp. 253-285, 1992.

[13] H. Ono, T. Ohnishi und Y. Terada, "Combustion Control of Refuse Incineration Plant by Fuzzy Logic," FSS 32, pp. 193-206, 1989.

[14] W. Schuhmacher, W. Schäfers, Regelung der Feuerungsleistung bei Müllverbrennungsanlagen, Entsorgungspraxis No. 6, pp 312-314, 1991

[15] U. Thole, H.-J. Zimmermann und P. Zysno, "On the Suitability of Minimum and Product Operators for the Intersection of Fuzzy Sets," FSS 2, pp. 173-186, 1975.

[16] R. M. Tong, "Analysis of Fuzzy Control Algorithms using the Relation Matrix, Internat. J. Man-Machine Stud. 8, pp. 679-686, 1976.

[17] L. A. Zadeh, "Outline of a New Approach to the Analysis of Complex Systems and Decision Processes," IEEE Transactions on Systems, Man, and Cybernetics, Vol. SMC-3, No. 1, pp. 28-44, 1973.

[18] H.-J. Zimmermann und P. Zysno, "Latent Connectives in Human Decision Making," FSS 4, pp. 37-51, 1980.

[19] H.-J. Zimmermann, Fuzzy Set Theory - and its Applications, 2nd rev. Ed. Kluver, Boston, 1991.

14.

Betriebsführung und Störfallmanagement auf Kläranlagen mit Fuzzy Logic

Arnulf O. Krebs
fuzzy logic entwicklung & vertrieb

Am Beispiel des abgeschlossenen EUREKA-Projektes "KLEX-KLäranlagenEXperten-system" wird der praktische Einsatz von Fuzzy-Technologie in einer Expertensystem-entwicklung demonstriert. Als Entwicklungswerkzeug wurde fuzzyTECH eingesetzt, da es zusätzlich zu den in Japan eingesetzten Methoden der Fuzzy Logic kompensatorische Operatoren und die verfeinerten Methoden des Approximativen Schließens bietet. Besondere Beachtung fand die Einfachheit und Effizienz der Bedienung - hierzu wurde eine objektorientierte, auf Hypertext basierende grafische Benutzeroberfläche entwickelt.

1. Das KLEX-System

Mit Hilfe des wissensbasierten Systems KLEX[1] wird dem Klärwerkspersonal das komplexe Know-how über die genaue Kenntnis der Zusammenhänge bei der biologischen Abwasserreinigung zur Verfügung gestellt. Im wesentlichen besteht das System aus 5 übergeordneten Einheiten: Dem KLEX-Manager zur Steuerung und Verwaltung, den Elektronischen Handbüchern (abwassertechnische Fachbibliothek und Lehr-/Lernprogramme), der Wissenserweiterung (kontextbezogene abwassertechnische Hilfe und Bedienungshilfe), den Dienstprogrammen (Kommunikation/Einbindung der Außenwelt und Fremdprogramme) sowie dem Expertensystemteil, bestehend

---

[1] KLEX ist ein geschütztes Warenzeichen

aus den Bereichen Datenanalyse, Problembehandlung, Vorbeugung, Früherkennung, Diagnose und Therapie.

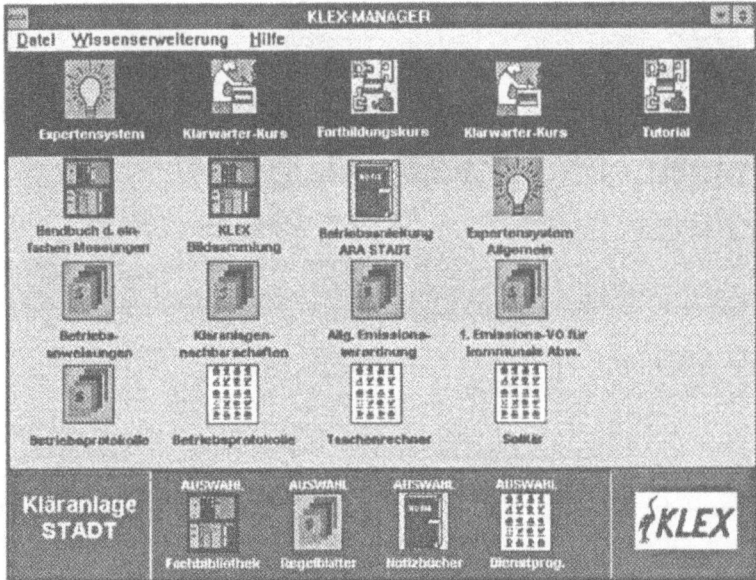

Bild 1: Die übergeordnete Bedieneroberfläche von KLEX

Im letztgenannten Expertensystemteil wurde ein wichtiger Problembereich, die sogenannte Blähschlammproblematik, mittels Fuzzy Logik abgebildet. Da die Verfahren der biologischen Abwasserreinigung die Stoffwechselprozesse der beteiligten Organismen nutzen, um die Abwasserinhaltsstoffe abzubauen oder umzuwandeln, kann es bei Überhandnahme bestimmter Organismen in der Biozönose des belebten Schlammes im schlechtesten Fall zum sogenannten Blähschlamm führen, welcher den Wirkungsgrad der Anlage entscheidend negativ beeinflussen kann. Eine Lösung des Blähschlammproblems ist daher für den Betrieb von Belebungsanlagen von fundamentaler Bedeutung.

Die Entstehung und Begünstigung von Blähschlamm wird sowohl durch die Beschaffenheit des zu behandelnden Abwassers, als auch durch die Betriebs- und Verfahrensweise von Abwasserreinigungsanlagen beeinflußt. Die Ursachen des Blähschlammes können grob in die vier Bereiche Abwasserbeschaffenheit, Anfaulen des Abwassers, Sauerstoffmangel im Belebungsbecken und Betriebsweise des Belebungsbeckens eingeteilt werden.

Für die Ursache und für die Bekämpfung von Blähschlamm können in der Praxis nur sehr selten eindeutige Aussagen getroffen werden. Vielmehr handelt es sich bei den auslösenden Faktoren um eine Vielzahl verschiedener Parameter, die in unterschiedlichem Ausmaß die Blähschlammbildung beeinflussen. Gerade dieses "mehr-oder-weniger" an Einfluß kann in idealer Weise mittels Fuzzy Logik modelliert werden. Die Vorgangsweise des Experten bei der Beurteilung von Blähschlammproblemen konnte mit Hilfe von Fuzzy Logik adäquat nachvollzogen werden, wodurch die erhaltenen Ergebnisse einem Expertenbefund entsprechen.

Fuzzy Logik wird ausschließlich für die Diagnose der Blähschlammanalyse verwendet. Die Therapievorschläge benötigen kein eigenes Regelwerk, da sich für ein erkanntes Problem leicht der geeignete Therapievorschlag angeben läßt. Das gesamte Fuzzy Logik Modul enthält rund 1000 Regeln und 80 Variablen. Das Modul Blähschlammanalyse ist komplett in die Oberfläche des KLEX-Expertensystems integriert. Mit dem verwendeten Fuzzy-Entwicklungstool wird C-Code erzeugt und in eine Windows-DLL integriert. Durch diese DLL ist die Integration in die grafische Oberfläche (Toolbook) leicht möglich.

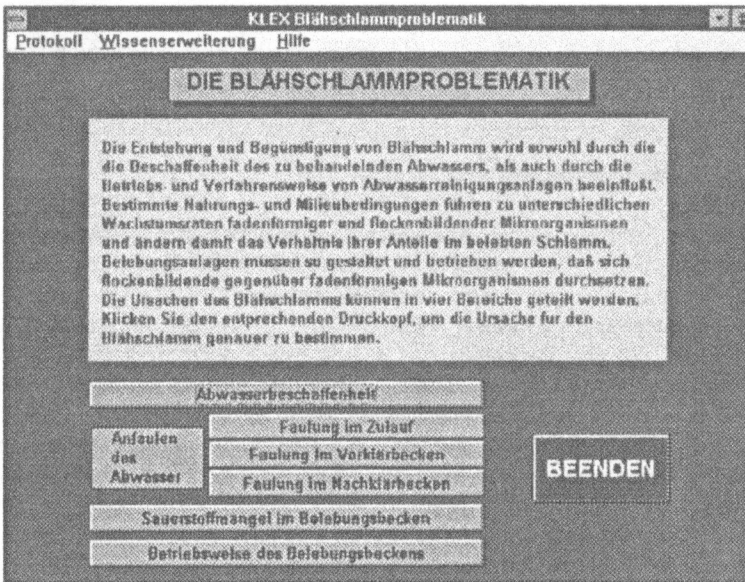

Bild 2: Auswahlmenü Blähschlammproblematik

Der Benutzer bekommt ein Auswahlmenü der möglichen Ursachengebiete, d.h. Faulung, Sauerstoffproblem, Abwasserbeschaffenheit, Betriebsweise des Belebungsbeckens und Gesamtanalyse   (siehe umseitige Abbildung).   Alle Eingaben und Ausgaben erfolgen über die grafische Benutzeroberfläche des KLEX$^{\circledast}$-Expertensystems. Durch Tests bei verschiedenen Benutzern wurde festgestellt, daß eine Defuzzifizierung oft gar nicht erwünscht ist. Zeiger zwischen 0 und 1 bzw. Diagramme, die dem Benutzer zusätzlich eine eigene Interpretation und Beurteilung überlassen, wurden einer eindeutigen Ja/Nein Aussage meistens vorgezogen und daher ebenfalls implementiert.

Die Umsetzung mittels Fuzzy Logik erfordert viel Zeit bei der Wissenserhebung. Das eingesetzte grafische Entwicklungstool unterstützt das Knowledge Engineering in sehr guter Weise, da mit dem Debugger sofort mögliche Fehler oder Inkonsistenzen in der Regelmenge dem Experten vor Augen geführt werden können. (Wissenserhebung und Implementierung liegen sehr eng beieinander). Durch diese sofortige Kontrolle des implementierten Wissens steigt auch die Motivation des Experten. Die Wissensakquisition - der "Flaschenhals" bei jeder XPS-Entwicklung - gestaltete sich im Vergleich zur konventionellen Technologie (hybrides objektorientiertes XPS) nicht nur wesentlich einfacher und zeitsparender, sondern bestimmte Problemstellungen wären mit anderen Methoden unlösbar geblieben. Beim Vergleich der Umsetzung von Expertenwissen mittels Fuzzy Logik und konventioneller Regelabarbeitung schnitt das Fuzzy Modul auch in der Meinung der Abwasserexperten besser ab.

2. Das Blähschlammproblem

Die Verfahren der biologischen Abwasserreinigung nutzen die Stoffwechselprozesse der beteiligten Organismen, um die Abwasserinhaltsstoffe abzubauen oder umzuwandeln. Beim Belebungsverfahren sind die Organismen in Flocken gebunden und müssen vom gereinigten Abwasser abgetrennt und in das Belebungsbecken zurückgeführt werden. Da die Abtrennung fast ausschließlich durch Sedimentation erfolgt, müssen die Organismen in gut absetzbaren, kompakten Flocken vorliegen. Nehmen in der Biozönose des belebten Schlammes Organismen überhand, die fadenförmig wachsen und dadurch die verfahrenstechnisch wichtigen Schritte der Abtrennung und Rückführung der Biomasse stören bzw. verhindern, so spricht man von Blähschlamm.

Die Entwicklung von fadenförmig wachsenden Organismen wird zum Blähschlammproblem, da die Funktion des Nachklärbeckens über die Parameter Schlammindex, Schlammgehalt und Schlammvolumenenbelastung direkt den Wirkungsgrad der Belebungsanlage mitbestimmt. Eine Lösung des Blähschlammproblems ist daher für den Betrieb von Belebungsanlagen von fundamentaler Bedeutung.

Die Entstehung und Begünstigung von Blähschlamm wird sowohl durch die Beschaffenheit des zu behandelnden Abwassers, als auch durch die Betriebs- und Verfahrensweise von Abwasserreinigungsanlagen beeinflußt. Bestimmte Nahrungs- und Milieubedingungen führen zu unterschiedlichen Wachstumsraten fadenförmiger und flockenbildender Mikroorganismen und ändern damit das Verhältnis ihrer Anteile im belebten Schlamm. Belebungsanlagen müssen so gestaltet und betrieben werden, daß sich flockenbildende gegenüber fadenförmigen Mikroorganismen durchsetzen. Die Ursachen des Blähschlamms können grob in vier Bereiche geteilt werden:

- Abwasserbeschaffenheit

- Anfaulen des Abwassers
  - Faulung im Zulauf
  - Faulung im Vorklärbecken
  - Faulung im Nachklärbecken

- Sauerstoffmangel im Belebungsbecken

- Betriebsweise des Belebungsbeckens

Da die Ursachen für Blähschlamm oft nicht eindeutig sind und die zur Verfügung stehenden Daten nicht genau genug sind, bietet sich Fuzzy Logik als Lösungswerkzeug für die Bearbeitung dieses Problems an.

3. Fuzzy Logik

Bei der Fuzzy Logik ("Unscharfe Logik" oder "Unscharfe Mengenlehre") erfolgt die Modellbildung nicht mit den Methoden der herkömmlichen Mathematik, sondern in einer umgangssprachlichen Form. Die umgangssprachliche Beschreibung wird dabei mit einem mathematisch präzisen Inhalt gefüllt und macht sie so berechenbar. Ein solches Vorgehen eignet sich besonders für Probleme, die nur unzureichend mit mathematischen Methoden und Modellen beschrieben werden können. Die Verwendung sprachlicher statt mathematischer Komponenten führt zu einer großen Übersichtlichkeit und einfachen Modifizierbarkeit. Es stellt sich die Frage, wie man die Begriffe des menschlichen Denkens darstellen kann, ohne daß sie ihren unscharfen Charakter verlieren, und trotzdem durch einen Computer nachvollziehbar sind.

Betrachten man beispielsweise das sprachliche Konzept der Variablen "Abwassertemperatur", so können mögliche Ausdrücke dieser Variablen "niedrig", "mittel" oder "hoch" sein. Kombiniert man dies mit dem Mehr-oder-weniger-wahr-Konzept der unscharfen Logik, so entsteht eine linguistische Variable, die nun beispielsweise einen Wert wie "ziemlich niedrig" und "ziemlich hoch" annehmen kann. Ob eine gegebene Temperatur beispielsweise zur Menge der hohen

Temperaturen gehört, wird durch ein Zahl zwischen 0 und 1 ausgedrückt. Eine 0 bedeutet, daß die Temperatur überhaupt nicht in der Menge der hohen Temperatur liegt, eine 1 bedeutet, daß sie voll zu ihr gehört. Für diese Definition sind keinerlei willkürliche Schwellenwerte nötig, sondern "fließende" Übergänge.

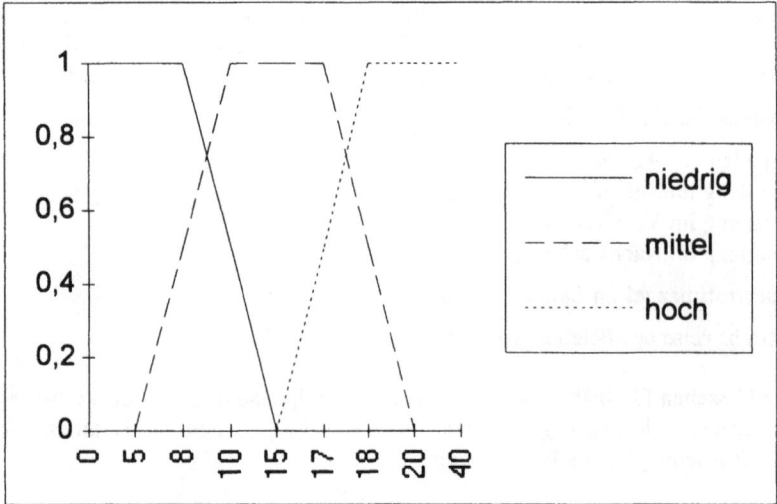

Bild 3: linguistische Variable (hier: Temperatur)

4. Vorgehen bei der Umsetzung des Expertenwissens mittels Fuzzy Logik

A. Wissenserhebung
   Aa. Aufzählung der möglichen Faktoren und ihrer Attribute
   Ab. Bewertung der Faktoren nach ihrer Wichtigkeit
   Ac. Schilderung der Vorgangsweise der Verknüpfung der einzelnen Faktoren
   Ad. Umgangssprachliche Beschreibung der Regeln

B. Implementierung
   Ba. Linguistische Variablen für Ein- und Ausgabe bzw. Hilfsvariablen
   Bb. Regelblöcke
   Bc. Regeln

C. Test und Feinabstimmung
   Ca. Stimmen die Ergebnissen des Programms mit einem Experten überein?
   Cb. Anpassung der Regeln, linguistischen Variablen, Operatoren, etc.

Die Schritte im einzelnen am Beispiel: Faulung im Zulauf

D. Wissenserhebung

Da. Mögliche Faktoren:
- Farbe: { schwarz, grau, normal, nicht beurteilbar }
- Geruch: { normal, unbekannt, faulig }
- Beschaffenheit des Kanalnetzes: { normal, lange Fließzeiten und flaches
  Kanalnetz, Druckkanalisation }
- Abwassertemperatur: { niedrig, mittel, hoch }

Db. Ein fauliger Geruch und eine schwarze Farbe sind die wichtigsten
Indikatoren.

Dc. Den ersten Eindruck über eine eventuelle Faulung bekommt der Experte
über die Farbe und Geruch des Abwassers im Zulauf. Dieser erste Eindruck
kann durch die Form des Kanalsystem verstärkt werden. Schließlich kann
noch die Temperatur des Abwassers das Urteil über eine Faulung verstärken
bzw. abschwächen.

Dd. Explizite Angabe der Regeln, z.B: Wenn der Geruch faulig ist und die
Farbe des Abwassers schwarz ist, dann ist das Abwasser sicher angefault.

E. Implementierung

Ea. linguistische Variablen
Farbe, Geruch, Kanalisation, Abwassertemperatur (siehe Bild 3)

Eb. Regelblöcke:

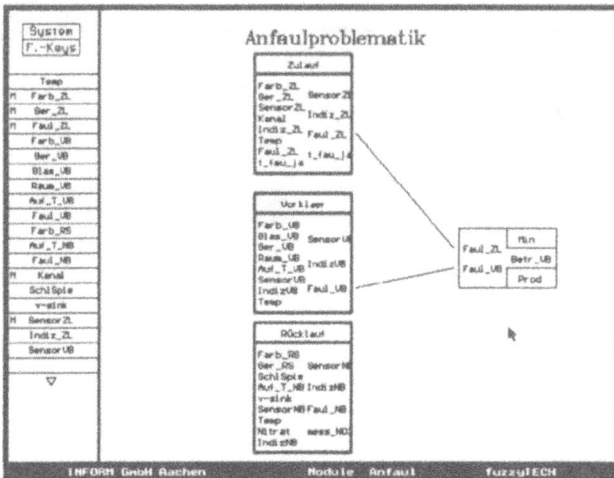

Bild 4: Regelblock Anfaulproblematik

Zusätzliche Implementierung der Hilfsvariablen "Sensor" (Faulung ja, Faulung nein) und "Indiz" (Faulung ja, Faulung nein). Mit diesen Variablen wird eine Zwischenaggregation durchgeführt, die die adäquate Abbildung des Diagnoseprozesses des Experten ermöglicht.

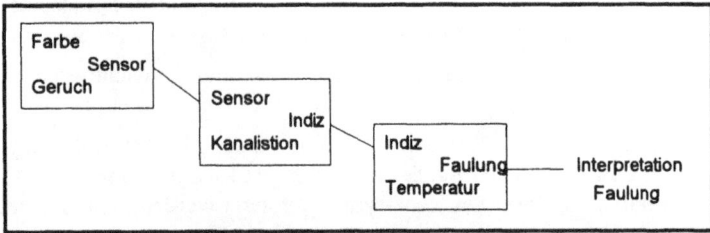

Bild 5: Regelblockstruktur Zulauf

Implementierung der Ausgabevariable "Faulung" (Faulung im Zulauf ja, Faulung im Zulauf nein) und der Interpretation des Ergebnisses (Defuzzifizierung), d.h. Umwandlung der Zugehörigkeitsgrade von Faulung ja und Faulung nein in die Aussagen:

• Das Abwasser fault sicher im Zulauf.
• Das Abwasser fault nicht im Zulauf.
• Es ist nicht sicher, daß das Abwasser im Zulauf fault.

E. Regeln

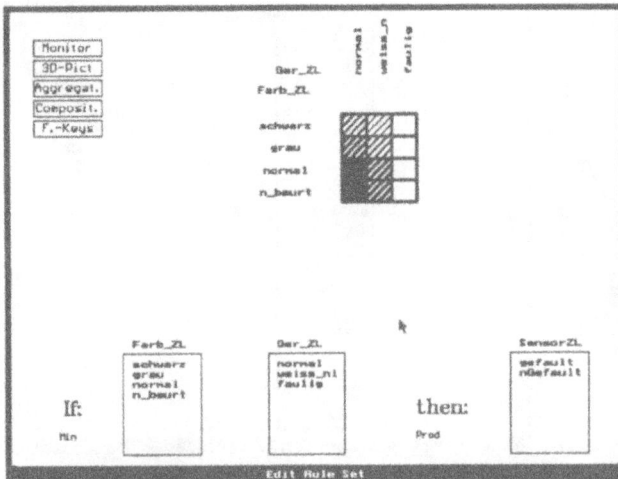

Bild 6: Beispiel der Regeln eines Regelblocks

F. Test (Simulation mit dem Debugger)

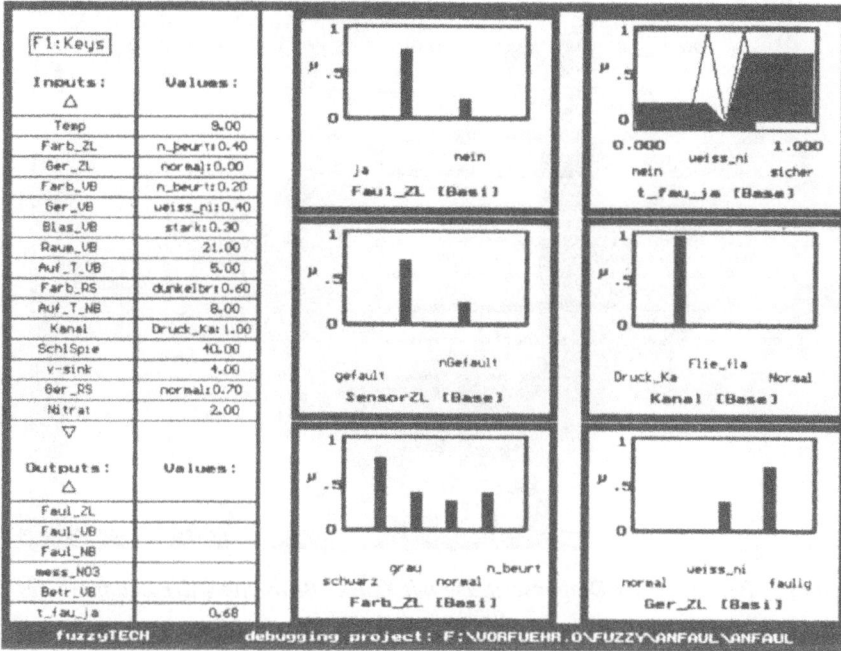

Bild 7: Systemverifikation mit dem grafischen Debugger

5. Einbindung in die Benutzeroberfläche

Die Blähschlammanalyse mittels Fuzzy Logik ist komplett in die Oberfläche des KLEX-Expertensystem integriert (siehe Bild 2). Der Benutzer bekommt zusätzlich ein Auswahlmenü der möglichen Ursachengebiete, d.h.

• Abwasserbeschaffenheit

• Faulung (Zulauf, Vorklärbecken, Nachklärbecken)

• Sauerstoffmangel im Belebungsbecken

• Betriebsweise des Belebungsbeckens

Alle Eingaben erfolgen über die grafische Bedieneroberfläche des KLEX-Expertensystems. Bild 8 zeigt ein Beispiel einer Diagnosesitzung zur Beurteilung der Belüftung des Belebungsbecken.

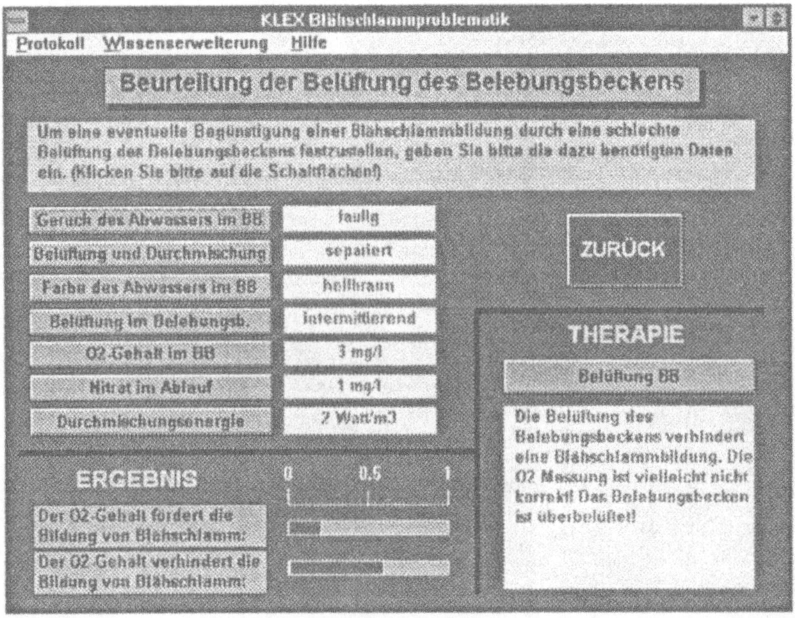

Bild 8: Beispiel einer Diagnosesitzung mit KLEX: Beurteilung der Belüftung des Belebungsbecken

6. Zusammenfassung

Für die Ursache und für die Bekämpfung von Blähschlamm können in der Praxis nur sehr selten eindeutige Aussagen getroffen werden. Vielmehr handelt es sich bei den auslösenden Faktoren um eine Vielzahl verschiedener Parameter, die in unterschiedlichem Ausmaß die Blähschlammbildung beeinflussen. Gerade dieses "mehr-oder-weniger" an Einfluß kann in idealer Weise mittels Fuzzy Logik modelliert werden. Die Vorgangsweise des Experten bei der Beurteilung von Blähschlammproblemen wird mit Hilfe von Fuzzy Logik adäquat nachvollzogen, womit bei geeigneter Darstellung des Denkmodells die erhaltenen Ergebnisse einem Expertenbefund entsprechen.

7. Literatur

[1]   ATV - Arbeitsgruppe 2.6.1: Verhinderung und Bekämpfung von Blähschlamm und Schwimmschlamm, Korrespondenz Abwasser, Jhg 35, S152-164, (1988)

[2]   H.-J. Zimmermann, Fuzzy Sets Theory - and Its Applications, 2nd Ed., 1990, Kluwer-Nijhoff Publishing

[3]   H.-J. Zimmermann, Fuzzy Sets, Decision Making, and Expert Systems, 1987, Boston, Kluwer-Nijhoff Publishing

[4]   A.O. Krebs, E. Trenker, C. von Altrock: FUZZY LOGIC - Einsatz der "unscharfen Logik" in Expertensystemanwendungen, Tagungsband zum 17. Internationalen Euromicro Kongreß Wien - EXPERTENSYSTEME 91 Grundlagen und Anwendungen

[5]   N. Matsché, E. Trenker: Eine Lösung der Blähschlammproblematik mittels Einsatz von Fuzzy Logic Technologie, Tagungsunterlagen zur internationalen Fachtagung 'Einsatz von Expertensystemen zur Unterstützung des Kläranlagenbetriebes', TU Wien, 1992

[6]   R. Briggs: Instrumentation, Control and Automation of Water and Wastewater Treatment and Transport Systems, IAWPRC -Workshop, Kyoto, Pergamon Press, Oxford, 1990

15.

Invent in der Wareneingangsprüfung Einsatz von gesteuerten Stichproben mit Lieferantenbewertungen durch Fuzzy Logic

L. Schuh, C. von Altrock, B. Krause
INFORM GmbH

Die Wareneingänge in den Zentrallägern eines großen Warenhauskonzerns wurden bislang einer vollständigen Wareneingangsprüfung unterzogen. Ziel des Projektes ist die Einführung einer gesteuerten stichprobenweisen Prüfung. Diese soll verschiedene Informationen über das Prüfergebnis eingehender Lieferungen jedes Lieferanten verwenden. Diese Informationen beziehen sich einerseits auf quantitativ faßbare Daten über Unter- und Überlieferungen, aber auch auf die qualitativen Ursachen dieser Differenzen. Diese qualitativen Informationen sind zwar sprachlich leicht zu beschreiben, aber nur schwer numerisch zu erfassen und daher von ihrer Natur her unscharf. Das Prüfverfahren nutzt die Verfahren der Fuzzy Logic, um aus der Verknüpfung aller zur Verfügung stehenden Informationen festzustellen, ob eine eingehende Sendung sofort eingelagert werden kann oder ob sie prüfwürdig ist.

1. Einleitung

Die Wareneingänge in den Zentrallägern des Warenhauskonzerns werden in mehreren Warenströmen erfaßt. Alle diese Warenströme wurden bislang einer vollständigen Wareneingangsprüfung unterzogen. Stichprobenverfahren können den Prüfaufwand drastisch reduzieren. Eine geeignete Steuerung der Probenauswahl kann die

Zuverlässsigkeit des Prüfverfahrens positiv beeinflussen. Ziel ist es, den Anteil der Fehllieferungen, die ungeprüft eingelagert werden, gering zu halten und dabei die Anzahl der Stichproben zu minimieren.

Die Entscheidung, ob eine aktuelle Lieferung eines Lieferanten geprüft werden soll, wird aus dessen bisherigen Lieferverhalten abgeleitet, also auf der Basis von Vergangenheitsinformationen. Um eine solche Entscheidungsbasis aufzubauen, werden die jeweils aktuellen Informationen zu einem Lieferanten in einer Lieferantenhistorie festgehalten.

Die Auswertungen von Warenprüfungen werden täglich erfaßt. Daher kann die Aktualisierung der Lieferantenhistorie im Rahmen einer täglichen Batchverarbeitung durchgeführt werden. Da sich im Laufe des Tages die Bewertung eines Lieferanten nicht ändert, kann auch die Entscheidungsfindung in der Batchverarbeitung getroffen werden. Lediglich die Bekanntgabe der Entscheidung, ob eine eingehende Lieferung geprüft wird, muß bei Eingang der Lieferung unmittelbar On-line bekanntgegeben werden.

Durch die Trennung der Entscheidung von der Bekanntgabe verlagert sich der größte Teil der Informationsverarbeitung in den Batch Block. Insbesondere die eigentliche Entscheidung über die Bewertung der Lieferanten erfolgt unmittelbar nach der Aktualisierung der Lieferantenhistorie und wird daher im Batchbetrieb bearbeitet. Der Batch-Block benötigt dazu lediglich die aktuellen Prüfsätze in Form einer sequentiellen Datei. Im On-line Betrieb werden die Ergebnisse der Lieferantenbewertungen in Form eines Kennzeichens abgefragt.

Der Grund für dieses Vorgehen liegt in der bestehenden EDV- Architektur begründet. Jeder On-line Block stellt einen nicht unerheblichen Eingriff in das Host-System dar. Der Aufwand an dieser Stelle - besonders betroffen davon ist die Einbindung von Fremdsoftware - ist daher weitmöglichst zu begrenzen. Die Realisierung des On-line Blocks in Form einer Kennzeichenabfrage wurde problemlos vom Warenhausunternehmen selbst durchgeführt. Der von INFORM als Fremdfirma realisierte Batch Block enthält sämtliches verfahrenstechnisches Know-how, greift aber nur minimal in das Host-System ein.

Ein weiterer Vorteil der oben beschriebenen Vorgehensweise liegt in der Minimierung der benötigten Schnittstelle zum bestehenden Wareneingangssystem. Übergeben werden vom Host nur die sequentiellen Dateien mit den Prüfsätzen und - im Gegenzug- die vom Batch bereitgestellten Kennzeichen.

2. Bewertung eines Lieferanten

Das Zahlenmaterial, im Rahmen der Lieferantenhistorie gesammelt, wird anhand von Kenngrößen dem Algorithmus verfügbar gemacht. Diese Kenngrößen sollen zum einen als Basis die Zuverlässigkeit eines Lieferanten wiedergeben und darüber hinaus Auskunft über Entwicklungstendenzen ermöglichen. Dazu werden drei Blöcke von Kennzahlen ermittelt, die

- die Grundzuverlässigkeit eines Lieferanten widerspiegeln,
- über kurzfristige Entwicklungen Auskunft geben können und
- die Aussagesicherheit bezüglich der jeweils nächsten Periode wesentlich erhöhen.

Die Kennzahlen des dritten Blocks werden durch den Einsatz von Methodiken der klassischen Prognoserechnung einschließlich Trendtests ermittelt.

Die aufgestellten Kennzahlen lassen sich weiter klassifizieren in wertorientierte und qualitative Merkmale. Die qualitativen Merkmale sind mit einer Unsicherheit behaftet, die aufgrund der subjektiv unterschiedlichen Bewertung der Qualitätsmängel nicht in ein wertorientiertes Modell übertragen werden können, d. h. daß sich die Kennzahlen sich nicht über eine gemeinsame Wertbasis miteinander in Beziehung setzen lassen.

Zur Bewertung eines Lieferanten sind neben den statischen Kennzahlen auch die Trends innerhalb der Merkmale zu berücksichtigen. Auch die Bewertung der Trends ist im Vergleich mit den wertorientierten Kennzahlen nur ungenügend in einem stochastischen Modell zu erfassen. Jedoch lassen sich durchaus in sprachlicher Form Zusammenhänge oder Regeln formulieren, die aus dem gesamten Kennzahlenkomplex Rückschlüsse auf die Zuverlässigkeit der Lieferanten erlauben. In diesen Regeln ist also die Aggregation der Kennzahlen zu einem Bewertungskriterium für die Zuverlässigkeit des Lieferanten enthalten.

Sprachliche Regeln sind im allgemeinen mit einer lexikalen Unsicherheit behaftet, da die in den Regeln benutzten Begriffe nur über den gemeinsamen Gebrauch im kontextspezifischen Anwendungsbereich definiert sind und damit subjektiven Bewertungskategorien unterliegen.

Zur Verwertung sprachlicher Regeln ist eine mathematische Definition der Begriffe notwendig, die die beschriebenen Unsicherheiten angemessen berücksichtigt. Ähnlich der Wahrscheinlichkeitstheorie, die Methoden zur Erfassung stochastischer Unsicherheiten bereitstellt, enthält die Fuzzy Set Theorie (Theorie unscharfer Mengen) Methoden, in denen die lexikale Unsicherheit der Begriffe entsprechend abgebildet werden.

3. Fuzzy Logic

Die deutschen Übersetzungen der Schlagwörter "Fuzzy Set Theory" und "Fuzzy Logic" sind "Unscharfe Mengenlehre" und "Unscharfe Logik". Die Begriffe "Unschärfe" und "Logik" erscheinen auf den ersten Blick konträr, ermöglichte doch die Logik - als messerscharfe Disziplin - die moderne Mathematik und Wissenschaft und war damit auch Grundlage der gesamten Computertechnologie.

Jedoch ist es gerade diese Forderung nach Genauigkeit, die es der Logik fast unmöglich macht, menschliches Denken und natürlichsprachliche Begriffe nachzuvollziehen. Viele der menschlichen Bewertungsprozesse verwenden Begriffe wie beispielsweise "große Männer", ohne daß eine genaue Definition vorliegt, ab welcher Körpergröße ein Mann groß ist. Die meisten Symbole menschlichen Denkens sind in ihrer eigentlichen Bedeutung unscharf, wie *ständig*, *viele* oder *hell*. Diese Einschätzung hängt zusätzlich vom jeweiligen Zusammenhang sowie der Person des Betrachters selbst ab. Gerade diese "Unpräzision" aber ermöglicht es dem Menschen, selbst in Situationen, in denen nur unvollständige oder teilweise widersprüchliche Information vorliegt, eine Entscheidung zu fällen. Durch den hohen Grad der Abstraktion - also nicht die letzte Stelle hinter dem Komma zu betrachten, wenn dies nicht nötig ist - gelingt es, wichtiges von unwichtigem zu trennen und komplexe Probleme zu vereinfachen.

Da die traditionelle Logik für alle ihre Aussagen nur die Wahrheitswerte *wahr* oder *falsch* zuläßt, ist sie zur Beschreibung menschlichen Denkens nur unzureichend geeignet. In ihr müßte für den Begriff "große Männer" eine Körpergröße angegeben werden, ab der ein Mann als groß angesehen wird. Würde man diese Schwelle beispielsweise bei 180 cm ansetzen, so ist es nicht einzusehen, warum ein Mann mit einer Größe von 181 cm als uneingeschränkt *groß* und einer mit einer Größe von 179 cm als uneingeschränkt *nicht groß* eingeschätzt wird. In unserem menschlichen Denken würde man hier eher einen "Grad" betrachten, in dem ein Mann als groß eingeschätzt wird. Da menschliches Denken hauptsächlich in den Symbolen der Sprache erfolgt, werden diese Begriffe auch "linguistische Variable" genannt.

In der unscharfen Logik wird daher das *wahr* oder *falsch* der klassischen Logik beispielsweise um das *ziemlich wahr* oder *recht unwahr* erweitert. Diese für einen Informatiker zumindest ungewohnt unscharfe Darstellung ist Grundlage einer exakten Wissenschaft, der unscharfen Mengenlehre (Fuzzy Set Theory).

Der nächste Schritt umfaßt die Darstellung von Begriffen menschlichen Denkens. Diese sollen einerseits ihren unscharfen Charakter nicht verlieren, andererseits aber durch einen Computer nachvollziehbar werden. Betrachtet man beispielsweise das linguistische (sprachliche) Konzept: "Lieferantenfehlverhalten", so können mögliche

Ausdrücke innerhalb dieses Konzepts ein *gutes, mäßiges, schlechtes* oder auch ein *katastrophales* Lieferantenverhalten beschreiben.

Für die mathematische Repräsentation werden den sprachlichen Begriffen "linguistische Variable" zugeordnet (z. B. Lieferantenfehlverhalten), die ähnlich einer numerischen Variable Werte annehmen können. Diese Werte sind jedoch keine Zahlen, sondern Attribute oder "Terme" der Variable (z.B. :gut, mäßig, schlecht). Über die Definition der Attribute wird dem Ausdruck (z.B.: Das Lieferantenfehlverhalten ist mäßig) eine Bedeutung gegeben, die das Sprachverständnis des Ausdrucks beinhaltet und gleichzeitig mathematisch zugreifbar ist.

Der Grad, in dem nun ein gegebener Lieferant beispielsweise zur Menge des "mäßigen" Lieferantenfehlverhalten gehört, wird durch eine Zahl zwischen "0" und "1" ausgedrückt. Eine "0" bedeutet, daß der Lieferant überhaupt nicht zur dieser Menge gehört, eine "1", daß er voll zu ihr gehört. Zu dieser Definition müssen keine willkürlichen Schwellenwerte festgelegt werden.

Der Zusammenhang zwischen einer physikalischen Größe (Basisvariable) und dem menschlichen Begriff dieser Größe, ist die erste Voraussetzung für eine Nachvollziehbarkeit des linguistischen Konzeptes durch den Computer. Die nächste Voraussetzung ist eine Verknüpfbarkeit der Begriffe. Analog zu den Boolschen Operatoren UND, ODER und NICHT, sind in der Fuzzy Logic neue Operatoren entwickelt worden. Der Wahrheitsgrad zweier Aussagen, die durch ODER verknüpft sind kann beispielsweise als das Maximum der Wahrheitsgrade der beiden einzelnen Aussagen ermittelt werden.

In gleicher Weise wird der Wahrheitsgrad einer UND-Verknüpfung durch das Minimum, und der des NICHT durch die Differenz zu "1" berechnet. Beschränkt man alle Wahrheitsgrade auf die Werte "0" für *falsch* und "1" für *wahr*, so entsprechen die Fuzzy-Operatoren exakt den Operatoren der Boolschen Algebra. Die herkömmliche (scharfe) Logik ist daher als "Spezialfall" in der unscharfen Logik enthalten. Daher ist die Theorie der unscharfen Mengen eine echte Verallgemeinerung der klassischen Mengenlehre.

Grundelement der Verarbeitung unscharfer Information mit Fuzzy Logic ist die Produktionsregel. Sie besteht aus einem WENN-Teil (Vorbedingung) und einem DANN-Teil (Schlußfolgerung), bekannt aus dem Ansatz von Expertensystemen. Da es sich jedoch bei der Verarbeitung unscharfer Informationen, also bei Vorbedingung und Schlußfolgerung, um unscharfe Konzepte handelt, unterscheidet sich die Abarbeitung einer solchen Regel von der Abarbeitung in einem konventionellen Expertensystem.

Die Entwicklung eines Aggregationsalgorithmus kann also auf der Basis sprachlichen Wissens erfolgen. Das bedeutet nicht zuletzt, daß die entsprechenden Abbildungen nicht nur für die Systemfachkraft einsichtig sind, sondern auch für den Anwender transparent bleiben.

4. Ausführung und Implementation des Bewertungssystems

Die Beschreibung eines Lieferantenfehlverhalten setzt sich aus Kennzahlen für wertmäßige Abweichungen der Lieferung und Kennzahlen, die qualitative Fehlmerkmale erfassen zusammen. Zusätzlich werden Kennzahlen aus den Historien abgeleitet, die die Entwicklung sowohl der qualitativen als auch der quantitativen Größen beschreiben. Die verschiedenen Kennzahlen werden über einen Kriterienbaum miteinander aggregiert, um letztlich für einen Lieferanten das Prüfkennzeichen zu ermitteln. Die Struktur der Kriterienhierarchie zeigt Abb. 1.

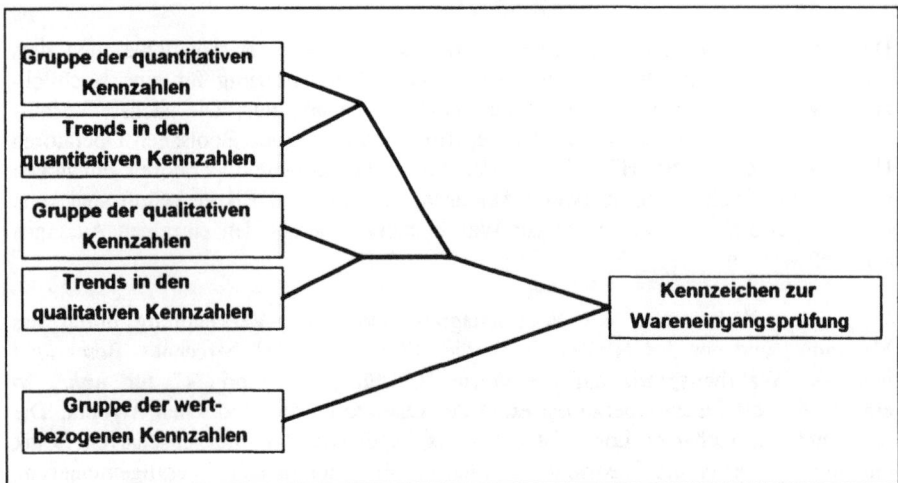

Abb. 1: Kriterienhierarchie zur Bewertung eines Lieferanten

An den Mittelknoten des Aggregationsbaums wurden Zwischengrößen eingeführt, die das Lieferantenverhalten auf der Basis von partiellen Kennzahlengruppen beschreiben. Erst die Aggregation der Gruppenkennzahlen führt dann zur Bewertung des Lieferanten. Alle Aggregationsschritte werden direkt durch natürlichsprachliche Regeln durchgeführt. Abbildung 2 zeigt beispielhaft einen Ausschnitt aus der verwendeten Regelmenge.

Durch die Verwendung eines CASE- Tools zur graphischen Entwicklung von Fuzzy Sytemen konnte das Bewertungssystem in eine Tabellenserie umgesetzt werden, die eine leichte Implementation auf dem HOST System ermöglichte.

WENN KWE *gut* UND TKWE *positiv*, DANN spricht BQNK für *nicht prüfen*
WENN KWE *gut* UND TKWE *negativ*, DANN spricht BQNK für *evtl. prüfen*
WENN GKB für *nicht prüfen* spricht UND DWEW *sehr hoch* DANN WE *prüfen*
WENN GKB für *nicht prüfen* spricht UND DWEW *hoch* DANN WE *nicht prüfen*

Index: KWE: Kumulierter Wareneingang
           TKWE: Trend zum kumulierten Wareneingang
           BQNK: Bewertung der quantitativen Kennzahlen
           GKB: Gesamte Bewertung der Kennzahlen
           DWEW: Durchschnittlicher Wareneinheitswert
           WE: Wareneingang

Abb. 2: Natürlichsprachliche Regeln zur Aggregation der Kennzahlen

5. Ergebnisse

Vor dem praktischen Einsatz wurde INVENT für verschiedene Unternehmenssparten anhand von Simulationsreihen analysiert. Die Ergebnisse aus den Simulationen wurden nach erfolgter Installation in dem Warenhauskonzern durch die Ergebnisse aus dem praktischen Einsatz noch übertroffen. Zur Wahrung des Wettbewerbsvorteils dürfen hier allerdings weder Daten aus dem praktischen Einsatz noch Simulationsreihen für diese Sparte veröffentlicht werden. Die folgenden Ergebnisse stammen deshalb aus der Simulation des Ablaufs der Wareneingangsprüfung eines Unternehmens der chemischen Industrie.

5.1. Randbedingungen

Ermittelt wurde die Prüfwürdigkeit eines Wareneingangs unter Berücksichtigung wertmäßiger Abweichungen sowie qualitativer Fehlverhalten.

Die täglich rückgemeldeten Prüfergebnisse aktualisieren die Lieferantenhistorie. Dadurch gewinnt das Verfahren mit zunehmender Laufzeit an Informationen bezüglich der Lieferanten. Die Lernfähigkeit des Systems bewirkt, daß in der Folgezeit weitere Wareneingänge eines Lieferanten entweder stärker oder schwächer zur Prüfung herangezogen werden. Das System erreicht seine volle Effizienz erst nach einer Anlaufzeit, nach der das tatsächliche Lieferantenverhalten durch die Lieferantenhistorie abgebildet werden kann.

Zur Verfügung standen Wareneingangsdaten der Monate April bis September. Die Ergebnisse von Juli beruhen daher auf einer noch unzureichend gefüllten Lieferantenhistorie. Im Laufe der Testreihe wird der Datenbestand wesentlich erweitert. Der Informationsgehalt kann mit dem Ende der Testreihe im Oktober für häufig anliefernde Lieferanten als vollständig gelten. Bei seltener oder nur sporadischer Anlieferung kann noch mit einer weiteren Ergebnisverbesserungen gerechnet werden.

Für die hier beschriebenen Simulationsreihen wurden auf Basis der jeweils aktuellen Lieferantenhistorie die Prüfkennzeichen für die Wareneingänge gesetzt. Die Ergebnisse wurden anschließend mit den tatsächlichen Prüfungsergebnissen verglichen.

5.2. Ergebnisse der Simulationsstudie

Die Simulation lief über den Datenbestand aller Warenströme. Zusätzlich wurden eine obere Wertgrenze festgelegt, oberhalb der eine Vollprüfung angenommen wird und eine untere Wertgrenze, unter der grundsätzlich nicht geprüft wird.

Der Zeitvergleich mit der installierten Bewertungssystem 1 wurde gleichzeitig mit einem auf Kleindifferenzenfindung nachoptimierten Bewertungssystem 2 durchgeführt.

	System 1		System 2	
Monat in ´92	Kapazität (%)	gef. Diff. (%)	Kapazität (%)	gef. Diff. (%)
Juli	44,9	98,3	49,7	99,2
August	44,4	98,5	49,3	99,3
September	45,2	99,6	50,1	99,7

Abb. 3: Ergebnisse der Simulationsreihen

Legende:

Wertobergrenze:	Alle Wareneingänge mit einem Gesamtwert größer als die Wertobergrenze werden voll geprüft.
Wertuntergrenze:	Alle Wareneingänge mit einem Gesamtwert kleiner als die Wertuntergrenze werden nicht geprüft.
Kapazität:	X % der Wareneingänge stehen zur Prüfung an.
gefundene Differenzen:	Y % der Gesamtdifferenz wurden gefunden.

Die Testreihe zeigt bei gleichbleibend guten Ergebnissen bezüglich der benötigten Kapazitäten eine wesentliche Erhöhung der gefundenen Differenzen im Zeitverlauf. Die Begründung findet sich in der "lernenden" Eigenschaft des Systems, d.h. der wesentlich erhöhte Informationsgehalt der Lieferantenhistorie konnte in die deutliche Reduzierung entgangener Differenzen umgesetzt werden.

6. Fazit

Mit der Reduzierung der für die Wareneingangsprüfung benötigten personellen Kapazität von bis zu 60 % konnten damit die angestrebten Ziele bereits in dieser sehr frühen Einsatzphase erreicht werden. Der mit dem Einsatz von weniger als der Hälfte der bislang notwendigen Kapazität erzielte Prüfungserfolg von über 99 % liegt dabei weit über den Erwartungen. An dieser Stelle sind zählbedingte Fehler einer Vollprüfung noch unberücksichtigt. Bei der Wareneingangsvollprüfung - statistisch vergleichbar mit der Situation der Vollinventur - kann von einem zählbedingten Fehler von bis zu 2 % des Warenwerts ausgegangen werden. Mit einer "exakteren" Kontrolle der durch das gesteuerte Stichprobenverfahren verbleibenden Wareneingänge kann daher auch bezüglich der gefundenen Differenzen ein insgesamt wenigstens gleichwertiges Ergebnis erwartet werden wie bei einer Wareneingangsvollprüfung.

16.

Ein intelligentes Alarmsystem für die Kardioanästhesie auf Basis der Fuzzy-Inferenz

K. Becker[1], H. Kaesmacher[2],
K. Juffernbruch[2], G. Rau[1],
G. Kalff[2], H.-J. Zimmermann[3]

[1]Helmholtz-Institut für Biomedizinische Technik an der RWTH Aachen
[2]Klinik für Anästhesiologie, Medizinische Fakultät der RWTH Aachen
[3]Fakultät für Wirtschaftswissenschaften an der RWTH Aachen

Durch moderne Operationstechniken und technologische Innovationen sind hochinvasive operative Eingriffe am Menschen inzwischen zur täglichen Routine geworden. Allein in Deutschland werden jährlich ca. 30.000 aortokoronare Bypassoperationen durchgeführt. Dies wurde unter anderem durch den Einsatz hochspezialisierter Anästhesisten und einer verbesserten Patientenüberwachung möglich. Durch neue technische Verfahren können immer mehr Meßgrößen am Patienten erfaßt werden. Dies erhöht die Sicherheit des Patienten während und nach der Operation, führt aber gleichzeitig zu einer steigenden Beanspruchung des Anästhesisten und des Pflegepersonals.

Aufgrund der individuellen Variabilität der Patienten liefern die meisten der erfaßten Größen nur indirekte Hinweise auf den Patientenzustand und müssen erst vom Anästhesisten interpretiert und mit Erfahrungswerten verglichen werden. In kritischen Operationsphasen verbringt der Kardioanästhesist einen großen Teil der Zeit mit der Beobachtung der Vitalparameterverläufe und der Abschätzung des Patientenzustandes, um dann mittels Applikation von Medikamenten und Blutkonserven oder Blutersatzstoffen den Kreislaufzustand des Patienten zu stabilisieren.

Ein Ansatz zur Lösung der Problematik besteht darin, die angebotene Informations-vielfalt durch Einsatz eines wissensbasierten Systems zu komprimieren und über eine nach ergonomischen Gesichtspunkten gestaltete Benutzungsschnittstelle zu präsen-tieren. Dadurch wird die kognitive Belastung des Anästhesisten vermindert und die Sicherheit des Patienten erhöht.

1. Problemstellung und Lösungsansatz

Die Narkoseführung während einer Operation am offenen Herzen verlangt vom Anästhesisten fundiertes Wissen über die hämodynamischen Zusammenhänge und aufgrund des speziellen Patientengutes viel Erfahrung in der Stabilisierung kritischer Kreislaufzustände.

Insbesondere in der Operationsphase nach Beendigung der extracorporalen Zirkulation (ECC)[1], in der die durch Kardioplegie[2] und ECC gestörte Hämodynamik wieder stabilisiert und normalisiert werden muß, werden extreme Anforderungen an die Auf-merksamkeit des Anästhesisten gestellt. Er wird bei dieser Aufgabe von Patienten-monitoren unterstützt, die die Vitalparameterverläufe[3] der letzten 5 - 30 Sekunden kontinuierlich graphisch anzeigen sowie deren aktuelle Werte darstellen. Zur Alarmierung beim Auftreten pathologischer Vitalparameterwerte sind diese Geräte mit Schwellwertalarmgebern ausgestattet, die ein akustisches und optisches Signal er-zeugen, wenn sich ein Vitalparameter außerhalb einstellbarer Grenzwerte bewegt.

Da die hämodynamischen Meßwerte bis zur definitiven Stabilisierung des Herz-Kreis-laufsystems in der Praxis ständig von den Sollwerten abweichen, sind konventionelle Alarmsysteme während dieser Phase unbrauchbar [5]. Aufgrund des ständigen Geräuschpegels werden sie in der Regel abgeschaltet, da die Aufmerksamkeit des Anästhesisten ohnehin ständig auf das unmittelbar beobachtbare Herz und den Monitor konzentriert ist.

Es hat sich gezeigt, daß durch Einsatz eines wissensbasierten Systems die Genauigkeit und Zuverlässigkeit der Diagnose in der Medizin erhöht, sowie die Effizienz von Beurteilung und Therapie verbessert werden kann [12].

---

[1] Während der Herzoperation erfolgt die Umwälzung und die Sauerstoffversorgung des Blutes außerhalb des Patienten mittels einer Herz-Lungenmaschine.

[2] Während der Herzoperation wird das Herz mittels kardiopleger Lösung abgestellt

[3] Blutdrücke, Herzfrequenz etc.

Um dem Anästhesisten frühzeitig Hinweise auf die Entwicklung pathologischer Zustände zu geben, wurde ein intelligentes Alarmsystem zur Unterstützung der Entscheidungsfindung während kardiochirurgischer Operationen entwickelt. Die Benutzungsoberfläche wurde nach ergonomischen Gesichtspunkten unter Berücksichtigung der kognitiven Eigenschaften des Menschen gestaltet [11].

Für die Akzeptanz des Systems im Operationssaal und aus rechtlichen Gründen ist es von großer Wichtigkeit, daß der Anästhesist umfassend über die Patientenzustandsentwicklung informiert wird, aber alle Interventionsentscheidungen selbst trifft und auch ausführt. Um den Anästhesisten nicht mit der Bedienung des intelligenten Alarmsystems zu belasten, werden alle benötigten Informationen über den Patienten und bereits applizierte Medikamente aus dem Datenbestand des Anästhesie-Informationssystems AIS [4] bezogen.

2. Das Zustandsgrößenmodell

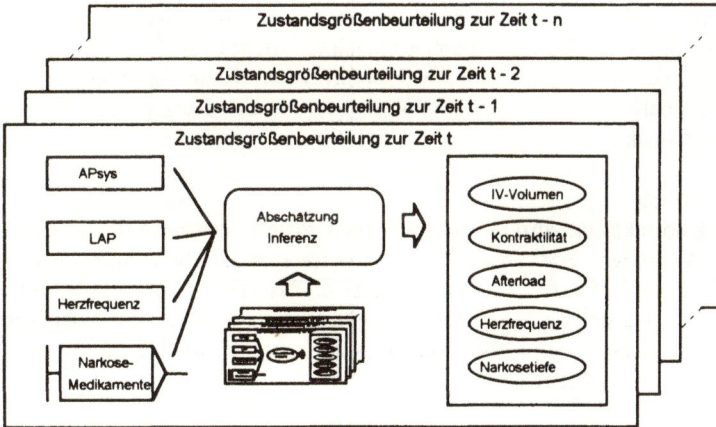

Bild 1: Die Beurteilung des Patientenzustands (repräsentiert durch 5 Zustandsgrößen, rechts) durch den Anästhesisten erfolgt im einfachsten Fall unter Berücksichtigung der bisherigen Zustandsentwicklung, sowie der aktuell gemessenen Vitalparameter und der applizierten Narkosemedikamente.

Zur Beurteilung des hämodynamischen Patientenzustandes während kardiochirurgischer Operationen benötigt der Anästhesist unter anderem Informationen über das im Kreislauf befindliche Blutvolumen (IV-Volumen), die Leistungsfähigkeit des Herzens (Kontraktilität) und die Impedanz des arteriellen Gefäßsystems (Afterload). Für diese

Beurteilung muß sichergestellt sein, daß die Narkose flach genug ist, und die Herzfrequenz einen dem Zustand entsprechenden Wert aufweist.

Diese hämodynamischen Zustandsgrößen werden während der Operation aus der Konstellation von linkem Vorhofdruck LAP und arteriellem systolischen Blutdruck AP_{sys} in Verbindung mit der zeitlichen Entwicklung sowie Art und Dosis bereits applizierter Medikamente vom behandelnden Kardioanästhesisten geschätzt.

Dieses Konzept basiert auf der Einsicht, daß einerseits die Meßgrößen zwar den Zustand der interagierenden Subsysteme - Herz und Gefäßsystem - repräsentieren, aber nicht den konkreten Status einer Systemkomponente wiedergeben. Insofern bedürfen diese Meßwerte der Interpretation durch den Anästhesisten. Andererseits führen Änderungen im Zustand des Herz-Kreislaufsystems zu Änderungen der Meßwerte. Für die praktische Handhabung wird daher der für den Anästhesisten relevante Gesamtzustand des Patienten durch fünf Zustandsgrößen (Bild 1) beschrieben:

• Intravasalvolumen
  Die Zustandsgröße Intravasalvolumen (IV-Volumen) repräsentiert eine Abschätzung des venösen Gefäßvolumens des Patienten. Damit ist kein absoluter Wert, sondern ein individuelles Volumen gemeint, welches für den speziellen Patienten zu hoch oder zu niedrig sein kann. Das Intravasalvolumen bestimmt zusammen mit der Dehnbarkeit des venösen Gefäßsystems und des Herzens den dort meßbaren Füllungsdruck.

• Kontraktilität
  Unter Kontraktilität wird allgemein die maximale Druckanstiegsgeschwindigkeit im linken Ventrikel verstanden. Dieses Maß ist aber nur brauchbar, wenn Preload, Afterload und Herzfrequenz konstant sind. Da dies in der kardiochirurgischen Praxis fast nie der Fall ist, ist diese Definition als Maß für die Leistungsfähigkeit des Herzens nicht praktikabel. Der Begriff Kontraktilität wird häufig synonym für "Herzleistung" gebraucht.

• Afterload
  Unter Afterload oder Nachlast wird die den linken Ventrikel auf der arteriellen Seite belastende Impedanz verstanden. Sie setzt sich zusammen aus Durchflußwiderstand, Gefäßdehnbarkeit und Wellenwiderstand. Der wichtigste Faktor ist der Flußwiderstand, der in erster Linie durch den Tonus der Arteriolenmuskulatur beeinflußt wird.

• Herzfrequenz
  Die Herzfrequenz ist die einzige Zustandsgröße dieses Modells, die meßtechnisch erfaßt werden kann. Sie kann direkt medikamentös beeinflußt werden.

- Narkosetiefe
Bis heute gibt es trotz großer Bemühungen keine verläßliche Methode zur Messung
der Narkosetiefe. Berücksichtigt man die verschiedenen Narkoseformen (Gasnar-
kose, intravenöse Narkoseverfahren), so zeigen sich zusätzlich Schwächen in der
Definition des Begriffs Narkose. Allgemein akzeptiert ist die Forderung nach
Schmerzfreiheit, Schlaf und Muskelrelaxierung. Wesentlich für die
anästhesiologische Praxis während der Herzoperation ist die Gewißheit, daß der
Patient schläft und schmerzfrei ist, und daß eine unzureichende vegetative Abschir-
mung des Patienten zu unerwünschten Herz-Kreislaufreaktionen führen kann. Eine
zu flache Narkose wird daher angenommen, wenn der Blutdruck unerwünscht hoch
ist oder eine Tachycardie vorliegt. Wenn nach Vertiefung der Narkose keine Zu-
standsänderung eintritt, wird eine andere Ursache für die Blutdruckerhöhung
angenommen.

Diese fünf Zustandsgrößen sind im Gegensatz zu den Vitalparametern direkt medikamentös beeinflußbar und sollen der Abhängigkeit der verschiedenen Systemkompo-
nenten voneinander und damit auch der anästhesiologischen Denkweise Rechnung
tragen.

3. Wissensakquisition und Fuzzy-Inferenzmaschine

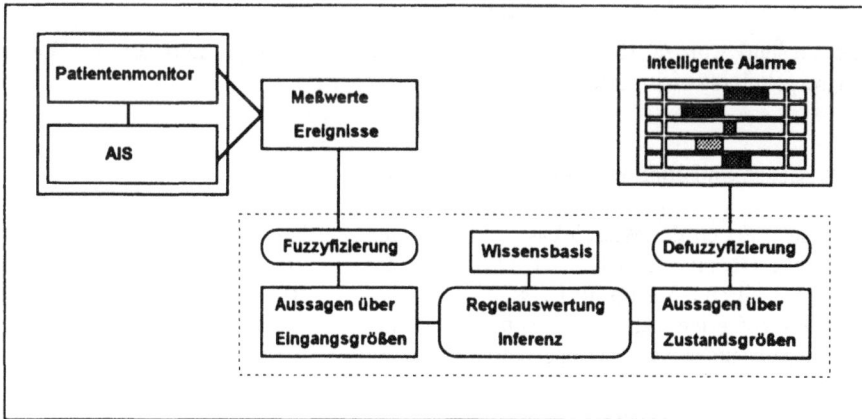

Bild 2: Erzeugung "intelligenter Alarme" mittels Fuzzy-Inferenz.

Die Beurteilung der Zustandsgrößen und die Erzeugung der intelligenten Alarme
erfolgt durch ein wissensbasiertes System in Anlehnung an die Vorgehensweise der
Kardioanästhesisten (Bild 2). In der Praxis werden die hämodynamischen Zustands-

größen des Patienten aus der Konstellation von linksatrialem Druck LAP und arteriellem systolischen Blutdruck AP_{sys} unter Berücksichtigung von Art und Dosis bereits applizierter Medikamente abgeschätzt. Diese Abschätzung läßt sich über Diagnoseregeln formalisieren, wobei jedoch berücksichtigt werden muß, daß diese Diagnoseregeln u.a. mit linguistischen Unschärfen behaftet sind. Aus diesem Grund eignet sich zur Repräsentation und Verarbeitung der Diagnoseregeln eine Fuzzy-Inferenzmaschine.

Für die Charakterisierung der Vitaldaten werden an die Randbedingungen angepaßte Bezeichner wie "zu niedriger" systolischer Blutdruck, "guter" systolischer Blutdruck oder "zu hoher" systolischer Blutdruck benutzt. Hierin kommt zum Ausdruck, daß die Beurteilung des Patienten sowohl individuell als auch situationsbezogen[4] ist.

Die Akquisition der Wissensbasis für das intelligente Alarmsystem erfolgte in mehreren Schritten. Zunächst wurde die Struktur der Inferenzmaschine und ein Regelsatz nach den Angaben eines Fachgebietsexperten erstellt und validiert. Diese Struktur wird von den Eingangs- und Ausgangsparametern des Systems bestimmt. Dabei war zu beachten, daß die Systemkomplexität mit wachsender Anzahl der linguistischen Variablen und deren Zugehörigkeitsfunktionen (Termen) größer wird. Um eine überschaubare Wissensbasis zu erhalten, mußte also ein Kompromiß zwischen der Genauigkeit der Auswertung und Anzahl der Eingangsparameter und deren Terme getroffen werden.

Anschließend wurden 13 weitere Fachgebietsexperten befragt, und aus den Befragungsergebnissen eine verfeinerte Wissensbasis generiert.

4. Wissensakquisition mit einem Anästhesisten

Die erste Version der Wissensbasis des intelligenten Alarmsystems wurde von einem Anästhesie-Oberarzt erstellt, der über mehrjährige Erfahrungen bei der Narkoseführung während kardiochirurgischer Operationen verfügt. Zunächst wurden die zentralen Kriterien bestimmt, nach denen eine Beurteilung des hämodynamischen Patientenzustandes während einer kardiochirurgischen Operation stattfindet.

Zugrundegelegt wurde ein "Standardpatient", ca. 50 Jahre alt, ca. 75 kg schwer und ca. 170 cm groß. Er sollte präoperativ einen linksventrikulären enddiastolischen Druck (LVEDP) von ca. 8 mmHg, einen arteriellen systolischen Blutdruck (AP_{sys}) von ca. 120 mmHg und einen Puls von ca. 80 1/min aufweisen.

---

[4] Je nach Gesamteindruck kann bei einem Patienten ein arterieller systolischer Blutdruck von 120 mmHg als **gut** bewertet werden, bei einem anderen Patienten ist dieser Blutdruckwert unter Umständen **etwas zu hoch**.

Die Erstellung der Fuzzy-Inferenzmaschine wurde durch ein kommerzielles Entwicklungswerkzeug[5] unterstützt, mit dessen Precompiler-Option am Ende des jeweiligen Entwurfszyklus ein Programmmodul in der Programmiersprache C erzeugt und in die Software des intelligenten Alarmsystems eingebunden wurde.

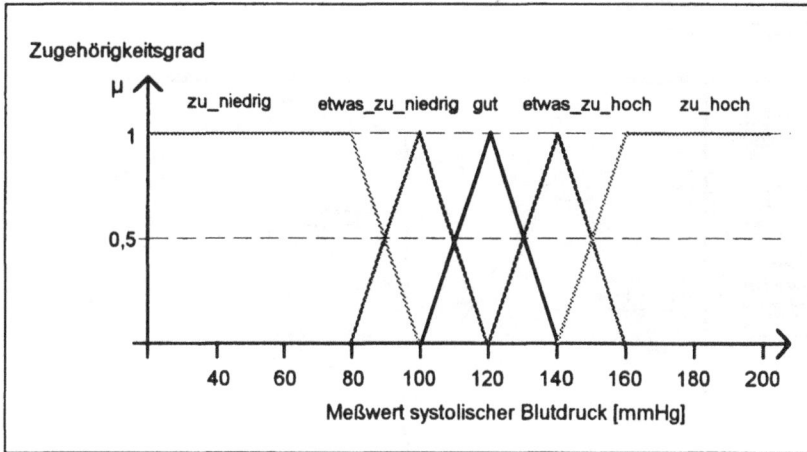

Bild 3: Zugehörigkeitsfunktionen der linguistischen Variablen "systolischer Blutdruck"

Für die im intelligenten Alarmsystem verwendeten Ein- und Ausgangsgrößen wurden linguistische Variable und deren Terme in Anlehnung an den Sprachgebrauch in der Kardioanästhesie bestimmt [3]. Bild 3 zeigt eine mögliche Definition der linguistischen Variable "systolischer Blutdruck". Nachdem diese Definitionen für alle Vitalparameter und Zustandsgrößen getroffen waren, lag der Zustandsraum der Fuzzy-Inferenzmaschine fest. Diese Struktur ist in Bild 4 dargestellt.

In den Regeln zur Bestimmung der Zustandsgrößen Intravasalvolumen, Kontraktilität, Afterload und Narkosetiefe werden Verknüpfungen der Vitalparameterterme von AP_{sys} und LAP festgelegt. Zusätzlich geht für die Beurteilung der Narkosetiefe die vergangene Zeit seit der letztmaligen Applikation von Narkosemedikamenten ein. In den Regelmatrizen wurden dann die Plausibilitäten der Regeln geschätzt.

Diese erste Version der Wissensbasis umfaßte 93 Regeln. Zur Aggregation der Vitalparameter wurde der Gamma-Operator[6] [13] eingesetzt. Er eignet sich durch seine

---

[5] Fuzzy-Tech Shell der Firma Inform, Aachen

[6] Zur Zeit wird γ=0,5 verwendet, was einer mittleren Kompensationswirkung entspricht.

kompensatorischen Eigenschaften gut zur Repräsentation des linguistischen "und" und erlaubt damit eine abwägende Verknüpfung der Vitalparameter bzw. der Regeln. Er besteht aus einer Kombination des algebraischen Produktes und der algebraischen Summe, die über einen Parameter γ gekoppelt sind. Je nach Wahl des Parameters tendiert die Verknüpfungseigenschaft des γ-Operators mehr zur logischen "und" Verknüpfung ($\gamma = 0$) oder zur logischen "oder" Verknüpfung ($\gamma = 1$).

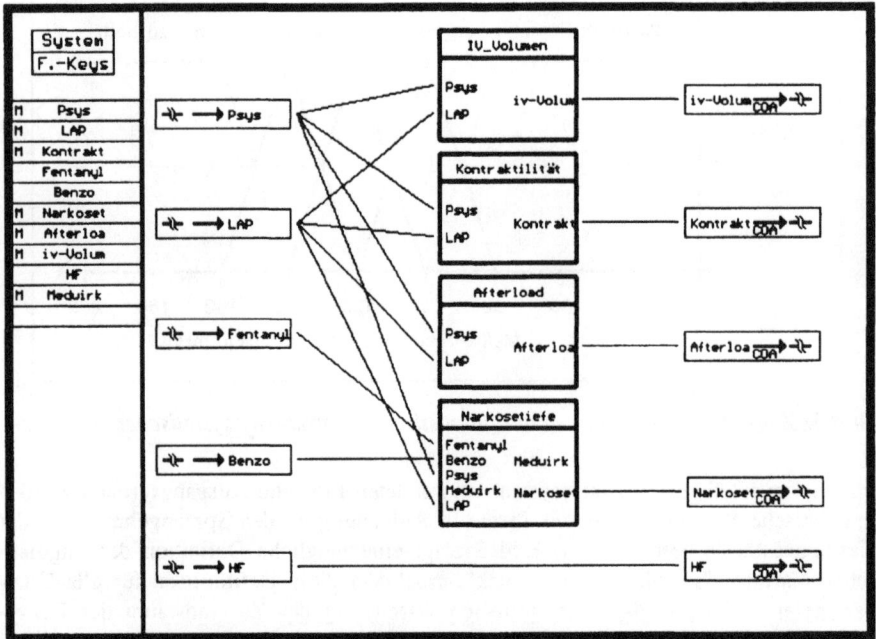

Bild 4: Die Struktur der Fuzzy-Inferenzmaschine wurde in der Anforderungsanalyse festgelegt und mit dem Struktureditor in das fuzzyTECH Werkzeug übertragen.

Nach der Bestimmung der Wissensbasis wurde die Fuzzy-Inferenz für eine Reihe von Testdatensätzen durchgeführt, und die Systemausgaben visualisiert und validiert.

Die sogenannte Gebirgedarstellung (Bild 5) ermöglicht aufgrund der charakteristischen Form einen einfachen Überblick über die komplexen Zusammenhänge und einen globalen, qualitativen Vergleich verschiedener Wissensbasen. Die Kontur- oder Höhenliniendarstellung (Bild 6.) der gleichen Systemausgaben läßt eine lokale qualitative Beurteilung der Systeminferenz zu. Je dunkler dabei die Fläche, um so niedriger die Kontraktilität.

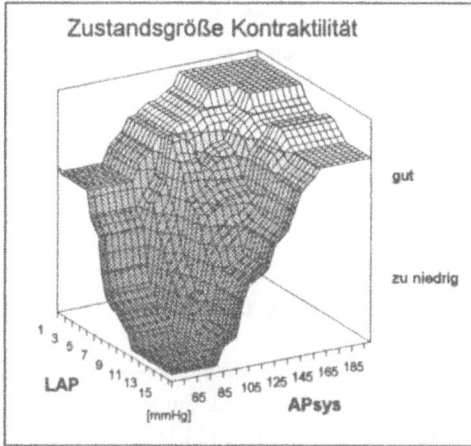

Bild 5: Die Gebirgedarstellung visualisiert die Inferenzergebnisse über der gesamten Zustandsebene. Durch die charakteristische Form kann die Systeminferenz unterschiedlicher Wissensbasen verglichen werden.

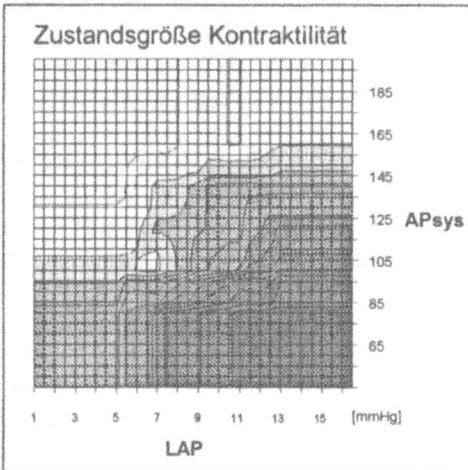

Bild 6: Die Konturdarstellung visualisiert die Inferenzergebnisse in der gesamten Zustandsebene. Durch die direkte Zuordnung von Vitalparameterkonstellation und Zustandsgrößenbeurteilung kann die Konsistenz der Wissensbasis überprüft werden.

Zur Erzeugung dieser Darstellungen wurde der AP_{sys} im Bereich von 45 mmHg bis 200 mmHg mit einer Schrittweite von 5 mmHg und der LAP im Bereich von 1 mmHg bis 16,5 mmHg mit einer Schrittweite von 0,5 mmHg variiert. Die dabei erzeugten Systemausgaben werden über der LAP / AP_{sys} Ebene aufgetragen und farblich codiert. Mittels dieser Visualisierung kann die Qualität der Wissensbasis überprüft werden, da Widersprüche in der Inferenz sofort auffallen und Konsistenzprüfungen seitens der Fachgebietsexperten möglich sind.

5. Wissensakquisition mit einem Expertenkollektiv

Eine Verfeinerung der im ersten Schritt bestimmten Wissensbasis erfolgte durch Befragung von 13 nicht an der ersten Systemdefinition beteiligten Kardioanästhesisten mittels graphisch gestalteter Fragebogen (Bild 7) [1]. Durch die graphische Gestaltung wurde die Problematik der linguistischen Unschärfe bei der Befragung mehrerer Experten vermieden.

Auf einer analogen Skala markierten die befragten Anästhesisten ihre Einschätzung der Zustandsgröße aufgrund der gegebenen Vitalparameterkonstellation. Die Mitte des Balkens ist mit "gut" gekennzeichnet, anhand der Pfeile wird die Richtung (hier: "leerer-voller") der Einschätzung vorgegeben. Für jede Zustandsgröße wurden 25 verschiedene Vitalparameterkonstellationen in randomisierter Reihenfolge angeboten.

Die Auswertung der Fragebogenaktion ergab, daß die Beurteilungen häufig anzutreffender Vitalparameterkonstellationen um ca. 5 % variierten, während wenige, äußerst seltene Konstellationen um bis zu 40 % streuten. Aufgrund des geringen Stichprobenumfanges war nicht sichergestellt, daß bei den Einschätzungen eine Normalverteilung vorlag. Aus diesem Grunde wurde für die Kombination der Bewertungen aller Anästhesisten der Median der Eintragungen (Abstand vom Anker "gut") verwendet. Durch die beschriebene Methode zur Generierung der Wissensbasis wurde sichergestellt, daß das Alarmsystem seine Zustandsbeurteilung auch bei seltenen Vitalparameterkonstellationen so trifft, wie sie von der Mehrzahl der Kardioanästhesisten getroffen worden wäre.

Zur Extraktion der Regeln aus den Befragungsergebnissen wurden die einzelnen Vitalparameterkonstellationen betrachtet, und der Wertebereich der Bewertungsskala des Fragebogens mit dem Wertebereich der linguistischen Variablen der Zustandsgrößen zur Deckung gebracht.

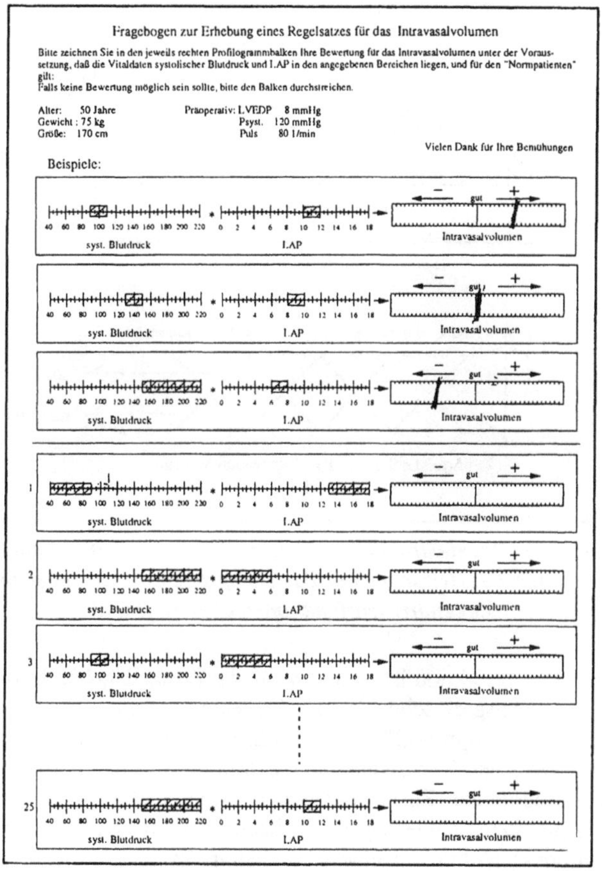

Bild 7: Zur Wissensakquisition wurden 13 Kardioanästhesisten nach ihrer Beurteilung der Zustandsgrößen aufgrund gegebener Vitalparameterkonstellationen befragt. Um individuelle linguistische Unschärfen zu vermeiden, wurden die Fragebogen graphisch gestaltet. Für jede Zustandsgröße wurden 25 Konstellationen ausgewertet.

Anschließend wurden die Plausibilitäten[7] der unscharfen Regeln durch Projektion der Termbewertungen auf die Zugehörigkeitsfunktionen der Zustandsgrößen ermittelt.

---

[7] Dieses Regelextraktionsverfahren kann nur unter bestimmten Vorraussetzungen angewendet werden. Die Terme der Ausgangsvariablen müssen so bestimmt werden, daß:

- die Summe der Zugehörigkeiten für jeden Wert gleich eins ist.

- die Terme symmetrisch sind und möglichst gleiche Flächeninhalte haben.

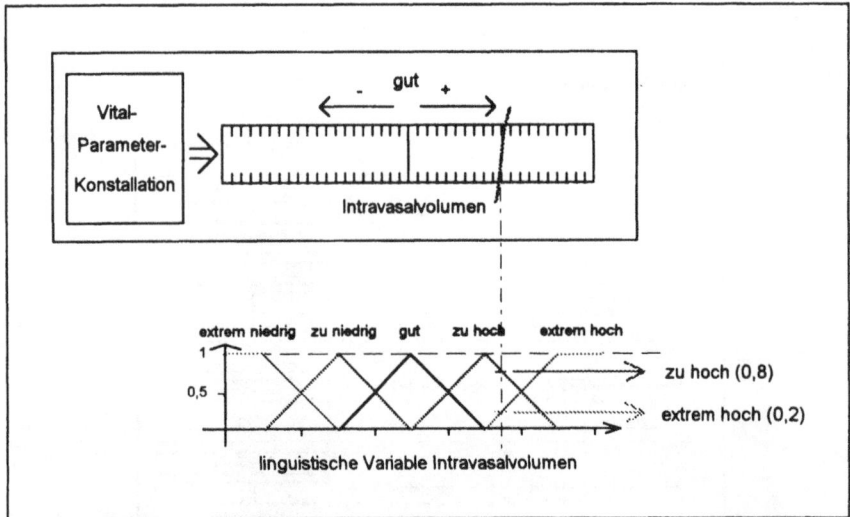

Bild 8: Prinzip der Regelextraktion. Die durch Markieren einer analogen Skala abgegebenen Beurteilungen der Zustandsgrößen werden über deren Zugehörigkeitsfunktionen abgetragen.

Das Prinzip der Regelextraktion ist in Bild 8 für die Zustandsgröße Intravasalvolumen dargestellt. In dem Beispiel schneidet die Skalenmarkierung des Anästhesisten die Terme "zu voll" und "extrem voll". Die Plausibilitäten der Regeln werden anhand des Zugehörigkeitswertes der Termschnittpunkte ermittelt. Auf diese Art wurden 188 Regeln zur Beurteilung der Zustandsgrößen ermittelt und in die Wissensbasis des intelligenten Alarmsystems eingetragen. Die Laborvalidierung erfolgte mittels Simulation von Operationsverläufen mit einem zu diesem Zwecke entwickelten Patientenmodell [7]. Die Beurteilungen des intelligenten Alarmsystems stimmten im Rahmen der erzielbaren Genauigkeit mit den Vergleichsparametern der Simulation überein. Eine Validierung des Systems im Operationssaal findet zur Zeit im Rahmen eines Feldtests statt.

6. Gestaltung des intelligenten Alarmsystems

Ein wichtiger Aspekt für die Benutzerakzeptanz eines derartigen Alarmsystems ist eine für die klinische Routine geeignete Benutzungsschnittstelle, die in ein ergonomisch durchdachtes und funktionales Monitoring-System integriert sein muß. Die Optimierung des Systems im Hinblick auf die Darstellung komplexer Zusammenhänge kann durch geeignete Visualisierungsmethoden erreicht werden.

Die kognitiven Fähigkeiten des Menschen sind auf das Abwägen einer begrenzten Anzahl von Hypothesen beschränkt [6]. Werden zu viele Informationen angeboten, erschwert die kognitive Überlastung die Entscheidungsfindung. Anhand einfacher Regeln zur Verknüpfung relevanter Information wird versucht, die Situation zu beurteilen. Im Falle einer zu starken Beanspruchung der Kognition kann es zum Effekt der "cognitive tunnel vision" kommen, der die Flexibilität des menschlichen Denkens stark einengt und eine Anpassung an veränderte Situationen unmöglich macht.

Nach Rasmussen [8] können drei charakteristische Verhaltensstufen unterschieden werden, die gleichzeitig eine Gliederung der kognitiven Anstrengung zwischen Beobachtung und Aktion darstellen:

- Auf Fertigkeiten basierendes Verhalten:
  Quasiautomatisch ausgeführte Verhaltenssequenzen ohne bewußte Kontrolle, z.B. geübtes Geigespielen, Radfahren etc.; Fehler können aufgrund einer kurzfristigen, topographischen Desorientierung auftreten.

- Regelbasiertes Verhalten:
  Das Entscheidungsverhalten folgt erlernten "wenn-dann" Regeln oder bekannten Mustern, die assoziativ mit einer Situation verknüpft sind. Im Gegensatz zu den Fertigkeiten kann dieses Verhalten formuliert werden. Typische Fehler sind Unterlassungsfehler.

- Wissensbasiertes Verhalten:
  Wenn eine Entscheidung nicht über bekannte Regeln gefunden werden kann, muß mittels einer Situationsanalyse unter Berücksichtigung der Randbedingungen auf Basis des zur Verfügung stehenden Wissens eine neue Methodik erarbeitet werden. Fehler treten auf, wenn kausale Zusammenhänge falsch gedeutet werden.

Je nach Komplexitätsgrad der Situation folgt die Problemlösungsstrategie des Anästhesisten einem der drei Verhaltensmuster. Es ist daher sinnvoll, dem Anästhesisten eine Unterstützung auf verschiedenen kognitiven Stufen anzubieten. Diese Erkenntnisse bildeten die Grundlage für die Entwicklung der Visualisierungsmethoden der Benutzungsoberfläche des intelligenten Alarmsystems.

6.1 Vital-Trend-Visualisierung (VTV)

Eine sinnvolle Unterstützung des Kardioanästhesisten bietet schon eine graphische Aufbereitung der Basisinformation, die die menschliche Fähigkeit zur Mustererkennung ausnutzt. Die am Patientenmonitor zur Verfügung stehenden visuellen Informationen beziehen sich zumeist auf einen sehr kurzen Zeitraum (ca. 5 - 30 Sekunden). Diese Zeitspanne ist zu gering, um einen globalen Trend eines Vitalparameters im Zeitraum von fünf Minuten bis zu einer halben Stunde zu erkennen. Desweiteren sind nicht nur die Trends der einzelnen Vitalparameter für eine Beurteilung des Patientenzustandes ausschlaggebend, sondern auch deren zeitliche Entwicklung im Verhältnis zueinander.

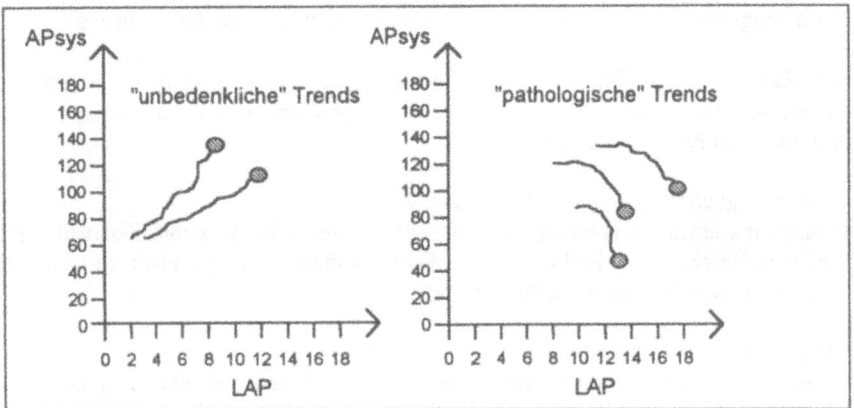

Bild 9: Vital-Trend-Visualisierung (VTV) - Aus den zeitlichen Trends der Vitalparameter arterieller systolischer Blutdruck und dem linken Vorhofdruck in einer parametrisierten Darstellung kann auf eine pathologische Entwicklung des hämodynamischen Patientenzustands geschlossen werden.
(Linien: ca. 15 min, Kreise: aktuelle Werte)

Die Vital-Trend-Visualisierung VTV [1] stellt den zeitlichen Verlauf der beiden wichtigsten Vitalparameter zur Beurteilung der Hämodynamik bei kardiochirurgischen Operationen graphisch dar. Die augenblickliche Parameterkonstellation wird durch einen Kreis markiert (Bild 9.), die Länge der Kurve (beobachtete Zeit) ist einstellbar. Anhand des Kurvenverlaufs können pathologische Entwicklungen des hämodynamischen Patientenzustandes in ihren Ansätzen erkannt und verhindert werden. Die VTV-Anzeige wird auf der Benutzungsoberfläche des intelligenten Alarmsystems kontinuierlich angezeigt (Bild 10, rechte Hälfte).

6.2 Profilogrammdarstellung

Mit der beschriebenen Fuzzy-Inferenzmaschine werden die Vitalparameterkonstellationen ausgewertet und in einer Profilogrammdarstellung präsentiert. Im Profilogramm (Bild 10, linke Seite) wird jede Zustandsgröße durch ein Piktogramm (ganz links) gekenn-

zeichnet und ein horizontal angeordneter Balken repräsentiert die Zustandsgrößenab-
schätzung.

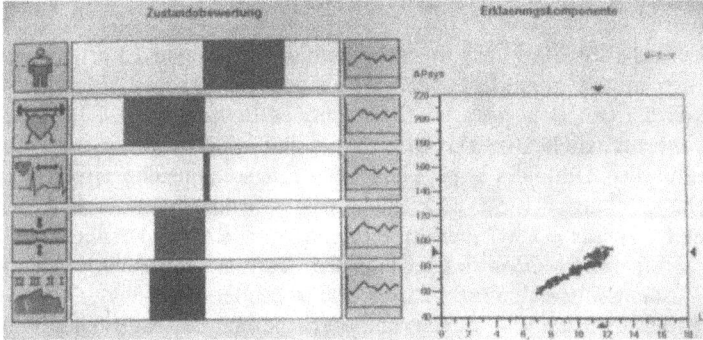

*Bild 10: Bildschirmfoto der Benutzungsoberfläche des intelligenten Alarmsystems
während einer kardiochirurgischen Operation. In der linken Hälfte werden die
Ergebnisse[8] der Fuzzy-Inferenz in Form eines Profilogramms angezeigt,
in der rechten Hälfte wird die Vital-Trend-Visualisierung dargestellt.*

Die Balkendarstellung zeigt die Abweichung der Zustandsbeurteilung des intelligenten
Alarmsystems vom situationsabhängigen Idealzustand des Patienten in redundanter
Kodierung aus Farbe und Geometrie an. Bei einer "guten" Beurteilung der jeweiligen
Zustandsgröße erscheint ein kurzer grüner Balken. Je schlechter eine Zustandsgröße
beurteilt wird, desto breiter wird der Balken. Gleichzeitig erfolgt ein Farbübergang
von Grün nach Rot. Durch diese Zuordnung wird ein vertikales Profil ausgeprägt, das
die menschliche Fähigkeit zur Erkennung von Bildmustern effektiver nutzen kann [2].
Mustererkennung spielt eine entscheidende Rolle in der Diagnosefindung, da in
effektiver Weise vertraute Systemzustände und Störungen identifiziert werden können
[8]. Zur Anforderung weitergehender Informationen ist das System mit einer
Berühreingabe versehen. Durch Antippen einer virtuellen Taste rechts neben der
Balkendarstellung werden die letzten zehn Inferenzen der jeweiligen Zustandsgröße
anstelle des horizontalen Balkens angezeigt.

7. Zusammenfassung

Es wurde ein intelligentes Alarmsystem zur Unterstützung des Anästhesisten während
kardiochirurgischer Operationen konzipiert und implementiert. Das System beurteilt
in Anlehnung an die Vorgehensweise des Kardio-Anästhesisten den hämodynamischen

---

[8]Eine Auswertung der aktuellen Vitalparameter erfolgt alle 10 Sekunden.

Zustand des Herzpatienten. Dies geschieht auf Basis der erfaßten Vitalparameter unter Verwendung eines linguistisch formulierten Zustandsgrößenmodells mittels Fuzzy-Inferenz.

Die Wissensbasis für die Fuzzy-Inferenzmaschine wurde von 13 erfahrenen Kardio-Anästhesisten mittels graphisch gestalteter Fragebogen erhoben. Für die Akzeptanz des Systems bei den Benutzern ist es von großer Bedeutung, daß die Nutzung des Systems ohne zusätzlichen Interaktionsaufwand und mittels einer an die Erfordernisse des medizinischen Umfeldes angepaßten Benutzungsschnittstelle erfolgen kann. Die Gesamtverantwortung für die Beurteilung des Patientenzustandes und der Durchführung einer Therapie am Patienten verbleibt beim Kardio-Anästhesisten. Er kann seine Schußfolgerung anhand des intelligenten Alarmsystems überprüfen und pathologische Zustandsentwicklungen sicherer und schneller erkennen. Dadurch werden kritische Kreislaufzustände vermieden und die Sicherheit des Patienten erhöht.

Teile dieser Arbeit wurden von der Deutschen Forschungsgemeinschaft unter dem Kennwort "Intelligente Alarme", Förderkennzeichen Ka-251/3-1 finanziell unterstützt.

8. Literatur

[1]   Becker, K., Kaesmacher, H., Juffernbruch, K., Rau, G., Kalff, G., Zimmermann, H.-J.: An "Intelligent Alarm System" using Fuzzy -Inference: Knowledge Acquisition and Implementation Proceedings 2. European Conference on Engeneering and Medicine Stuttgart, Germany, April 25-28, Elsevier Science Publishers, The Netherlands 1993

[2]   Bertin, J.: Graphische Darstellungen und die graphische Weiterverarbeitung der Information
Berlin, de Gruyter, ISBN 3-11-006900-8, 1982

[3]   Juffernbruch, K., Becker, K., Käsmacher, H., Petermeyer, M., Kalff, G., Rau, G.: Generation of "Intelligent Alarms" using Fuzzy Sets Workshop on PDMS in Anesthesia and Intensive Care, March 23, Brüssel, 1992

[4]   Klocke, H., Trispel, S., Rau, G., Hatzky, U., Daub, D.: An Anesthesia Information System for Monitoring and Record Keeping during Surgical Anesthesia. J Clin Mon, Vol 2, No 4, 246-261, October 1986

[5]   Loeb, R.G., Jones, B.R., Leonard, R.A., Behrman, K.: Recognition Accuracy of Current Operating Room Alarms Anaesth Analg, 75, 499-505, 1992

[6]   Miller, G.A.: The magical number seven plus or minus two: Somme limits on our capacity for processing information Psychological Review 63, 81-97, 1956

[7]   Popp, H.-J., Schecke, Th., Rau, G., Käsmacher, H., Kalff, G.: An interactive computer simulator of the circulation for knowledge acquisition in cardio-anesthesia Int J Clin Mon Comp, 8, 151-158, 1991

[8]   Rasmussen, J.:Outlines of a hybrid model of the process plant operator In: Sheridean, T.B., Johannsen, G.,(eds), Monitoring Behaviour and Supervisory Control, Plenum Press, New York, 1976

[9]   Rasmussen, J.: Information Processing and Human-Machine Interaction Elsevier, North Holland, 1986

[10]   Rau, G., Schecke, Th., Langen, M.: Visualization and Man-Machine Interaction in Clinical Monitoring Tasks First Conference on Visualization in Biomedical Computing, May 22-25, 1990, Atlanta, Georgia

[11]   Schecke, Th., Langen, M., Popp, H.-J., Käsmacher, H., Kalff, G.: Knowledge-based decision support for patient monitoring in cardioanesthesia Int J Clin Mon Comp, 9: 1-11, 1992

[12]   Shortliffe, E.H., Buchanan, B.G., Feigenbaum, E.A.: Knowledge Engineering for Medical Decision Making: A Review of Computer-Based Clinical Decision Aids, Proc. IEEE, 67, 1207-1224, 1979

[13]   Zimmermann, H.-J., Zysno, P.: Latent connectives in human decision making: Fuzzy Sets and Systems, 4, 37-51, 1980

17.

*fuzzy*SPS
Eine Verbindung mit Zukunft

Jürgen Högener
Klöckner Moeller GmbH

In vielen Anwendungen liegt der Schlüssel zum Erfolg in der geschickten Kombination von Fuzzy Control zusammen mit bewährten Methoden der Regelungstechnik. Wesentlich für einen breiten Einsatz dieser kombinierten Technologien ist die Verfügbarkeit von Software- und Hardwarekomponenten, die sich leicht in Gesamtlösungen einsetzen lassen. Eine der am meist verbreitesten Automatisierungskomponenten ist die Speicherprogrammierbare Steuerung (SPS). Dieser Beitrag zeigt wie durch die Integration von Fuzzy-Funktionen und SPS-Funktionen eine neue Generation von Automatisierungswerkzeugen entstanden ist und zeigt mögliche Anwendungsbereiche.

1. Fuzzy Logic und Speicherprogrammierbare Steuerungen

Was bringen diese beiden Partner mit in die Verbindung ein?

Die Speicherprogrammierbare Steuerung (SPS) hat in den letzten 20 Jahren einen entscheidenden Beitrag zur Automatisierung geleistet. Sie hat sich von einem reinen Steuergerät zum Automatisierungsgerät entwickelt. Funktionen wie Visualisierung, Betriebs- oder Maschinendatenerfassung sind der SPS nicht mehr fremd. Die dezentrale Datenerfassung und die Dezentralisierung von Rechnerleistung haben mit der Vernetzung über Protokolle Einzug in die SPS gehalten. Ebenso werden heute in vielen Anwendungen auch Regelfunktionen erfüllt. Wenn die Reaktionszeit es zuläßt, werden Softwareregler eingesetzt. Spezielle Hardewareerweiterungen ermöglichen bessere Regeleigenschaften. Allen Regellösungen liegen konventionelle mathematische Algorithmen zu Grunde. An dieser Stelle bringt sich der Partner Fuzzy Logik mit einer anderen Art zu denken und zu regeln in die SPS ein.

Die Fuzzy-Technologie ist fast 30 Jahre alt. Die Fuzzy Sets fanden als unscharfe Logik in der Zeit von "0" und "1" von wahr und falsch nicht den Durchbruch. In Produkten wurde Fuzzy versucht zu umschreiben, um nicht mit dem negativen Image des Unscharfen belastet zu werden. Erst als die digitalen Rechner an ihre Grenzen kamen, war die Zeit reif, für die andere Art zu denken. Der Weg von der Wissenschaft in die Industrie wurde Ende der achziger Jahre in Japan geschafft. Die Anwendungen sind in Konsumgeräten, wie in Waschmaschinen oder Videorecordern als auch in der Industrieautomatisierung wie in U-Bahnen oder chemischen Prozessen zu finden. In dem großen Gebiet der Fuzzy-Technologie wurde in Japan hauptsächlich die Fuzzy Logik Control, also der regeltechnische Teil der Fuzzy-Technologie, umgesetzt. Der Herbst 1990 wird in Fuzzykreisen provokant als das Erwachen Deutschlands bezeichnet.

2. Einbindung der *fuzzy*SPS

Die Entwicklung bei Kompakt-Speicherprogrammierbaren-Steuerungen geht weg vom Universalgerät zu Geräten mit Funktionsschwerpunkten. Wurden die Universalgeräte noch als Zentralgeräte mit Programm, sowie als zentrale Erweiterungsgeräte und als dezentrale Erweiterungsgeräte genutzt, so bietet der Markt heute diese Funktion in separaten Geräten an. Der Preisdruck und die Vertrautheit mit der Technologie haben zu dieser Entwicklung geführt. Klöckner Moeller baut sein Kompaktsteuerungssystem auf drei Grundsäulen :

• Programmierbare Einheiten PS 4

• Zentrale Erweiterungseinheiten LE 4

• Dezentrale Erweiterungseinheiten EM 4

Mit diesen Grundgeräten sind Automatisierungsaufgaben flexibel und preisbewußt zu lösen. Den "Anwender" gibt es nicht. Es sind Aufgaben zu lösen, die in den Hardware- und Softwareeigenschaften unterschiedlich sind. Diese unterschiedliche Anwendungswelt erfordert eine weitere Aufteilung der Funktionen in den drei Grundsäulen.

Betrachtet seinen zunächst die programmierbaren Einheiten. Alle Automatisierungsauf- gaben mit einer geringen Funktionalität und einem starkem Preisdruck werden den Ein- stieg in die Speicherprogrammierbaren Steuerungen definieren. Ein typischer Anwendungsfall ist die Steuerung von Rolltoren. Der Basisbaustein der Säule der programmierbaren Einheiten ist definiert mit Preis über Funktionalität. Verarbeitungs- geschwindigkeit, Programmspeichergröße und Anzahl der Eingänge und Ausgänge spielen keine entscheidende Rolle. Wichtig in dieser Anwendung ist unter anderem die einfache Programmierung. Wie wird die Eigenschaft "einfach" in technische Forderungen umgesetzt? Die Funktionen werden so ausgeführt und in ihrer Anzahl eingeschränkt, daß ein Bedienerhandbuch zum Arbeiten nicht nötig ist. Die Funktionen des Gerätes sind durch Zeigen und Fragen schnell erlernbar. Das Gerät erklärt sich selbst. Durch die

Eigenschaften "preiswert" und "einfach" werden der Speicherprogrammierbaren Steuerung weitere Anwendungsgebiete erschlossen.

Für die Automatisierungsaufgaben mit großer Funktionalität und untergeordnetem Preis kann die kleine SPS nicht die Lösung sein. In der Säule der programmierbaren Einheiten ist die *fuzzy*SPS der obere Baustein. Diese *fuzzy*SPS wird ausführlich beschrieben.

Die zweite Säule des Kompaktsteuerungssystems sind die zentralen Erweiterungseinheiten. Hat der Anwender eine zentrale Automatisierungsaufgabe zu lösen, so ist die Anzahl der benötigten Eingänge und Ausgänge für die Auswahl einer Steuerung mitentscheidend. Reicht die Anzahl der Eingänge und Ausgänge im Grundgerät (z.B. der *fuzzy*SPS) nicht aus, so besteht die Möglichkeit der zentralen Erweiterung. Die Eigenschaften dieser Module werden durch die Physik der Eingänge und Ausgänge bestimmt. Es wird unterschieden zwischen digitalen und analogen Eingängen und Ausgängen, Eingängen verschiedener Spannungen, Ausgängen verschiedener Stromstärke und Relais-Ausgängen, zwischen Zähler, Regler und Kommunikationsmodulen.

Die gleichen Vorteile, die für die zentralen Erweiterungseinheiten gelten, treffen auch für die dritte Säule des Kompakt-Steuerungssystems, die dezentralen Erweiterungseinheiten, zu. Der Unterschied ist die dezentrale Erfassung von Eingängen und Ausgängen. An dieser Stelle gewinnt die Kommunikation an Bedeutung. Der Bus der *fuzzy*SPS baut auf der störsicheren RS 485 Schnittstelle auf. Er wurde in der Vergangenheit sehr erfolgreich als Feldbus verwendet. Über diesen Feldbus werden die dezentralen Erweiterungen mit der *fuzzy*SPS verbunden. Als weiteres Bussystem ist der Interbus-S zu nennen. Ein Vorteil von Interbus-S ist ohne Zweifel die kurze Reaktionszeit, die nur ein Ringsystem erreichen kann. In der Umgebung dieser Grundsäulen wird die *fuzzy*SPS eingesetzt.

3. Realisierung der *fuzzy*SPS

Die Leistungssteigerung von Mikrocontrollern in der Verarbeitungsgeschwindigkeit eröffnet der Fuzzy Logik den Weg in die Speicherprogrammierbare Steuerung. Neben der SPS-Funktion ist der Mikrocontroller in der Lage Fuzzy-Regeln zu bearbeiten. In der neuen *fuzzy*SPS (Bild 1) von Klöckner Moeller wird der Fuzzy-Regler in Software mit einem Standard SPS-Prozessor realisiert. Die Prozessorleistung wird zwischen SPS-Anwendung und Fuzzy-Anwendung aufgeteilt. Eine Alternative dazu, Fuzzy-Regeln in der SPS zu bearbeiten, ist eine spezielle Fuzzy-Hardware. Diese Lösung stellt zwar mehr Prozessorleistung zur Verfügung; aber werden SPS-Anwendungen und Fuzzy-Anwendungen gleichzeitig benötigt, so wird die höhere Prozessorleistung durch die Kommunikation zwischen dem SPS-Prozessor und dem Fuzzy-Prozessor wieder aufgebraucht.

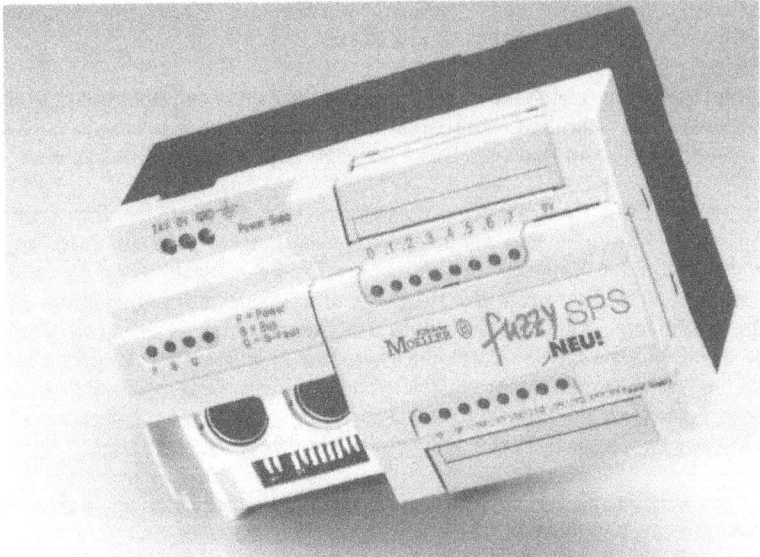

Bild 1: Die erste Fuzzy-SPS (PS4-401-MM1)

Um eine hohe Effizienz bei der Verarbeitung von Fuzzy Logic Systemen zu erzielen und um gleichzeitig diese hohe Geschwindigkeit nicht bei der Ankopplung der Fuzzy-Inferenz mit der restlichen SPS-Hardware und -Software wieder zu verlieren, wurde die Fuzzy-Funktionalität auf Betriebssystemebene integriert. Diese Integration ermöglicht es der *fuzzy*SPS, ein Fuzzy-System mit 20 Regeln in weniger als einer Millisekunde zu berechnen. Dies reicht für einen großen Teil der regelungstechnischen Anwendungen aus. Damit die Entwickler die Fuzzy-Funktionalität einfach integrieren können, sind auch die Programmieroberflächen integriert. Bild 2 zeigt einen Abdruck der Programmieroberfläche, gleichzeitig steht konventionelle SPS-Funktionalität in einer Anweisungsliste (AWL) und Fuzzy-Funktionalität in *fuzzy*TECH zur Verfügung.

4. Anwendungen der *fuzzy*SPS

Drei Anwendungsbereiche sind zu unterscheiden:

1. Anwendungen, die der Automatisierung bisher verschlossen blieben. Die herkömmlichen Reglerentwurfsverfahren verlangen vom Automatisierer zum einen "knowhow" über den Prozeß selbst und zum anderen hohes mathematisches und regelungstechnischens Wissen. Häufig wurden daher in der Praxis diese Automatisierungsaufgaben durch zwei Spezialisten gelöst. Der Regelungsexperte projektierte und

plante die Anlage und befragte den Prozeßexperten nach seinen Erfahrungen. Dieses Verfahren birgt Kommunikationsverluste in sich.

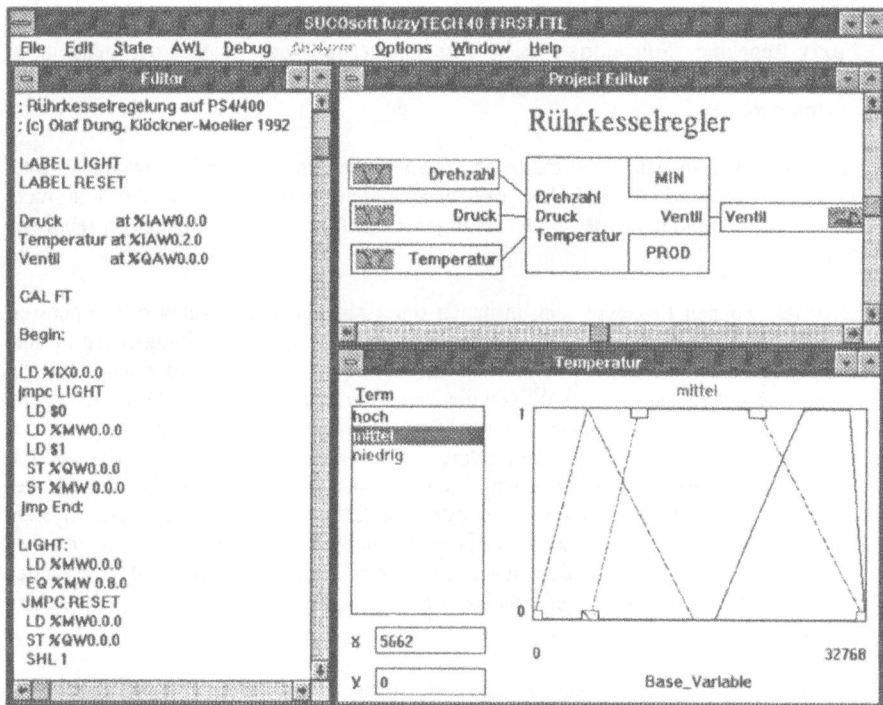

Bild 2: Integrierte Entwicklung von SPS-Funktionen in AWL (Anweisungsliste, nach IEC 1131) und Fuzzy-Regelstrategien

Zum Beispiel hat ein Bierbrauer ein hohes Expertenwissen über den Brauprozeß selbst. Wird dieser Prozeß automatisiert, so entscheidet die Einstellung des Reglers über die Qualität des Produktes. Vom Braumeister wird damit regeltechnisches Wissen abverlangt. Anders ist es bei einem Fuzzy-Regler. Hier wird das Regelverfahren mit der Sprache des Experten (Braumeister) beschrieben und nicht mit abstrakten mathematischen Verfahren.

Als weiteres Beispiel ein Hängekran, der eine Last mit maximaler Geschwindigkeit verfahren soll. Zwei Eingangsinformationen, Entfernung zur Sollposition und der Winkel bei Lastpendelung, werden über Regeln mit der Motorleistung, die die Last bewegt, verknüpft. Das Regelverfahren wird in umgangssprachlicher Art wie folgt formuliert: Ist das Objekt noch weit vom Ziel entfernt, gibt das Fuzzy-System einfach "Vollgas" und "schert" sich nicht um die Größe des Winkels der pendelnden Last. Im mittleren Entfernungsbereich wird bei großen Winkeln bereits ein Bremsvorgang eingeleitet, um dem Schwingen entgegenzuwirken. Bei kleinen Entfernungen schließlich ist die Geschwindigkeit von untergeordneter Bedeutung. Die Fuzzy-Regelung "konzentriert" sich hauptsächlich auf den Winkel der pendelnden Last, versucht aber trotzdem mit maximaler Geschwindigkeit die Sollposition anzufahren.

2. Anwendungen, in denen die mathematischen Verfahren nicht mehr anwendbar sind. Die Prozesse sind so komplex, daß geschlossene, mathematische Ansätze nicht existieren, beziehungsweise daß Näherungen zu nicht zufriedenstellenden Ergebnissen führen.

Beispiele können Prozesse sein, in denen unterschiedliche Größen wie Temperatur, Druck, Fließgeschwindigkeit, Materialzusammensetzung, Verarbeitungsrezeptur und Prozeßdurchlaufveränderungen voneinander abhängen. Der Anwender wird aus der Erfahrung gelernt haben, daß WENN die Temperatur hoch ist UND der Druck mittel UND die Fließgeschwindigkeit niedrig UND die Materialzusammensetzung normal, DANN wird der Prozeßdurchlauf schnell. Ein weiteres Beispiel für Prozesse mit vielen Parametern sind Kläranlagen. Auch hier ist die Grundlage das Wissen des Bedieners, das empirisch gewonnen wurde. Zur Entscheidung, die das Fuzzy-System trifft, gehören neben dem Expertenwissen auch Meßinformationen aus chemischen Analysen. Durch dieses Zusammenspiel von Expertenwissen und dauernden Prozeßkontrollen lassen sich rechtzeitig Maßnahmen zur Klärwerkssteuerung einleiten.

3. Der dritte Bereich sind Anwendungen, in denen Standardregler ausreichend gut arbeiten. Fuzzy Logic Control bietet diesen Anwendern eine alternative Art, ihre Regelaufgabe zu lösen. Auch hier bietet die Lösung, mit sprachlichen Variablen (Fuzzy) zu arbeiten, möglicherweise Optimierungspotentiale. Dieses Optimierungspotential kann in besseren Ergebnissen liegen, aber auch in einer besseren Verständlichkeit der Regelaufgabe. Da die Regeln in umgangssprachlicher Weise formuliert werden, sind Veränderungen und Wartungsarbeiten einfacher. Diese Verständlichkeit trägt auch dazu bei, daß Regler nicht immer nur von einem Experten bedient werden können.

18.

Fuzzy-Regelung der Dosierung von Schüttgütern und Flüssigkeiten in Kunststoffextrudern

Norbert Funke
ALESY AG

Extruder werden unter anderem in der plastikverarbeitenden Industrie eingesetzt. Dabei werden zunächst einem Hauptgranulat (z.B. Polyäthylen) diverse Additive (weitere Granulate, Flüssigkeiten, Farben usw.) zudosiert und vermischt. Dieses Gemisch wird im Extruder aufgeheizt und anschließend z.B. für die Kabelummantelung weiterverarbeitet. Um eine möglichst hohe Qualität des Endproduktes bei geringem Materialverbrauch zu erzielen, ist es notwendig den Materialdurchsatz z.B. gravimetrisch zu erfassen und die Dosierung zu regeln. Bisher werden Extruder meist von Hand mit Hilfe einer Tabelle eingestellt und es werden Laboranalysen des Endproduktes durchgeführt. Hierbei lassen sich aber keine dynamischen Sollwertabweichungen erfassen. Zur robusten Regelung der Dosierung kommt in diesem Projekt ein Fuzzy-Regler zum Einsatz.

1. Aufbau eines Extruders

Bild 1 zeigt schematisch die Extruderanlage. Oberhalb des Extruders ist für jedes Material ein Wägebehälter vorhanden. Zum besseren Verständnis werden im folgenden der Wägebehälter für das Hauptgranulat als "Master" und die der Additive als "Slaves" bezeichnet. Eine DMS-Zelle mißt den Füllstand der Wägebehälter. Aus den Slaves wird permanent Material entnommen (bei Flüssigkeiten durch eine Pumpe, bei Schüttgütern mit einer durch einen Motor angetriebenen Schnecke).

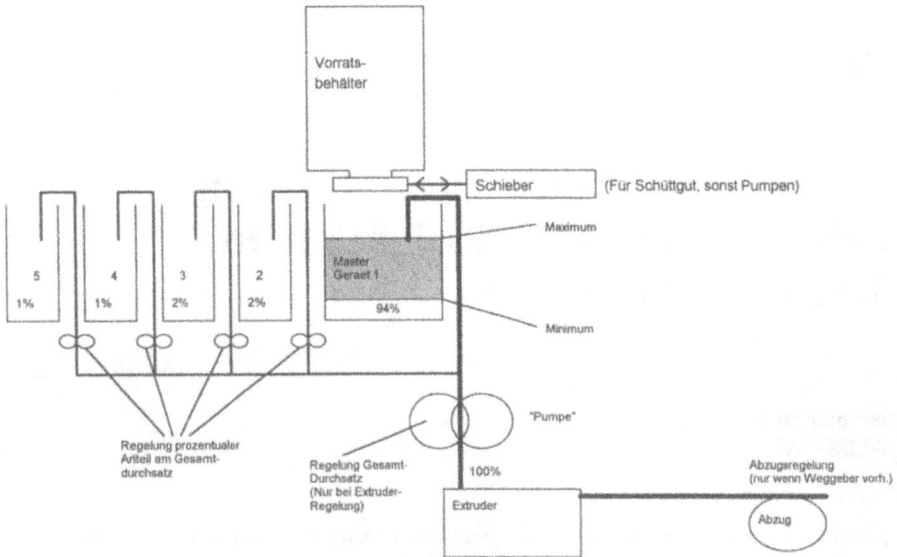

Bild 1: Schematischer Aufbau eines Extruders

Der Master benötigt keinen solchen Motor, da aus dem unten offenen Wägebehälter gemäß Extrudergeschwindigkeit automatisch Material nachsackt. Hiernach werden auch die Additive zugeführt. Je nach Art der Additive kann es chemische Veränderung des Endproduktes geben, was sich wiederum durch eine Durchsatzänderung bemerkbar macht.

Vorratsbehälter und Nachfüllung

In der Regel wird bei der Produktion mehr Material benötigt, als in die Wägebehälter hineinpaßt. Aus diesem Grund muß, bevor das Minimum erreicht ist, der Behälter nachgefüllt werden. Dies geschieht bei Schüttgütern durch einen druckluftgesteuerten Schieber oberhalb des Wägebehälters. Wird dieser geöffnet, fällt aus dem darüberbefindlichen Vorratsbehälter das Granulat nach. Bei Flüssigkeiten wird dieser Schieber durch eine Nachfüllpumpe mit nicht regelbarer Geschwindigkeit ersetzt.

Abzugsregelung

Einen Sonderfall bildet die Abzugsregelung. Hierbei wird das Endprodukt beim Austreten aus dem Extruder abgezogen, wobei die Abzugsgeschwindigkeit mit Hilfe eines Inkrementalweggebers gemessen wird. Diese Geschwindigkeit ist ebenfalls regelbar.

Aufgaben des Fuzzy-Reglers

Die Aufgaben der Fuzzy-Regelung für die Dosierung des Extruders sind:

- Regelung des Nachfüllmechanismus von jedem Behälter
- Regelung des Gesamtdurchsatzes
    1. durch die Geschwindigkeit der Extruderschnecke
    2. durch die Abzugsgeschwindigkeit

Der maximale Ausbau des Extruders besteht aus Master und 4 Slaves.

2. Gründe für den Einsatz von Fuzzy Logic

Für die beschriebene Regelaufgabe besteht eine herkömmliche Regelung, basierend auf dem PID-Ansatz, der aber nicht zu einem zufriedenstellenden Ergebnis führte. Einige typische Problemkomplexe als Beispiel:

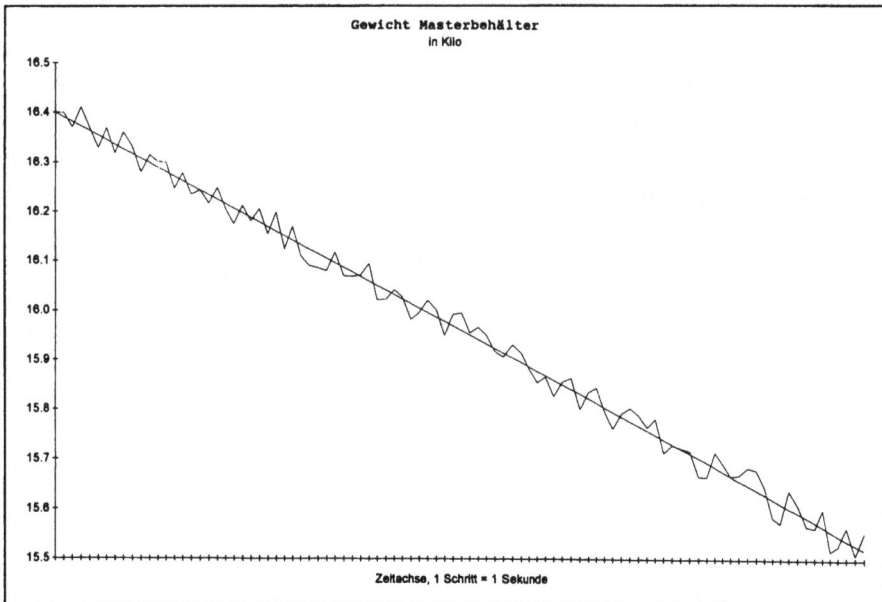

Bild 2: Signalverlauf des Wägebehälter-DMS beim Master

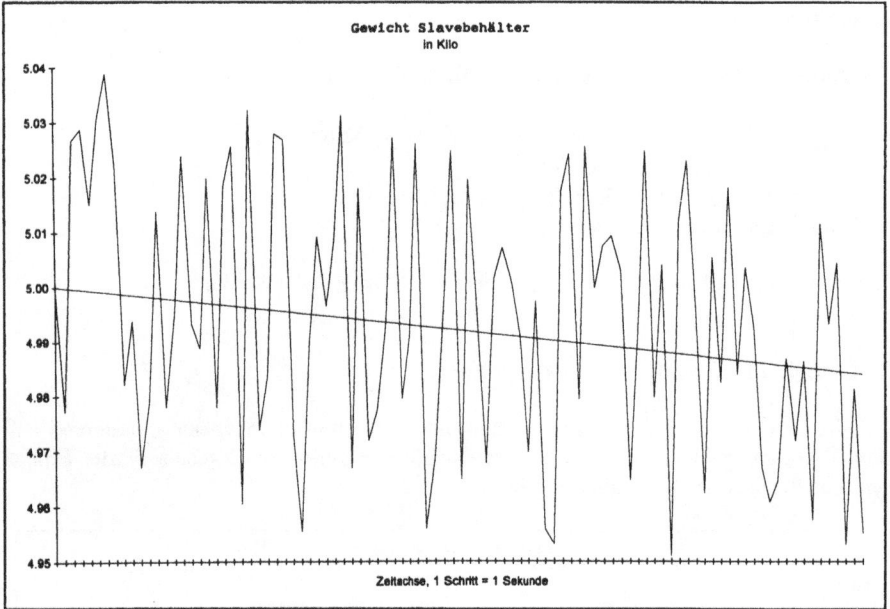

Bild 3: Signalverlauf des Wägebehälter-DMS beim Slave

Langsamer Signalverlauf

Die Wägebehälter erfassen typischerweise 20 Kg. Setzt man einen Analog-Digitalwandler mit einer Auflösung von 10 Bit ein, so beträgt die Auflösung etwa 20 g. Rechnet man dabei die Bitschwankungen noch dazu, bedeutet dies, daß die Wägung um ± 40 g schwankt. Der maximale Materialdurchsatz beim Master beträgt 200 Kg/h, was etwa 50 g/s entspricht. Hier macht sich die Auflösung der Analog-Digitalwandlung bemerkbar. Bild 2 zeigt den Signalverlauf bei einem Durchsatz von 30 Kg/h. Dies bedeutet, daß nach etwa 6 Sekunden das Nutzsignal aus dem Störsignal bestimmbar wird. Noch drastischer zeigt sich dieses Verhalten bei den Slaves (siehe Bild 3). Hier werden maximale Durchsätze von 9 Kg/h bis 16 Kg/h erzielt. In Einzelfällen kann der Materialfluß sogar weniger als 1 Kg/h betragen. Dies führt dazu, daß ein PID-Regler keinen brauchbaren D-Anteil erhält.

Plötzliche Zustandsänderungen

Das Auskuppeln des Extruders oder das Abschalten eines Motors ist direkt nicht meßbar (es sei denn, der Motor wird über das Motorpoti von Hand heruntergefahren). Die Regelung erfährt dies erst dadurch, daß der Masterbehälter sich nicht weiter entleert. Bei diesem "NOTAUS" muß aber möglichst schnell die Dosierung der Slaves auf Null gestellt werden. Insbesondere wenn es sich bei den Additiven um hochbrennbare Flüssigkeiten handelt. Ein Regler mit zu großer Totzeit kann hier also kritische Situationen hervorrufen.

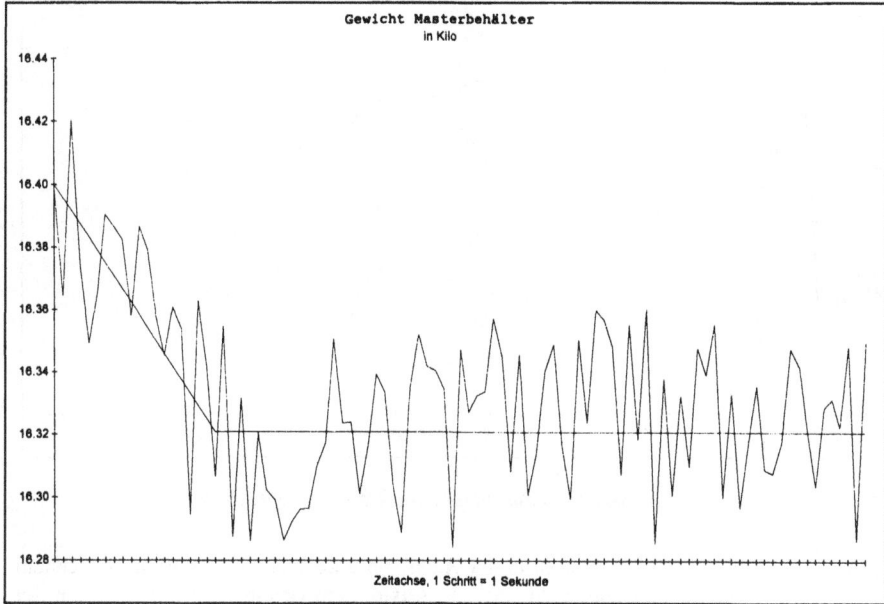

Bild 4: Signalverlauf des Master beim plötzlichem Stop

Träge Reaktion auf Einstellungen

Eine weitere Schwierigkeit besteht dadurch, daß die Reaktion auf das Verstellen des Motorpoti sehr lange auf sich warten lassen kann. Hier die optimalen Parameter für Totzeiten zu bestimmen, erweist sich als sehr problematisch.

Weitere Randbedingungen

Daneben gibt es noch eine Reihe von Randbedingungen, die den konventionellen Reglerentwurf erschwerten. Speziell wird dies in der Anfahrphase des Extruders deutlich:

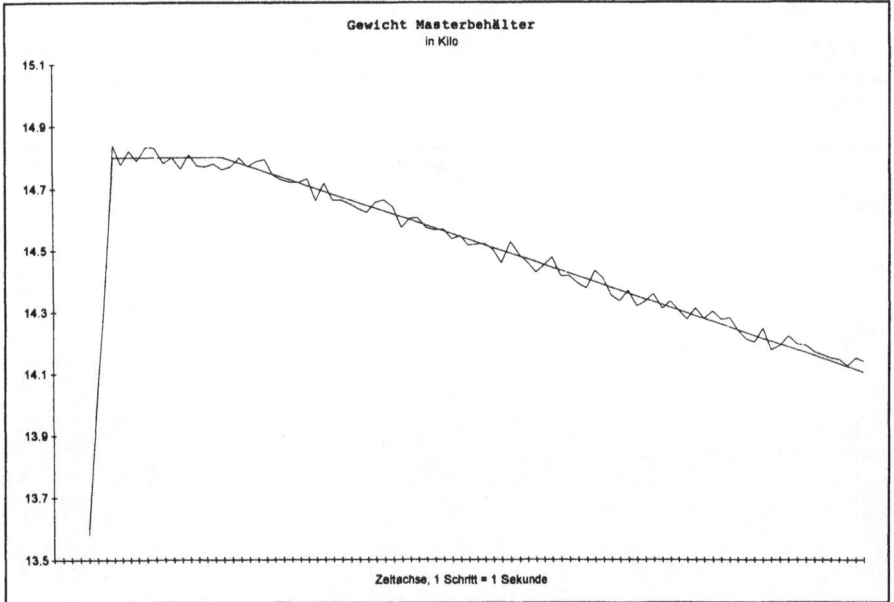

Bild 5: Signalverlauf beim Anfahren des Extruders

Die verwendeten Materialien weisen in der Regel ein unterschiedliches Volumengewicht auf. Die Dosierung erfolgt aber volumetrisch. Aus diesem Grund wird beim Starten der Regelung der Wägebehälter ganz gefüllt (Bild 5). Das nun gemessene Füllgewicht wird im weiteren Betriebsverlauf als Maß für den Gewichtsdurchsatz verwendet. Dieses Verhalten läßt sich aber nur bei Schüttgütern durchführen, da sich beim vollem Wägebehälter ein Schüttkegel unter dem Vorratsbehälter bildet. Bei Flüssigkeiten darf der Wägebehälter nie ganz gefüllt werden, da er sonst überlaufen kann.

Mögliche Formulierung der Randbedingungen

Wie die obigen Beispiele verdeutlichen, zeigten sich während der Entwicklung des Reglers immer wieder neue Randbedingungen, für die eine entsprechende Lösung gefunden werden mußte. Besonders trat dies während der Inbetriebnahme an der laufenden Maschine auf. Die Randbedingungen konnten in folgendes Schema eingefaßt werden:

WENN bestimmter Zustand bei Meßgrößen (evtl. neue Variablen)
DANN trifft Randbedingung XYZ zu

WENN Randbedingung XYZ zutrifft
DANN Reaktion durch Ausgangsgrößen (evtl. neue Variablen)

Hier zeigte sich ein Vorteil des Entwurfs von Fuzzy-Systemen gegenüber herkömmlichen Reglern darin, daß lediglich die Regelbasis oder die Definition von linguistischen Variablen ergänzt werden mußte, um mit neuen Randbedingungen fertig zu werden.

3. Aufbau des Fuzzy-Reglers

Kenntnisse über den Aufbau von Regelkreisen und den Aufbau von Fuzzy-Reglern werden vorausgesetzt, so daß sich die folgende Beschreibung auf die Definition der Eingangs- und Meßgrößen, sowie die Regeln zwischen ihnen beschränkt.

3.1 Eingangsgrößen

Als Eingangsgrößen wird zwischen zwei Arten von Zustandsgrößen unterschieden:

- Direkt meßbare Zustandsgrößen
- Indirekte Zustandsgrößen

Diese Unterteilung ergab sich seit Anfang des Projektes. Insbesondere Randbedingungen wurden durch den zweiten Typus dargestellt.

Direkt meßbare Zustandsgrößen

Hiermit werden sämtliche Eingangsvariablen bezeichnet, die direkt aus der Maschinenanordnung meßbar sind. Diese sind im einzelnen:

- DMS-Wägesignal (für jeden der 5 Behälter)
- Stellung des Motorpotis für die Nachfüllung (über zweiten Schleifer am Motorpoti)
- Inkrementalweggeberstellung

Indirekte Zustandsgrößen

Diese Werte werden aus den meßbaren Größen abgeleitet:

- Zeitdifferenzen
  - Minimum: Zeit, seit dem sich das Minimum des Wägesignales nicht mehr verändert hat. Dies deutet darauf hin, daß der Extruder abgeschaltet wurde (siehe Bild 4).
  - Maximum: Zeit, seit dem sich das Maximum des Wägesignales nicht mehr verändert hat. Daraus kann z.B. bei Schüttgütern mit geringer Dichte geschlossen werden, daß der Behälter voll ist, obwohl das maximal zulässige Gewicht noch lange nicht erreicht wurde (Siehe Bild 5).

- Auftragszeit: Zeit seit dem Starten des Prozesses.
- Durchsatz (zeitliche Ableitung des Wägesignals): Dieses wird aufgrund des langsamen Signalverlaufes durch ein speziell für dieses Projekt optimiertes Verfahren berechnet [1].
- Abweichung des Durchsatzes zum Sollwert: Berechnet als der Quotient vom Ist- zum Sollwert. Ist der Sollwert gleich Null, wird dieser Wert auf 0,0 gesetzt, da ein Sollwert von Null anzeigt, daß alle Motorpotis zum Nullanschlag gefahren werden sollen.
- Durchsatztendenz (zeitliche Ableitung des Durchsatzes)
- Durchsatzkonstanz: Zahlenwert $\geq$ Null mit folgender Bedeutung (ergibt sich aus dem Meßverfahren):
  = 0: Prädizierter Wert. Da beim Starten des Systemes durch die langsamen Signalzeiten noch kein verläßlicher Wert berechnet werden kann, wird der Durchsatz aufgrund der momentanen Potistellung prädiziert. Dabei werden für alle Motorpotis Kennlinien verwendet, die während des Prozesses dynamisch verändert werden.
  > 0: Es liegt eine Messung vor. Der Wert entspricht der Anzahl der Meßzyklen, in denen sich der Durchsatz nicht wesentlich verändert hat. Dies bedeutet, je größer der Wert, desto genauer die Messung.
- Durchsatzänderung: Ist ungleich Null, wenn sich die Durchsatzkonstanz verändert hat.
- Abzugsgeschwindigkeit
- Differenz Motorpotistellung zur Sollstellung
- Regelung Master oder Slave: Da sich die Regelungen der Slaves untereinander nicht bzw. vom Master kaum unterscheiden, wurde der Regler nur einmal aufgebaut. Er wird dann für jeden Behälter getrennt aufgerufen. Zur Unterscheidung ob es sich bei dem momentanen Behälter um den Master oder den Slave handelt, wird diese Eingangsvariable benützt.

3.2 Ausgangsgrößen

Ähnlich den Eingangsgrößen gibt es bei den Ausgangsgrößen direkte und indirekte Variablen. Dabei dienen die indirekten Variablen der Zustandsabschätzung für Randbedingungen z.B. für die nächste Reglerberechnung (Merkerfunktion) oder aber um allgemein den Prozeß zu steuern (z.B. Notaus).

Ausgangssignale

- Ventil: Steuert bei Schüttgütern die Druckluftzufuhr des Nachfüllschiebers über ein Magnetventil. Bei Flüssigkeiten wird die Nachfüllpumpe ein- bzw. ausgeschaltet.

- Füllstandsalarm: unterschreitet das Wägesignal die minimale Füllung, wird eine Minimum-LED eingeschaltet. Das Gleiche gilt für das Maximum. Diese LED's existieren für jeden der 5 Behälter.
- Motorpoti fahren: Hierbei sind folgende 5 Zustände möglich:
  - Motor abwärts fahren (das Poti dreht permanent nach links)
  - Motor abwärts pulsen (Der Motor wird kurzzeitig auf abwärtsfahren geschaltet, aber sofort wieder ausgeschaltet. Damit können Feineinstellungen vorgenommen werden)
  - Motor aus
  - Motor aufwärts pulsen
  - Motor aufwärts fahren (nach rechts)

Mit Motor ist der Motor des Potis gemeint, nicht der durch das Poti gesteuerte Motor.

Indirekte Steuergrößen

- Bewertung der Sollwertvorgabe (0,0 - 1,0): Dieser Wert ist nur für die Slaves notwendig und beschreibt wie stark der momentane Durchsatz des Masters auf die Slaves "durchschlagen" soll. Der Wert 0,0 bedeutet, daß der Slave seine letzte Vorgabe behält. 1,0 hingegen heißt, daß der Durchsatz vom Master eine neue Vorgabe benötigt und gemäß der eingestellten prozentualen Dosierung für den Slave umgerechnet werden soll.
- Änderung der Motorpotisollposition. Damit wird in Schritten angegeben, wie das Motorpoti verstellt werden soll. Die eigentliche Motorpotisteuerung wird wie weiter oben beschrieben durchgeführt.
- Notaus, alle Slaves auf Null fahren.
- Prozeßzustand

3.3 Fuzzy-Regelblöcke des Systems

Aufgrund der besseren Übersichtlichkeit war es bis auf wenige Ausnahmen sinnvoll, bei der Formulierung von Regeln maximal 3 linguistische Eingangsvariablen zuzulassen. So ergab sich die im Bild 6 gezeigte Regelstruktur. Hierbei werden zunächst die Eingangsgrößen durch Analyseregeln bewertet. Diese sind teilweise auch durch Zwischenergebnisse gestaffelt. Dies entspricht einer Zustandsschätzung des beobachteten Prozesses. Durch die Syntheseregeln wird anschließend die Reaktion auf die momentane Situation ermittelt. Dies entspricht auch am ehesten der menschlichen Vorgehensweise.

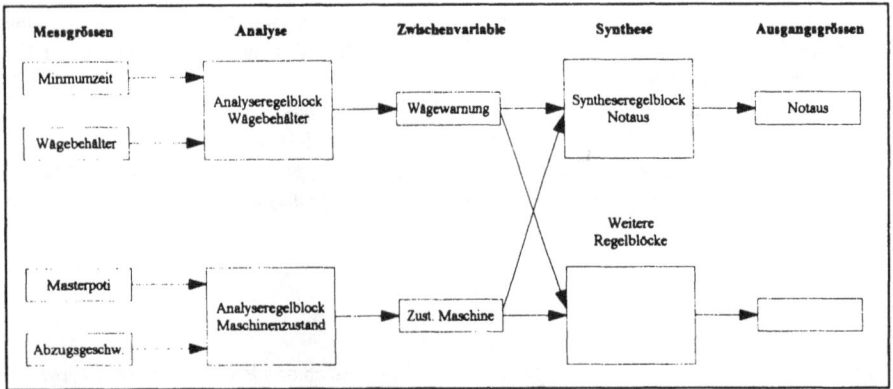

Bild 6: Allgemeine Regelstruktur

Notausregeln

Als einfaches Beispiel dieser Aufteilung zwischen Analyse und Synthese wird hier kurz die Notausfunktion gezeigt. Für die Analyse stehen folgende linguistischen Input-variablen zur Verfügung:

- "Minimumzeit" mit den Zuständen (Termen) "kurz" und "lang"
- "Wägebehälter" mit den Termen "leer" (also mindestens unter Minimum), "wenig gefüllt", "gefüllt" und "voll" (bzw. über Maximum). Diese letzten zusammen werden auch als "nicht leer" bezeichnet.
- "Stellung Masterpoti"
- "Abzugsgeschwindigkeit"; diese Variable wird nur bei der Abzugsregelung benützt.

Daraus werden folgende Zwischenergebnisse abgeleitet:

- "Wägewarnung" mit den Termen "keine", "leer" und "Extruderstop"
- "Maschineneinstellung" mit den Termen "normal", "Sollwert Null" und "Abzugs-stop"

Die einzige Ausgangsvariable ist:

- "Notaus" mit den Termen "kein" und "einleiten"

Wie das Bild 7 zeigt, sind 3 Regelblöcke definiert, die folgende Regeln enthalten:

WENN Minimumzeit = kurz UND Wägebehälter = nicht leer
DANN Wägewarnung = keine

WENN Minimumzeit = lang
DANN Wägewarnung = Extruderstop

WENN Wägebehälter = leer
DANN Wägewarnung = leer

WENN Stellung Masterpoti = größer Null UND Abzugsgeschwindigkeit = größer Null
DANN Maschineneinstellung = normal

WENN Stellung Masterpoti = Null
DANN Maschineneinstellung = Sollwert Null

WENN Abzugsgeschwindigkeit = Null
DANN Maschineneinstellung = Abzugsstop

WENN keine Wägewarnung UND Maschineneinstellung normal
DANN kein Notaus
SONST Notaus einleiten

Bild 7 zeigt die Darstellung der Regelblöcke mit *fuzzy*TECH [2].

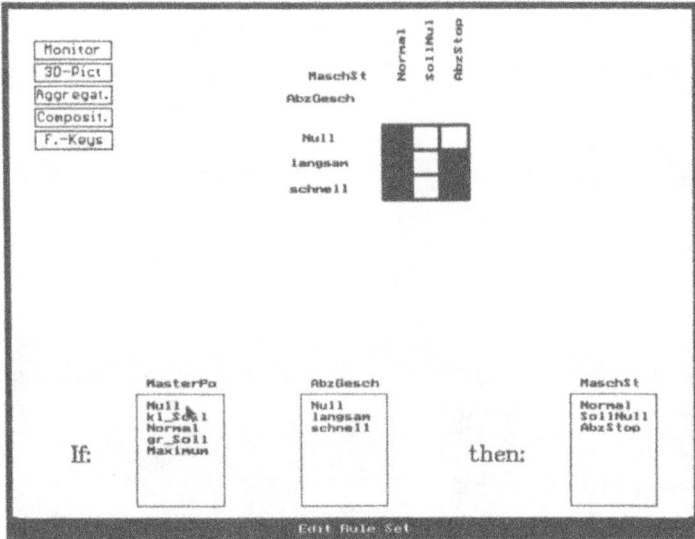

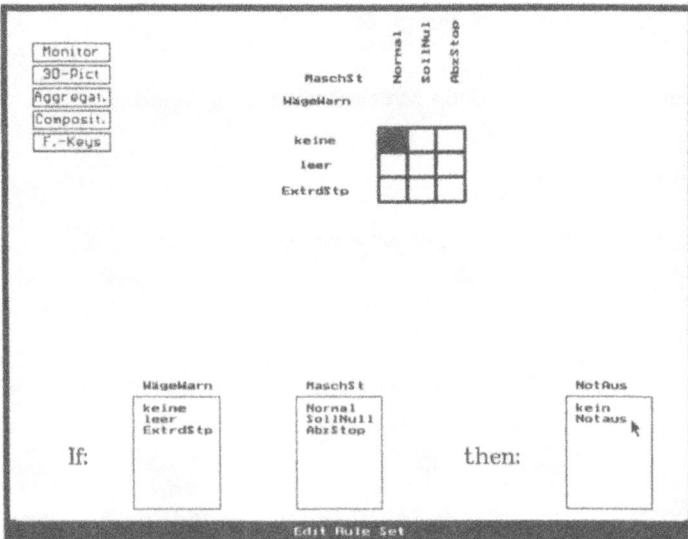

Bild 7: Ausschnitte aus den Regelblöcken für "Notaus"

Regelung der Motorpotis

Komplexer gestaltet sich die Regelung der Motorpotis. Eine detaillierte Beschreibung ist daher in diesem kurzen Bericht nicht möglich, deshalb werden nur eine Auswahl der Regeln gezeigt. Es werden folgende Zwischenvariablen benützt:

- Soll/Ist-Zulassung. Diese Variable zeigt, ob bei einer Differenz zwischen Soll- und Istwert eine Änderung der Motorpotiposition erfolgen soll.
- Neue Sollwertvorgabe. Diese Variable wird benützt, wenn der Bediener einen neuen Durchsatz vorgibt.

Damit lassen sich folgende Regeln gestalten:

- Wenn der Sollwert größer/kleiner als der Istwert ist, und der Quotient Soll/Ist zugelassen ist, dann muß die Motorpotistellung vergrößert/verkleinert werden.
- Wenn die Motorpotistellung gerade verändert wurde, dann ist der Soll/Ist-Wert nicht zugelassen.
- Je genauer der gemessene Istwert (siehe Variable Durchsatzkonstanz) ist, je mehr wird der Quotient Soll/Ist zugelassen.
- Wenn die momentane Motorpotistellung viel größer/kleiner als die Sollstellung ist, wird das Motorpoti auf Abwärts-/Aufwärtsfahren gestellt.
- Wenn die momentane Motorpotistellung ein wenig größer/kleiner als die Sollstellung ist, wird das Motorpoti einmal kurzzeitig Abwärts/Aufwärts gepulst.
- Wenn Notaus eingeleitet werden soll, wird das Motorpoti auf abwärts fahren gestellt, es sei denn, das Motorpoti steht auf Null.
- Wenn das Poti vom Master stark verändert wurde, liegt eine neue Sollwertvorgabe vor. Ebenso, wenn der Sollwert vom Master (z.B. über die Tastatur) verändert wurde.
- Bei einer neuen Sollwertvorgabe muß der neue Sollwert vom Master direkt für die Slaves umgerechnet werden. Dementsprechend sind die Motorpotis sofort gemäß den Kennlinien auf die neue Position zu verändern und die Durchsatzkonstanz zu initialisieren.
- Zeigt sich eine starke Durchsatztendenz nach oben oder nach unten, muß der Istwert vom Master korrigiert werden und die Sollwertvorgabe für die Slaves verstärkt werden.
- Wenn der Master nicht geregelt wird, d.h. für den Master kein Sollwert vorgegeben ist, werden die Sollwerte der Slaves nur am Istwert des Masters orientiert. Bei Mastersollwertvorgabe spielt diese auch eine Rolle bei der Regelung.

Diese und noch weitere Regeln haben sich zum Teil erst während der Inbetriebnahme ergeben. Hierbei erwies sich der Einsatz von Fuzzy Logic als Vorteil, denn solch ein neues Verhalten in einem herkömmlichen Regleransatz unterzubringen, ist weitaus aufwendiger. Das erstellte Fuzzy-System besteht aus:

- 12   Eingangsvariablen
- 9   Zwischenvariablen
- 6   Ausgangsvariablen
- 33   Regelblöcken
- 84   Fuzzy-Regeln insgesamt

4. Realisierung der Hardwareplattform

Das Zielsystem mußte direkt am Extruder integriert werden. Dabei waren noch folgende Gegebenheiten zu beachten:

- Rauhe Betriebsumgebung. Im Extruder werden Plastikgranulate verarbeitet, die eine starke elektrostatische Aufladung bewirken können.
- Flüssigkeiten können überlaufen bzw. spritzen.
- Das System soll auch von Facharbeitern bedient werden können.
- Die Hardware muß klein und kompakt sein und in Stückzahlen > 50 pro Jahr wirtschaftlich zu fertigen sein.
- Das System soll zu jeder Zeit ausgeschaltet werden können und beim Wiedereinschalten ohne Probleme die Regelung ohne neue Eingabe wieder aufnehmen können.

Aus diesen Gründen wurde kein Industrie-PC eingesetzt. Eine spezielle SPS (z.B. OMRON C200H mit FP-3000) schied wegen der Größe und dem Stückpreis ebenfalls aus. Daher wurde eine eigene Hardware mit dem Prozessor FUZZY166 entwickelt.

4.1 Der Fuzzy-Prozessor FUZZY166

Neben der integrierten Fuzzy-Bibliothek [2] bietet der FUZZY166 folgende Eigenschaften:

- 10-kanaliger A/D-Wandler mit 10 Bit Auflösung
- Integrierte digitale I/O Ports
- Schnelle Verarbeitung konventioneller Codemodule durch die zugrundeliegende RISC-Architektur (SAB 80166 [4])
- Zwei serielle Schnittstellen

Ein weiterer Vorteil bestand darin, daß während der Hardwareentwicklung bereits ein Evaluationsboard zu Testzwecken zur Verfügung stand.

4.2 Aufbau der Platine

Die Hardware (Bild 8) wurde auf einer Platine der Größe 160 x 190 mm integriert. Um die umfassende Wissensbasis des Fuzzy-Controllers sowie die Codemodule für die Benutzerschnittstelle aufzunehmen, sind 256 KB EPROM sowie 32 KB RAM auf dem

Board integriert. Zur Berechnung der Eichparameter findet ein Echtzeituhrenbaustein Verwendung. Die Bedienung des Reglers erfolgt über eine Tastatur und ein LC-Display. Ebenfalls wurden die Leistungstreiber und die Meßsignalvorverarbeitung auf der Platine integriert. Über die seriellen Schnittstellen können ein Protokolldrucker sowie das Fuzzy-Entwicklungssystem für die Online-Optimierung angeschlossen werden.

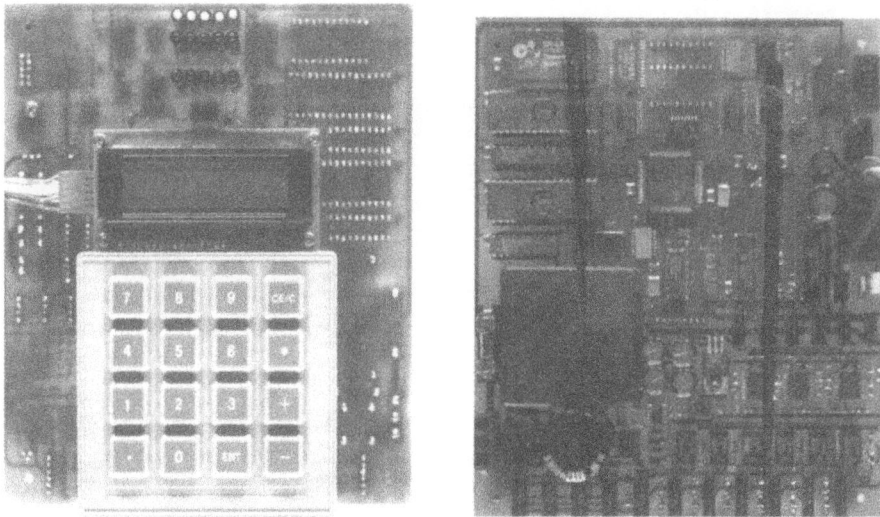

Bild 8: Vorder und Rückseite der Fuzzy-Hardware

5. Literatur

[1]   Dreiecksberechnung zur Bestimmung von Ableitungen verrauschter Signale, N. Funke, ALESY AG, CH - St. Gallen
[2]   *fuzzy*TECH 2.0 FUZZY166 Manual, INFORM GmbH, Aachen
[3]   Interne Beschreibung des Extruders, W. Kempter, PEP AG
[4]   SAB 80C166/83C166 User's Manual, SIEMENS AG, München

19.

Bedeutung und Anwendung von Fuzzy Logic Control für die Prozeß- und Anlagensteuerung

Dr. Alexander Granderath
SUNVIC Regler GmbH

Die Anforderungen an die Qualität und Quantität der Prozeß- und Anlagensteuerung des Industriestandorts Deutschland wachsen seit einigen Jahren rapide. Die Produktion lohnintensiver Güter wird in Zukunft immer mehr in den Hintergrund treten müssen. Massengüter wie Stahl oder Chemiegrundstoffe sind in Deutschland langfristig bei gleichbleibendem Personaleinsatz nicht mehr konkurrenzfähig erzeugbar. Dies resultiert einerseits aus dem Mangel an ausbeutbaren Rohstoffen, diese müssen teuer im Ausland eingekauft und transportiert werden, und andererseits aus der hohen Verfügbarkeit grundstoffverarbeitender Anlagen selbst in ehemaligen Entwicklungsländern und Billiglohnländern. Produktionsanlagen, die bis vor wenigen Jahren noch einen großen Know-How-Vorsprung bedeuteten, werden heute auch von deutschen Ingenieuren in der ganzen Welt errichtet und betrieben. Der Standort- und Marktvorteil wird so immer mehr in den Hintergrund gedrängt. Aus diesem Grund wird eine Konzentration auf die ursprüngliche Qualität des deutschen Standortes zunehmend wichtiger. Diese bedeutet Entwicklung und Einsatz von Hochtechnologie. Sollen immense Arbeitsplatzverluste in der Großindustrie vermieden werden, müssen bessere Produkte schneller, mit weniger Personal, sicherer, weniger umweltbelastend und kostengünstiger hergestellt werden. Bei Massenprodukten wie z.B. den chemischen Grundstoffen ist das Innovationspotential durch Verbesserung der Herstellverfahren so gut wie ausgereizt. Auch die Qualität der Produkte läßt sich von immer mehr Mitbewerbern problemlos herstellen. Überleben wird langfristig die Produktionsanlage mit den geringeren Stückfixkosten. Diese hängen zu einem großen Teil von den Personalkosten und der Verfügbarkeit der Anlage ab. Produktionsausfälle müssen vermieden werden. Heute dient ein großer Anteil des Personals zur Vermeidung und Überbrückung ebendieser. Falls diese Aufgaben langfristig mit weniger Personal durchgeführt werden sollen, muß ganz intensiv der Einsatz von Leittechnik und Anlagensteuerungstechnik weiterentwickelt werden. Aus mehreren Gründen ist der Einsatz von Fuzzy-Konzepten allen anderen vorzuziehen.

1. Anforderungen an moderne Prozeß- und Anlagensteuerungen

Die Anwendungen und damit auch die Anforderungen an Fuzzy-Control in der Leittechnik unterscheiden sich grundsätzlich von den Anwendungen in Gütern der Konsumindustrie. Bisher wurde Fuzzy-Control vorwiegend in Gütern zur Verbesserung der Bedienbarkeit oder verschiedener qualitätsrelevanter Größen eingesetzt, wobei es auf einfache preiswerte massenfertigbare Implementationen ankam. Regelungen mußten vorwiegend im Bereich von Millisekunden bis Sekunden agieren und bewiesen ihre Tauglichkeit im Experiment. Ein industrieller Einsatz von Fuzzy-Control muß sich an folgenden Forderungen messen:

1. Breite Einsatzmöglichkeiten
2. Hohe Verfügbarkeit und Sicherheit
3. Leichte Erzeugung des Systems der Regeln
4. Leichte Wartbarkeit
5. Leichte Bedienbarkeit

Einsatzmöglichkeiten

Die Einsatzmöglichkeiten für Advanced Control zur Prozeßsteuerung in Industrieanlagen sind vielfältig. Die Ausrüstung bestehender Anlagen ist äußerst heterogen. Seit dem 2. Weltkrieg wurden in andauernder Folge industrielle Anlagen in Deutschland (Ost wie West) errichtet und in Betrieb genommen. Die ursprünglich konzipierte Standzeit von ca. 10-15 Jahren wurde regelmäßig wegen des großen Wirtschaftswachstums und der daraus resultierenden Nachfrage bis zu 50 Jahren ausgedehnt. Neue Anlagen kamen mit neuer Technik hinzu, ein Teil der alten Anlagen wurde zwischenzeitlich nachgerüstet. So ist heute die Technik der letzten 50 Jahre in Deutschland wiederzufinden. Wenn man allein die Entwicklung der elektronischen Datenverarbeitung der letzten 50 Jahre berücksichtigt, wird klar, wie unterschiedlich die Anforderungen an eine Ausrüstung mit Leittechnik sein müssen. So ist es möglich, daß man in einem Werk Anlagen, die auf dem neusten Stand der Leittechnik sind, neben Anlagen ohne elektrische Hilfsenergieversorgung, d.h. mit pneumatischer Hilfsenergie, findet.

Eine unangefochtene Position hat der einfache PID-Regler eingenommen, mit dem sich eine Fülle von Problemen, die sich durch einfache Differentialgleichungen beschreiben lassen, lösen lassen. Mit Hilfe der PID-Algorithmen ließen sich die dynamischen Freiheitsgrade des Betriebes einer Anlage auf ca. ein Drittel reduzieren. Statt die Stellgrößen direkt zu beeinflussen, wird dabei ein Sollwert für die Meßgröße vorgegeben. Die zur Angleichung des Meßwertes an den Sollwert nötigen dynamischen Vorgänge werden einmalig parametriert und sind somit festgelegt. Es bleibt nur noch die Aufgabe der Vorgabe des Sollwertes. Die Anwendung und einfache Verschaltung von PID-Reglern erlaubte eine enorme Entlastung des Produktionpersonals und machte es erst möglich, verschiedene Prozesse dauerhaft zu kontrollieren. Aus der Erfahrung heraus muß festgestellt werden, daß in kontinuierlich betriebenen Anlagen ca. 95% aller PID-Reglern den Anforderungen normaler, d.h. ungestörter sich im Quasigleichgewicht befindlicher Betriebsvorgänge gerecht werden. Eingriffe des Produktionspersonals ist in folgenden Situationen weiterhin nötig:

- Während der An- und Abfahrvorgänge einer Anlage ändern sich sowohl die dynamischen Parameter einer Regelstrecke als auch die gewünschten Verhältnisse zwischen Regelgrößen. Dies macht sowohl andauernde Änderungen von Sollwerten nötig, als auch in einigen Fällen die direkte Beeinflussung der Stellgröße (Handbetrieb).

- Bei Betriebsstörungen müssen häufig in sehr kurzer Zeit (wenige Sekunden bis zu einigen Minuten) Entscheidungen getroffen werden, die ein Abstellen der Anlage verhindern oder aber eine Stillstandszeit verkürzen sollen. Außerdem ist selbstverständlich darauf zu achten, daß das Ansprechen jeglicher Sicherheitseinrichtungen vermieden wird. Dazu muß sehr kurzfristig eine Fülle von Informationen verarbeitet werden. Betriebsstörungen sind ausdrücklich von Störfällen zu unterscheiden. Bei Betriebsstörungen befindet sich die Anlage nach wie vor im bestimmungsgemäß genehmigten Betriebszustand.

- Auch während des normalen Produktionsbetriebes sind kontinuierlich Optimierungsaufgaben bezüglich des Resourcenverbrauchs durchzuführen.

- Es bleiben einige Anwendungsfälle, die konventionell nur sehr unbefriedigend oder gar nicht zu lösen sind.

In jeder der angeführten Situationen erweitert sich der Raum der Freiheitsgrade um den Faktor zwei bis drei. Die Bewältigung dieser Situationen setzt viel und sehr gut ausgebildetes Personal voraus.

Um das Personal zu entlasten, werden heute bereits eine Vielzahl von Advanced-Control Techniken zur Reduzierung der Freiheitsgrade eingesetzt, die jeweils auf den speziellen Einsatzfall zugeschnitten sind. Das sind zum Beispiel Vorhersagemodelle des Verfahrens, die es ermöglichen, einige Minuten bis zu einer Stunde das Verhalten der Anlage vorauszuberechnen, oder Mehrgrößenregelungen, die nicht einen Meßwert und Sollwert, sondern direkt mehrere berücksichtigen und nach unterschiedlichsten Algorithmen auswerten. Alle bekannten Annäherungen an diese Problematik sind jedoch auf eine Verknüpfung der Parameter Meßwerte, Sollwerte und des Parameters Zeit zurückzuführen. Damit läßt sich jede Lösung auch als Kennfeld $f(x,s,t)$ darstellen, wobei aufgrund der

Mehrdimensionalität von **f** eine graphische Darstellung schwierig ist. Jedes Kennfeld läßt sich beliebig genau durch ein System aus Fuzzy-Regeln annähern.

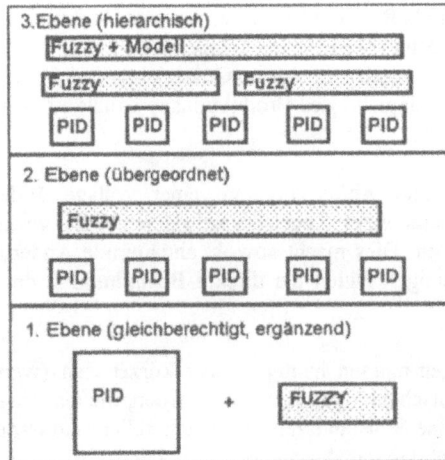

Bild 1: Ebenenmodell für den Einsatz von Fuzzy-Techniken

Falls **f(x,s,t)** durch irgendeine Methode teilweise bekannt ist, lassen sich diese Informationen in einem Fuzzy-Regelsystem implementieren. Die eigentliche Stärke liegt jedoch in dem Bereich des Kennfeldes, der mit mathematischen, physikalischen oder verfahrenstechnischen Ansätzen nicht, oder nur sehr aufwendig konstruierbar ist. Grundsätzlich sind Fuzzy-Methoden in allen drei Ebenen der Steuerung einer industriellen Produktionsanlage anwendbar (Bild 1). Praktische Erfahrungen zeigen jedoch, daß der Ersatz oder die Ergänzung von PID-Reglern nur in seltenen Fällen sinnvoll ist. Dies kann z.B. der Erhöhung der Robustheit eines Regelkreises dienen. Der Fuzzy-Regler tritt nur in Ausnahmesituationen in Aktion und schaltet eine Störgröße auf. Die meisten Prozeßsteuerungen sind nicht zeitkritisch. Es stehen einige 100 Millisekunden für jeden Zyklus zur Verfügung. Wesentlich interessanter und auch lukrativer sind Einsatzfälle in der 2. Ebene. Aus diesem Bereich sind auch die erfolgreichsten Anwendungen bekannt. Die Fuzzy-Regeln dienen zur Sollwertführung und Parametrisierung der unterlagerten PID-Regler.

Im folgenden wird ein Projekt zur Regelung einer Destillationskolonne vorgestellt. Dieses Projekt ist der 2. Ebene zuzuordnen. Der Einsatz auf der 3. Ebene ist noch wenig erprobt. Auch aufwendige Prozeßmodelle zur wirtschaftlichen Optimierung liefern keine zeitgenaue Führung der Sollwerte unter Beachtung von Anlagengrenzen und dynamischem Verhalten. Es ist denkbar, daß die Umsetzung von einem hierarchisch strukturierten Fuzzy-System durchgeführt wird.

Verfügbarkeit und Sicherheit

Hier sind zwei verschiedene Aspekte zu berücksichtigen. Zum einen muß die technische Anbindung der Fuzzy-Regler eine hohe Verfügbarkeit und Übertragungssicherheit gewährleisten, zum anderen können Fuzzy-Systeme zur Erhöhung der Anlagenverfügbarkeit und -sicherheit dienen.

Die technische Anbindung der Fuzzy-Regler kann auf sehr verschiedene Weisen erfolgen. Die einfachste und sicherste Lösung besteht in der direkten Einbindung der Regler in das bestehende Prozeßleitsystem. Diese Einbindung ist prinzipiell Aufgabe der Leitsystemhersteller. Falls kein Leitsystem vorhanden ist, muß zuerst eine Infrastruktur zur Verarbeitung von Prozeßdaten geschaffen werden. In der Mehrzahl der bekannten Fälle wurden Anbindungen an ein Leitsystem mittels beigestellter gekoppelter Rechner hergestellt. Hierbei haben sich Anbindungen über VAX Rechner und über PC durchgesetzt. Dabei ist auf eine fehlersichere Übertragung zu achten. Fehlersicherheit bedeutet nicht, daß kein Fehler auftreten darf, sondern nur, daß im Fehlerfall ein vordefinierter Wert angenommen wird (meistens 0). Aus Sicherheitsgründen ist die Regelbasis so zu entwerfen, daß als Ergebnis Offsets und keine Absolutwerte übertragen werden müssen. Wird das konsequent durchgehalten, so bleibt bei einem Ausfall des Fuzzy-Systems oder der Übertragung der letzte Sollwert erhalten. Gleichzeitig implementiert man auf diese Weise einen I-Anteil, der eine andauernde Regelabweichung verhindert. Praktikable Anbindungen sind in Bild 2 dargestellt.

Zur Erhöhung der Anlagenverfügbarkeit sind überwachende Fuzzy-Systeme implementierbar. Diese überprüfen nach einfachen Regeln die Plausibilität der Meßwerte und alarmieren im Fehlerfall und greifen ein. Andererseits können Fuzzy-Systeme auch zur Auswertung von Alarmmeldungen genutzt werden. Es können Prioritäten ermittelt werden und erste Maßnahmen ergriffen werden. Regelnde Fuzzy-Controller können konzeptionell in kritischen Betriebszuständen "vorsichtiger" agieren als in unkritischen Bereichen.

Erzeugung von Regelbasen

Wie bereits vorher bemerkt, erzeugt eine Fuzzy-Regelbasis ein Kennfeld, das mit anderen Advanced Control Methoden verglichen werden kann. Die Praxis hat gezeigt, daß die Kunst der Bestimmung der Regelbasis in der Beschränkung auf das wesentliche liegt. Es macht im Bereich der Prozeßleittechnik nur in seltenen Fällen Sinn, die Funktion eines PID-Reglers durch einen Fuzzy-Regler nachzubilden. Dies würde allein schon eine Vielzahl von einzelnen Regeln bedeuten, was sehr mühsam zu konfigurieren wäre. Falls ein vorhandener PID-Regler die Aufgabe in gewissen Situationen nicht oder nur ungenügend meistert, sollte ein nebengeordneter Fuzzy-Regler nur in diesen Situationen eingreifen. Damit erreicht man gleiche Performance, ohne das Rad neu erfinden zu müssen.

Desweiteren können Regelbasen zur Anlagensteuerung nur in Zusammenarbeit zwischen MSR-Ingenieuren und Anlagenbetreibern erarbeitet werden. Damit ist eine neue Qualität erreicht, verantwortlich für die Qualität einer Regelung ist jetzt nicht nur der MSR-Ingenieur, sondern auch die Informationsquelle. Dabei müssen konventionelle Kriterien der Bewertung eines Regelkreises in den Hintergrund treten. Da man es sich zur Aufgabe macht, die Reaktionen des Betriebspersonals zu reproduzieren, ist die Frage nach der Stabilität der entstandenen Fuzzy-Regelung mit der Frage nach der Stabilität der Eingriffe des Personals zu beantworten.

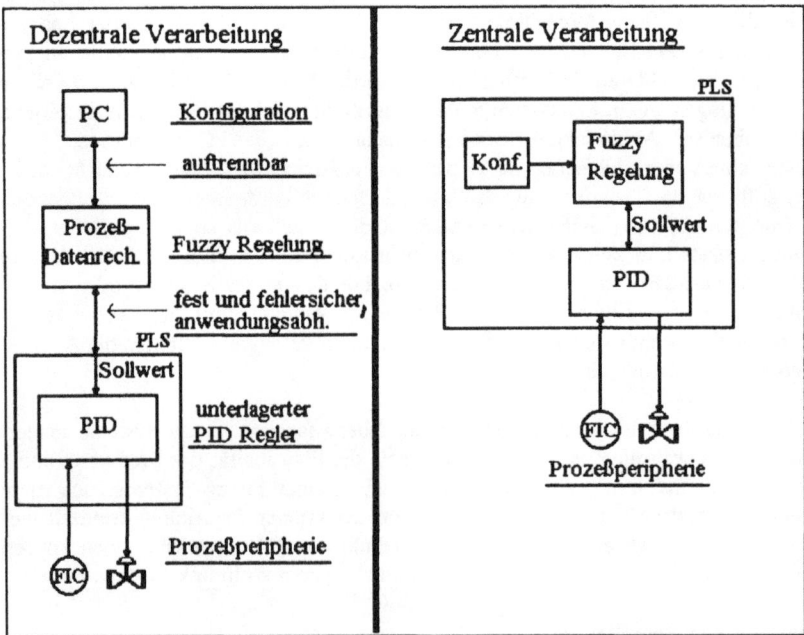

Bild 2: Zwei praktikable Lösungen zur technischen Implementierung von Fuzzy Control. Die zentrale Lösung ist bei Beachtung der Verfügbarkeit des PLS der dezentralen Lösung vorzuziehen

Bewährt hat sich dabei die Vorgehensweise, daß der MSR-Ingenieur die gesammelten Informationen in die Parametrierung einfließen läßt und anschließend das Ergebnis wieder zur Diskussion stellt. Diese enge Zusammenarbeit garantiert eine hohe Akzeptanz der Anlagenbetreiber. Der umsetzende Ingenieur ist gut beraten, sich möglichst nahe an die Vorgaben des Betriebes zu halten. Das gewährleistet eine hohe Transparenz und eine schnelles, befriedigendes Ergebnis. Die Regel "Wenn die letzte Änderung von X länger als 15 Minuten her ist, darf man schon wieder etwas zulegen" sollte zum Beispiel durch die Einführung eines Timers, der durch eine Änderung der Größe X angestoßen wird und der Regelbasis zur Verfügung gestellt wird, umgesetzt werden. Mit Hilfe verschiedener Timer lassen sich sowohl das Zeitgefühl der Betreiber als auch die Totzeiten des Regelkreises implementieren.

Wartung

Die Wartung von Advanced-Control Einrichtungen ist bedauerlicherweise sehr anspruchsvoll. Dies resultiert aus der großen Anzahl verschiedener Werkzeuge. Teilweise werden sogar neue Regelmechanismen für spezielle Anwendungen geschaffen. Dies führt oftmals dazu, daß diese Anwendung bei Ausscheiden des verantwortlichen Wartungsmannes nicht mehr oder nur unzureichend gepflegt werden kann. Selbst größere Anlagenbetreiber können es sich nicht erlauben, dauerhaft einen Stab für Advanced-Control Aufgaben zu beschäftigen, der die Entwicklung und Wartung der Einrichtungen übernimmt. Deshalb ist es sehr wichtig, sich auf wenige Werkzeuge zu beschränken, und die Beherrschung dieser in den Ausbildungsplan der für die Wartung zuständigen Personen einzubinden. Es liegt klar auf der Hand, daß ein solches Werkzeug nicht eine bestimmte Programmiersprache sein kann, da die Fülle der programmierbaren Anwendungen unüberschaubar ist und auch nicht von Handwerkern in ihrer Ausbildungszeit erlernt werden kann. Hiermit wird ein Vorteil von Fuzzy-Control deutlich. Aufgrund der Nähe zur menschlichen Formulierung von Problemen und der Vielseitigkeit der Beschreibung läßt sich ein gut strukturiertes Fuzzy-Regelsystem leicht warten. Der Nachteil, daß nicht jedes Problem optimal gelöst werden kann, wird durch die breite Einsatzmöglichkeit überkompensiert.

Bedienung

Das im Produktionsbetrieb eingesetzte Bedienungspersonal ist mit dem Betrieb von PID-Reglern vertraut. Jedes neue Advanced-Control Werkzeug stellt hohe Ansprüche an des Personal. Die einfachen Vorgänge eines PID-Algorithmus werden vom Personal leicht nachvollzogen und bilden die Basis des hohen Vertrauens in die konventionelle Regelung. Beim Einsatz von Advanced-Control Algorithmen sind die Vorbehalte sehr groß. Auch der Fuzzy-Regler ist für das Personal eine Black-Box. Umso wichtiger ist es, die Schlußfolgerungen des Systems so transparent wie möglich zu machen. Das ist jedoch schwierig zu implementieren. Es ist nicht klar, wie die Ergebnisse einer Fuzzy-Regelung so dargestellt und vereinfacht werden können, daß die Ergebnisse verstanden und nachvollzogen werden können. Die Darstellung aller Regeln in Matrixform oder als einzelne Regeln überfordert jeden Beobachter. Analysen der Regelung lassen sich nur nachträglich durchführen. Sehr nützlich ist es, wenn der Regler dem Bedienpersonal als Simulation zur Verfügung steht. Dann können die interessanten Reaktionen nachgespielt und somit die Regelung in ihrem Ausmaß erfaßt werden.

2. Die Regelung einer Destillationkolonne

Zur Aufspaltung homogener Flüssigkeitsgemische werden vorwiegend thermische Trennverfahren eingesetzt. Die Unterschiede im Siedeverhalten der Gemischkomponenten werden in den Trennverfahren Rektifikation bzw. Destillation ausgenutzt. Die Trennung von
Gemischen mittels kontinuierlicher Rektifikation ist weitverbreitet und soll deshalb hier
als Beispiel für die Anwendung von Fuzzy-Control dienen.

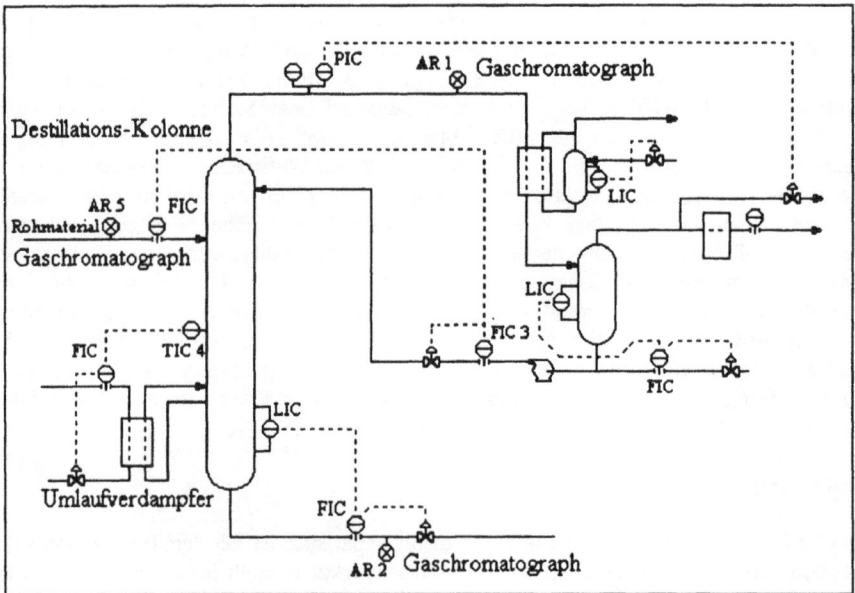

*Bild 3: Rektifikationskolonne mit konventioneller Regelung. Am Fuß der Kolonne tritt
das ausgewaschene Schwerersiedende aus, am Kopf die leichtsiedenden Produkte*

Das Verfahren

Rektifikation ist die Anreicherung des Leichtersiedenden im Gemischdampf und des
Schwerersiedenden in der Flüssigkeit durch einen Gegenstrom von Dampf und Kondensat in einer vertikalen Austauschsäule[1]. Sie kann im Gegensatz zur Destillation
vollkontinuierlich betrieben werden und eignet sich deshalb für den großtechnischen Einsatz. Die aufgrund des Stoffaustausches wesentlich verbesserte Trennwirkung muß durch
einen höheren Wärmebedarf des Umlaufverdampfers erkauft werden (Abb. 3). Die
Destillationskolonne (Rektifiziersäule) ist durch Einbauten in einzelne Trennstufen unterteilt. Diese Einbauten bestehen z.B. aus Glockenböden. Ein Teil des am Kopfe abgezo-
genen und kondensierten Dampfes wird als Rücklauf in die Kolonne zurückgeführt. Ohne

diesen Rücklauf ist die Rektifikation nicht durchführbar. Je kleiner das Rücklaufverhältnis, desto größer ist die Trennstufenzahl und desto niedriger ist der Wärmebedarf der Anlage. Auf diese Weise werden z.B. Ethylen, Ethan, Propylen, Propan und Butan im Sumpf von leichteren Komponenten wie Wasserstoff und Methan, die am Kopf abgezogen werden, getrennt [2].

Das aufzutrennende Produkt wird im oberen Drittel der Kolonne eingespeist. Vorher wird es bereits in die Nähe des Siedepunktes aufgeheizt. Das am Kopf austretende Produkt wird in einem Gegenströmer kondensiert und in einem Rücklaufbehälter aufgefangen. Ein Teil des Kondensates wird als Rücklauf in die Kolonne zurückgeführt, der Rest wird weiterverarbeitet. Nicht kondensierte Gasanteile werden zur Regelung des Kopfdruckes abgeführt.

Das schwersiedende Produkt wird am Boden flüssig abgezogen. Die sich am Boden sammelnde Flüssigkeit wird über Umlaufverdampfer kontinuierlich aufgeheizt um leichte Komponenten auszuheizen und Wärme der Destillation zuzuführen.

Die Anzahl der Böden kann je nach Anwendung und Energiehaushalt bis zu 200 Stück betragen. Eine solche Kolonne kann aus mehreren Teilen bestehen und zusammen eine effektive Höhe von weit mehr als 100 Meter haben. Bei Verschmutzung einer Kolonne durch Ablagerungen sowie bei Überlastung nimmt der Differenzdruck zwischen Kopf und Sumpf soweit zu, daß die gewünschte Menge nicht mehr aufgetrennt werden kann.

Die konventionelle Regelung

Für die Bewertung der Regelung der Rektifikationskolonnen ist der Einsatz von Geräten zur Komponentenanalyse, im hier besprochenen Fall Gaschromatographen, unerläßlich. Mit ihrer Hilfe ist es möglich, genau zu bestimmen, wieviel schwersiedende Komponenten am Kopf und wieviel leichtsiedende Komponenten am Sumpf der Kolonne austreten. Im Idealfall wären diese Anteile verschwindend gering. Tatsächliche Anteile bewegen sich im ppm-Bereich. Die in Abb. 3 gezeigten Analysen AR1 und AR2 sind obligatorisch, die Einsatzanalyse AR5 ist sehr hilfreich für eine Feedforwardregelung. Die Temperaturregelung TIC4 wirkt auf die zu dem Umlaufverdampfer führende Dampfleitung (FIC). Ist die Temperatur zu niedrig, wird mehr Kondensat am Verdampfer abgezogen und so mehr Dampf zugeführt. Der Flüssigkeitsstand (LIC) im Sumpf der Kolonne wirkt auf die abgezogene Flüssigkeitsmenge (FIC). Ist der Stand zu hoch. wird mehr Menge abgezogen. Der Stand (LIC) im Rücklaufbehälter wirkt auf die abgezogene Menge (FIC) aus dem Behälter. Ist der Stand zu hoch, wird mehr Flüssigkeit abgezogen. Die Einsatzmenge (FIC) wirkt über ein Proportionalglied (FIC3) auf die Rücklaufmenge. Steigt die Einsatzmenge, steigt auch der Rücklauf. Um den Kopfdruck (PIC) der Kolonne konstant zu halten, wird gasförmiges Kopfprodukt abgezogen. Ist der Kopfdruck zu hoch, wird mehr abgezogen.

Alle bisher beschriebenen Regelungen werden mit PID-Reglern ausgeführt und erfüllen ihre Aufgabe in der Regel problemlos. Wie jedoch zu ersehen ist, werden die Ergebnisse der Analysen AR1, AR2 und AR5 nicht berücksichtigt. Die Analysen werden zwar überwacht, es obliegt aber dem Bedienungspersonal Konsequenzen aus den Ergebnissen zu ziehen. Sind z.B. zu viele schwersiedende Komponenten im Kopf zu finden, so kann das in erster Ordnung über einen erhöhten Rücklauf kompensiert werden. Findet man leichtsiedende Komponenten im Sumpfabzug, so ist die Temperatur der Kolonne zu erhöhen. Ändern sich die Einsatzkomponenten, so sind entsprechende Änderungen durchzuführen. Aus vorwiegend vier Gründen wurden diese Eingriffe bisher durch Sollwertänderungen von Hand durchgeführt:

- Moderne Analysegeräte liefern ihre Werte mit einer Verzögerung von 10 - 30 Minuten. So kommt es zu einer Totzeit im Regelkreis.

- Die oben genannten grundsätzlichen Eingriffe sind nur Eingriffe erster Ordnung, tatsächlich sind die Regelgrößen aber miteinander gekoppelt. Man kann also weniger effektiv die schwersiedenden Anteile im Kopf der Kolonne auch durch eine Reduzierung der Heizung im Sumpf mindern.

- Je größer die Kolonne, desto schwieriger ist die Beherrschung der Antwortzeiten. So kann das Ausmaß einer Änderung des Rückflusses auf die Kopfanalyse in 30 Minuten vorliegen, der Einfluß auf die Sumpfanalyse jedoch erst nach 3 Stunden vorliegen.

- Sind Kopf- und Sumpfanalysen befriedigend, besteht weiterhin die Aufgabe, die Energiebilanz der Kolonne zu optimieren, d.h. Rückfluß und Heizung im gleichen Verhältnis zurückzunehmen und so zu entlasten.

Das Bedienungspersonal ist mit der Beachtung und Durchführung dieser Punkte stark beansprucht. Es ist daher verständlich, daß der Betrieb nur suboptimal durchführbar ist. Auch konventionelle PID-Regler lassen sich nur sehr schwierig zur Bewältigung der Anforderungen strukturieren und parametrieren. Aufgrund des Mehrschichtsystems entstehen zuweilen verschiedene Bedienungsphilosophien, die eine kontinuierliche Verbesserung des Betriebes erschweren. Meist werden vollkontinuierlich betriebene Anlagen von drei oder vier Schichten mit je 8 oder 6 Stunden betreut.

Die Fuzzy Regelbasis

Ziel der Fuzzy-Regelung ist es, eine objektive gemeinsame Basis für die Bewältigung der oben angeführten Situation zu bilden. Zu diesem Zweck empfiehlt es sich, die Fuzzy-Regelstruktur der PID-Struktur in einer 2. Ebene zu überlagern. Zu Beginn der Implementierung werden zuerst alle verfügbaren Informationen über die Regelstrecke und ihre Regelung gesammelt. Dazu sind gewöhnlich diverse Gespräche mit den Anlagenbetreibern nötig. Aufgabe des PLT-Ingenieurs muß es sein, aus der Vielzahl der gewährten Information eine Grundstruktur zu ermitteln. Neben Gesprächen mit den Betreibern empfiehlt es sich, die Regelstrecke mathematisch zu analysieren. Die Kenntnis von Responsezeiten und nichtdiagonalen Matrixelementen läßt sich später ausgezeichnet für den "first guess" der Struktur und Regeln einsetzen. Von Null verschieden nicht auf der Diagonalen liegende Matrixelemte geben Auskunft über die Verknüpfung bei Mehrgrößenabhängigkeiten. Es empfiehlt sich ausdrücklich, soviel Strukturinformation wie eben möglich zur Strukturierung des Fuzzy-Systems zu nützen. Im vorgestellten Beispiel (Bild 4) mit 7 Eingängen und 2 Ausgängen macht es also keinen Sinn, nur einen einzigen Regelblock mit 7 Eingängen und 2 Ausgängen zu schaffen. Macht man diesen Fehler nicht, trifft auch der Vorwurf von Gegnern von Fuzzy-Control nicht zu, daß Strukturinformation und Vorkenntnisse nicht verwertet werden können. Gemäß der Beschreibung der konventionellen Regelung ist der Ausgangspunkt für eine Änderung von Sollwerten das Ergebnis der Analysen des Kopf- und Sumpfproduktes AR1 und AR2. Dabei ist zu bemerken, daß die zeitliche Änderung der Analysen AR1T und AR2T in die Regelung mit einbezogen wird. Aus AR1 und AR1T wird ein Handlungsbedarf im Block "Kopfanalyse AR1" gebildet. Dabei kommen solche Regeln wie "Eine konstant schlechte Analyse fordert die gleiche Reaktion wie ein gerade noch gute, aber schlechter werdende Analyse" zur Geltung. Diese Auswertung wird für die Kopf- und Sumpfanalyse getrennt durchgeführt. Das Ergebnis wird mit AR1_O und AR2_O bezeichnet. Dieser Handlungsbedarf wird im Block "AR Bedarf" weiterverarbeitet. Hier findet die Kopplung von Heizung und Rückflußmenge statt, und es wird der Forderung nach Entlastung der Kolonne im GUT-Zustand genüge getan. Ist z.B. die Kopfanalyse ungenügend, die Sumpfanalyse aber zufriedenstellend, wird sowohl der Rückfluß erhöht als auch die Temperatur etwas gesenkt. So wird das Stauen der Kolonne vermieden. Aus diesen Blöcken wird nun ein Bedarf für Heizung TIC4_Be und Rückfluß FIC3_Be ermittelt. Durch die Berücksichtigung der zeitlichen Änderung der Einsatzanalyse AR5_T wird eine Änderung in der Zusammensetzung der Feedmengen abgefangen. In den Ausgangsblöcken "FK_Res" und "TC_Res" wird unter Berücksichtigung der augenblicklichen Menge FIC3 und Temperatur TIC4 ein Offset für Menge FIC3_O und Temperatur TIC4_O ermittelt. Diese Offsets können zur Änderung der Sollwerte der unterlagerten PID-Regler dienen.

Vorliegende Informationen aus Beobachtermodellen und Korrelationsanalysen können leicht in die Bestimmung der Variablen AR1T und AR2T einfließen und so als Korrekturen 2. Ordnung berücksichtigt werden.

Der Aufbau der gezeigten Struktur nimmt nur wenige Stunden in Anspruch. Erste Erfolge zeigen sich nach 2 oder 3 Testläufen. Dauerhaft befriedigende Ergebnisse erzielt man nach ca. 20 - 30 Tuningstunden.

Ergebnisse

Die Ergebnisse dieser und anderer Ansätze [3] stimmen in weiten Zügen überein. Aufgrund des Einsatzes des Fuzzy-Systems gelingt es einen objektivierten und für Verbesserungen offenen Ansatz für die Regelung komplexer Systeme zu finden. Verschiedene

Regelphilosophien können über Wochen ausgetestet und verbessert werden. Sowohl bei Einsatzänderungen als auch im Dauerbetrieb lassen sich niedrigere Lastzustände der Kolonne realisieren. Somit läßt sich Arbeit und Energie sparen. Die Standzeiten der Kolonne können aufgrund der niedrigeren Last erheblich verlängert werden.

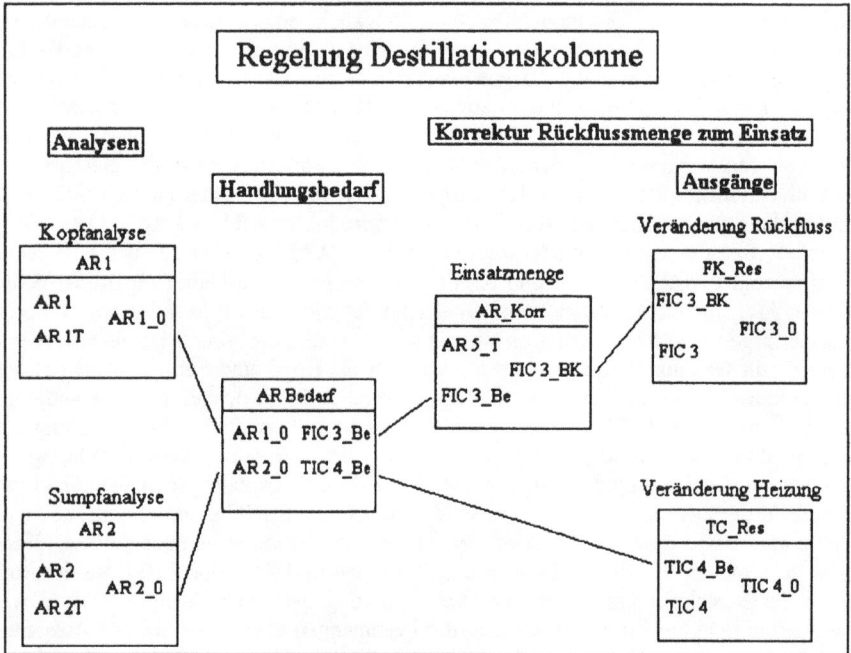

Bild 4: Die Struktur des Fuzzy-Regelsystems.
Die Bedeutung der Variablen ist im Text erläutert

Investitionen und Rentabilität

Die durch Fuzzy-Control möglichen Einsparungen nehmen in einem größeren Betrieb leicht interessante Größenordnungen an (Bild 5). Falls bereits Infrastrukturen wie ein Prozeßleitsystem (PLS) oder ein Prozeßrechner vorhanden sind, stehen den möglichen Einsparungen relativ geringe Investitionen gegenüber (Bild 6).

3. Zusammenfassung

Im Rahmen dieses Beitrags sollte deutlich geworden sein, daß der Zwang zur Rationalisierung in Europa, insbesondere in Deutschland, weiter wächst. Es ist also keine Frage mehr, ob Advanced Control eingesetzt werden muß oder nicht, sondern nur, welche Werkzeuge und Techniken zu nutzen sind. Aufgrund der Vielseitigkeit, der hohen Akzeptanz, der einfachen Parametrierbarkeit und der bisherigen Ergebnisse werden Fuzzy-Techniken einen breiten Raum bei der Bewältigung der Aufgaben einnehmen. Das hier vorliegende Beispiel zeigt nur einen kleinen Ausschnitt aus den möglichen Anwendungsbereichen.

Einheit	Ersparnis (TDM)	Barwert (TDM)	Investitions-quote	Rendite
1 Person	80	400		
1 MWh	880	4400	50%	33%
1 GJ	80	400		

Bild 5: Größenordnungen der Barwerte der Einsparungen, die durch den Einsatz von Fuzzy Control in einem chemischen Betrieb erzielt werden können. Grundlage der Berechnung ist eine Dauer der Einsparung von 10 Jahren, Wartungskosten bei Neuinvestitionen von 5% und ein Zinssatz von 8%. Würde man z.B. bei Einsparung einer Person nur 50% des Barwertes von 400 TDM, also 200 TDM investieren, wird eine Rendite von 33% erzielt

Investition	MIN (TDM)	MAX (TDM)
Prozessleitsystem	100	2000
Prozeßrechner	50	200
PC's	5	25
Lizenzgeb.	5	15
Ingenieurstunden	10	30
Planung + Dokumentation	30	50

Bild 6: Investitionen, die je nach Anwendung und Infrastruktur zur Implementierung von Fuzzy-Control getätigt werden müssen

4. Literatur

[1]   Hemming Werner, "Verfahrenstechnik", Vogelverlag, ISBN 3-8023-0084-X (1991).

[2]   Yoshitomo Hankuma et al., "Ethylene Plant Distillation Column Bottom Temperature Control", Keiso, Vol. 32, No. 8, (1989) 28.

[3]   Aliev, Fuad, "Fuzzy Process Control and Knowledge Engineering in Petrochemical and Robotic Manufacturing", TÜV Rheinland (1991).

20.

Fuzzy Logic Control im Vergleich mit modellbasierten Entwurfsverfahren

Prof. David Dyntar
Zentralschweizerisches Technikum Luzern

Die Entwurfsmethoden für Zustandsregler sind in den letzten 25 Jahren in der modernen Regelungstechnik systematisch untersucht worden. Heute gibt es eine ganze Reihe von guten Entwurfsmethoden, welche darüber hinaus durch leistungsfähige Entwicklungswerkzeuge wie z.B. Matlab/Simulink, MatrixX, ACLS u.a., effizient unterstützt werden. Im weiteren sollen einige dieser Methoden aufgezählt werden:

- *Riccati Rückführung*

- *lqr ... Linear-Quadratic-Regulator Design*

- *lqg ... Linear-Quadratic-Gaussian Design*
  (für Zustandsregler mit Beobachter)

- *lqd-ltr ... lqr mit Loop-Transfer-Recovery*
  (geeignet für Nichtminimumphasen-Systeme)

Diese mathematischen Methoden ermöglichen einen systematischen Entwurf, Optimierung und Robustheitsüberprüfung eines Zustandsreglers.

Die Methoden von Fuzzy Logic Control stehen demgegenüber am Anfang ihres Entwicklungsstadiums. Die grobe Vorgehensweise beim Entwurf eines Fuzzy-Reglers ist heute zwar bekannt, für die einzelnen Entwurfsschritte stehen aber fast keine mathematischen Methoden, sondern höchstens einige praktische Empfehlungen zur Verfügung. Die Wahl der Zugehörigkeitsfunktionen, der Regeln, der Inferenzmaschine, der Defuzzifizierung, sowie die Optimierung eines Fuzzy-Reglers ist weitgehend von der Intuition und der Erfahrung des Ingenieurs abhängig.

Im weiteren werden die beiden Vorgehensweisen am Beispiel der Stabilisierung eines invertierten Pendels aufgezeigt und miteinander verglichen.

1. Klassischer Entwurf eines Zustandsreglers

1.1 Beschreibung der Regelaufgabe und der Regelstrecke.

Ein invertiertes Pendel, welches auf einem angetriebenen Wagen drehbar befestigt ist (siehe Bild 1 und Bild 2) soll in seiner oberen, instabilen Lage balanciert werden, wobei gleichzeitig die gewünschte horizontale Position (Sollwert) des Wagens gehalten werden muß. Der Antrieb erfolgt durch einen 80 Watt Gleichstrommotor über ein Untersetzungsgetriebe und einen Zahnriemen, welcher den Wagen in beide Richtungen horizontal bewegen kann.

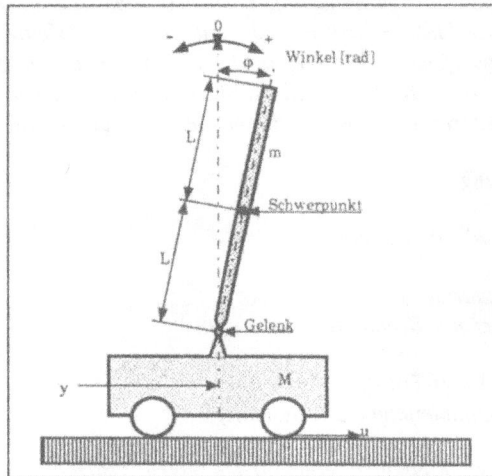

Bild 1: Umgekehrtes Pendel auf einem angetriebenen Wagen montiert

1.2 Das mathematische Modell des umgekehrten Pendels

Das für kleine Winkel φ linearisierte, mathematische Modell des invertierten Pendels ist im Bild 3 angegeben. Zusammen mit der Wagenverzögerung (Zeitkonstante T_m) ergibt sich ein instabiles System fünfter Ordnung.

Bild 2: Realisiertes Modell des invertierten Pendels im Betrieb

$$\ddot{y} = -\frac{3 \cdot g \cdot m}{m + 4 \cdot M} \cdot \varphi + \frac{4}{m + 4 \cdot M} \cdot u$$

$$\ddot{\varphi} = \frac{3 \cdot (m + M) \cdot g}{(m + 4 \cdot M) \cdot L} \cdot \varphi - \frac{3}{(m + 4 \cdot M) \cdot L} \cdot u$$

Bild 3: Differentialgleichungssystem des Pendels

g: Erdbeschleunigung   m: Masse des Pendels

M: Masse des Wagens φ: Winkelausschlag des Pendels

u: Kraft am Wagen   L: Länge des Pendels

y: horizontaler Weg

Für die Analyse und die Synthese der Regelung mit Hilfe von Matlab/Simulink wurde ein Strukturbild erstellt (siehe Bild 4).

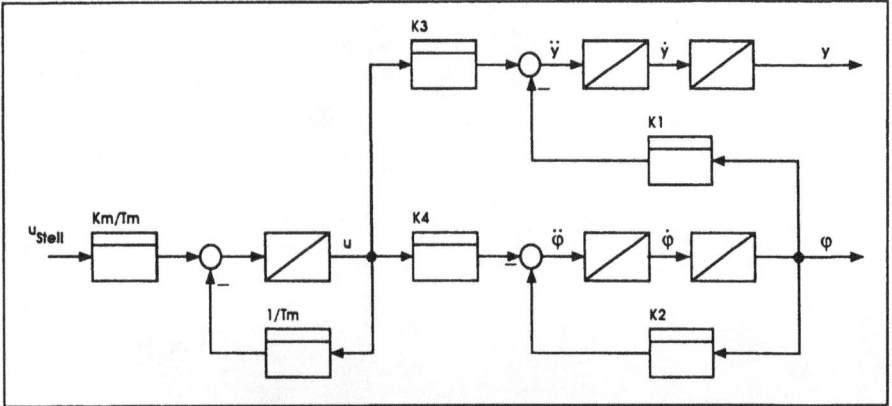

Bild 4: Strukturbild des umgekehrten Pendels

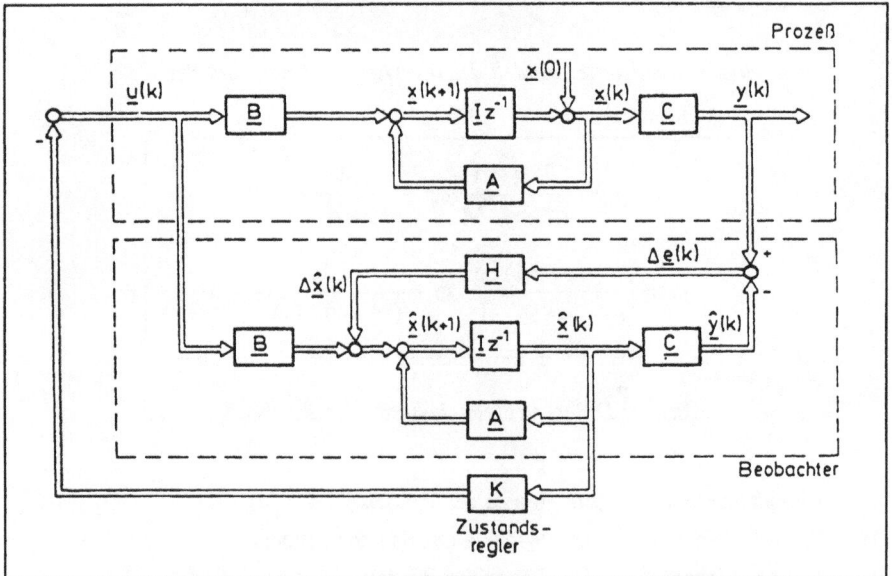

Bild 5: Zustandsregler mit Beobachter nach Luenberger

1.3 Entwurf des Zustandsreglers mit Beobachter

Nachdem wir das mathematische Modell des Pendels aufgestellt haben, kann die Reglersynthese, d.h. der Entwurf des Zustandsreglers, erfolgen. Leider sind von den fünf Zuständen, die zur Regelung benötigt werden, nur deren zwei meßbar (Winkel und Weg). Aus diesem Grund müssen die restlichen drei Zustände mit einem Beobachter rekonstruiert werden.

Beim Entwurf eines solchen Reglers müssen mehrere, mathematisch komplizierte Schritte, durchgeführt werden:

1. Bestimmung der Systemmatrizen A, B, C, D.

2. Überprüfung der Steuer- und Beobachtbarkeit des Systems.

3. Berechnung der optimalen Rückführung (Riccati oder lqr)

4. Berechnung der Eigenwerte (Pole) des geschlossenen Systems.

5. Bestimmung der Pole des Beobachters (z.B. 3 x schneller)

6. Berechnung der Beobachter-Rückführmatrix H

7. Berechnung des Vorfilters

8. Diskretisieren des Beobachters für den realen Einsatz im Computer.

1.3.1 Entwurf mit Matlab/Simulink

Der oben beschriebene Entwurf kann im Matlab relativ leicht realisiert werden. Das entsprechende M-File für Matlab wird für die obigen Schritte 1 bis 8 im folgenden angegeben:

```
% Modell-Parameter
g    = 9.81;
m    = 0.112;
M    = 0.503;
L    = 0.25;
K1   = (3*g*m)/(m+4*M);
K2   = (3*g*(m+M))/((m+4*M)*L);
K3   = 4/(m+4*M);
K4   = 3/((m+4*M)*L);
K5   = 56.81;
K6   = 319.88*0.6;
% Entwurfsschritt 1
% Bestimmung der Systemmatrizen A, B, C und D
[A,B,C,D]=linmod('inv_pendel')
[sizes,x0,xstr]=inv_pendel
% Entwurfsschritt 2
% Überprüfung der Steuer- und Beobachtbarkeit des Systems.
RankCtrMatrix=rank(ctrb(A,B))
RankObsMatrix=rank(obsv(A,C))
% Entwurfsschritt 3
% Berechnung der optimalen Rückführung (lqr-Methode)
Q=[100 1;1 100];
R=0.01;
[k,s,E]=lqry(A,B,C,D,Q,R)
```

% **Entwurfsschritt 4**
% Festlegung der Eigenwerte (Pole) des geschlossenen Systems
PoleCloseLoop=eig(A-B*k)
% **Entwurfsschritt 5**
% Bestimmung der Pole des Beobachters
% z.B. 3 x schneller als die Pole des geschlossenen Systems
PoleBeobachter = 3 * PoleCloseLoop
% **Entwurfsschritt 6**
% Berechnung der Rückführmatrix H durch Polfestlegung
h=place(A',C',PoleBeobachter)
% **Entwurfsschritt 7**
% Berechnung des Vorfilters
vor=1.0/(C*inv(B*k-A)*B)
% **Entwurfsschritt 8**
% Berechnung des zeitdiskreten Beobachters mit T_{Abtast} =7.8 ms
[Ad,Bd] = c2d(A-H*C, [B,H], 0.0078)

Der diskrete Beobachter wird mit Hilfe von Differenzengleichungen im Rechner realisiert und an die reale Regelstrecke (physikalisches Pendel-Modell) über entsprechende Wandler angeschlossen (siehe Bild 6).

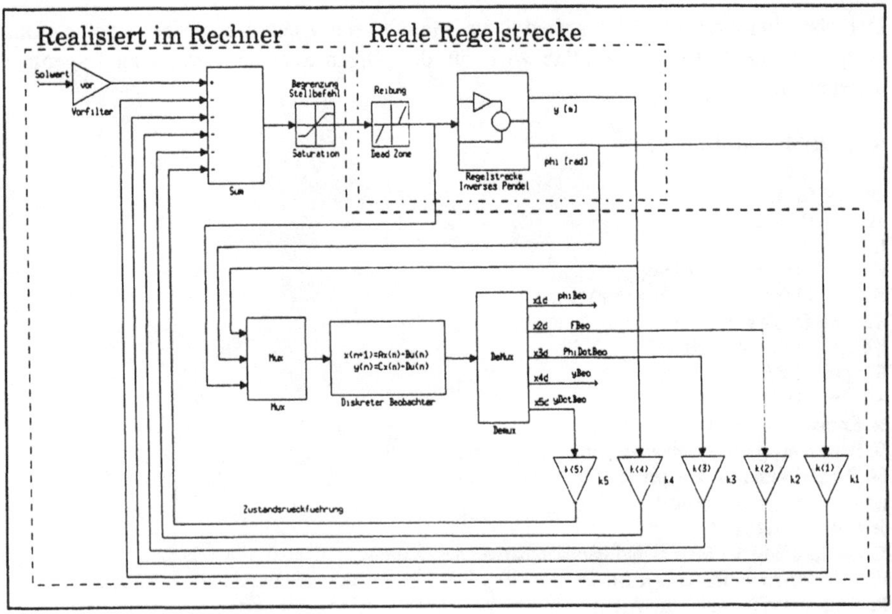

Bild 6: Blockschaltbild des Regelkreises mit Zustandsregler und Beobachter

1.4 Meßergebnisse eines praktischen Versuches

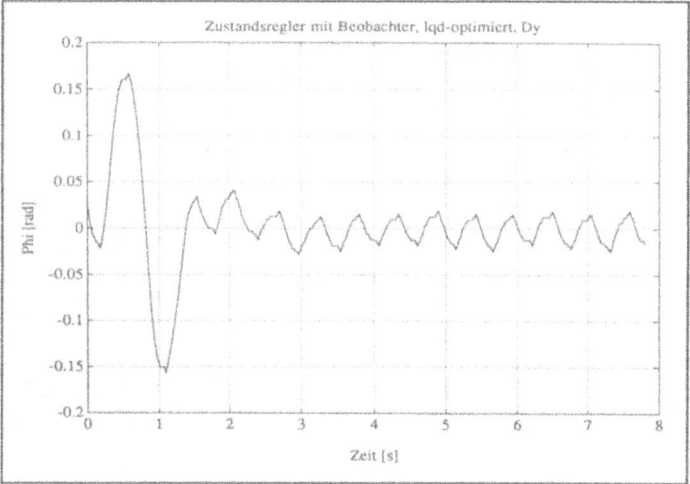

Bild 7: Einschwingvorgang des Pendel-Winkels

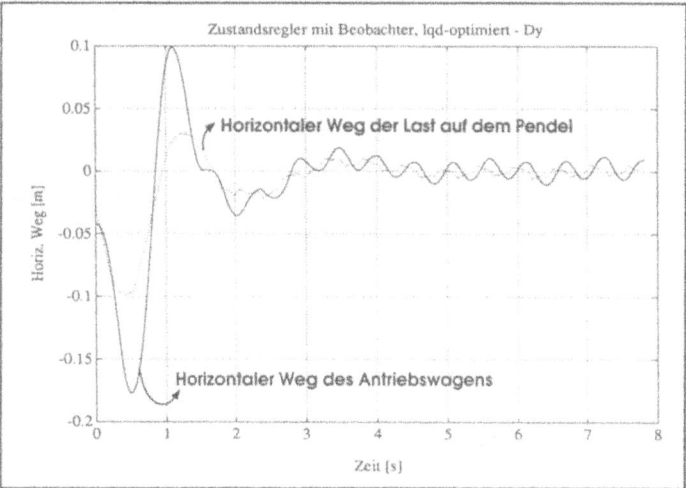

Bild 8: Einschwingvorgang des Antriebswagens und der Last

1.5 Robustheit des Zustandsreglers

Auch für die Überprüfung der Robustheit eines Zustandsreglers stehen dem Regelungstechniker gute mathematische Methoden zur Verfügung. In der Frequenzebene kann die Überprüfung der Stabilität und der Robustheit mit Hilfe der Nyquist-Ortskurve durchgeführt werden.

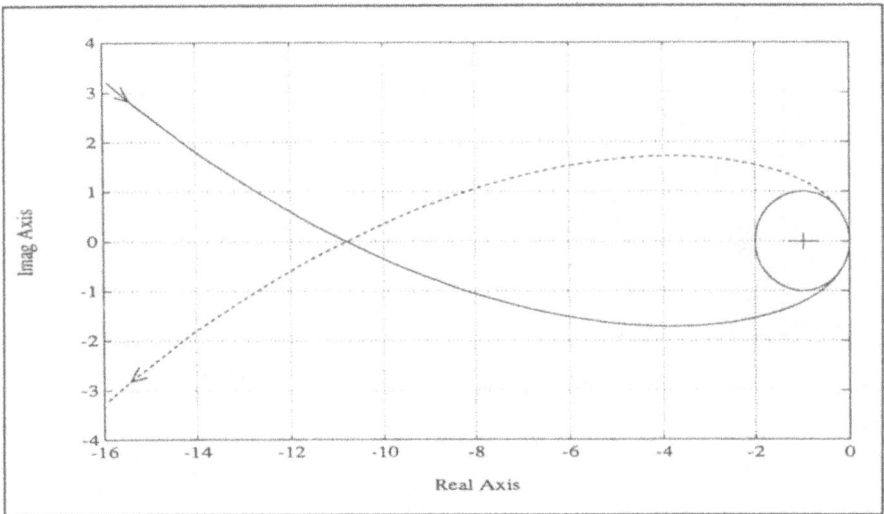

Bild 9: Ortskurve des offenen Zustandsregelkreises (lqr-Design)

Aus dem Verlauf der Ortskurve im Bild 9 ist ersichtlich, daß der geschlossene Regelkreis stabil ist. Die Phasenreserve beträgt ca. 60 Grad.

Beim lgd - Entwurf eines Zustandsreglers mit Beobachter kann die Robustheit des geschlossenen Regelkreises mit den Gewichtungsmatrizen Q und R in der quadratischen Zielfunktion eingestellt werden.

2. Entwurf eines Fuzzy-Reglers

Der Grobentwurf eines Fuzzy-Reglers kann grundsätzlich in vier Schritte aufgeteilt werden:

1. Definition der linguistischen Variablen, sowie der entsprechenden Zugehörigkeitsfunktionen.

2. Definition der Regelbasis (Wissensbasis) und der Inferenzmaschine (Operatoren für Aggregation und Composition).

3. Definition der Defuzzifizierung (Berechnung der scharfen Stellgröße).

4. Optimierung des entworfenen Fuzzy-Reglers.

Bild 10 zeigt schematisch den geschlossenen Fuzzy-Regelkreis.

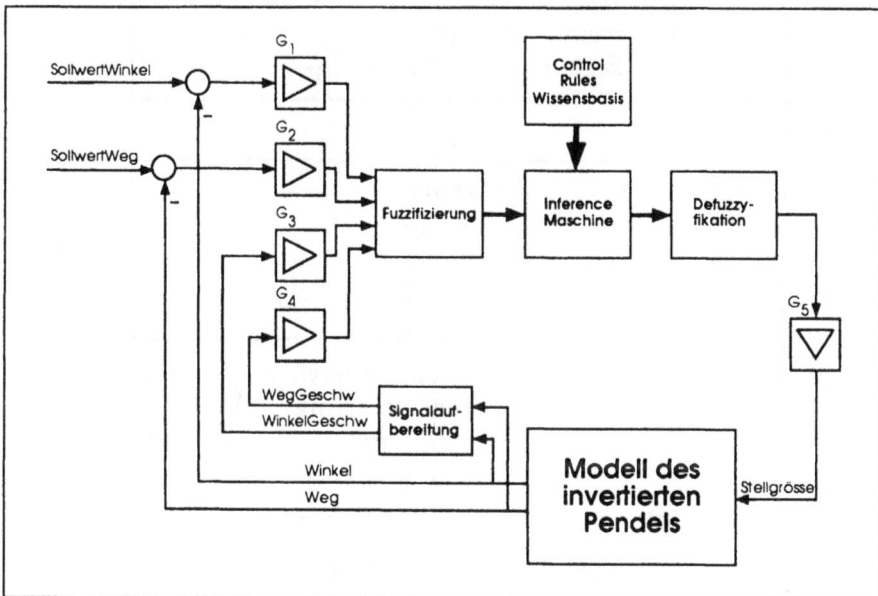

Bild 10: Blockschaltbild des Fuzzy-Regelkreises

Die Variablen Winkel und Weg werden mit je einem Inkrementalgeber und Zähler gemessen und über Digital-I/O-Ports vom Rechner eingelesen. Die Winkel- und die Weggeschwindigkeit werden in einer Signalaufbereitung softwaremäßig berechnet. Die Ausgabe der Stellgröße erfolgt über einen 12-Bit-D/A-Wandler und eine Vierquadranten-Leistungsstufe zum 80 Watt Gleichstrommotor. Bild 11 zeigt das Flußdiagramm der geschlossenen Programmschleife, die periodisch mit der Abtastzeit T_A abgearbeitet wird.

```
┌─────────────────────────────────────────────────────┐
│  ┌──────────────────────────────────────────────┐   │
│  │                    ▼                          │   │
│  │   ┌──────────────────────────────────────┐   │   │
│  │   │   Warte bis die Uhr neue Phase startet│   │   │
│  │   └──────────────────────────────────────┘   │   │
│  │                    ▼                          │   │
│  │   ┌──────────────────────────────────────┐   │   │
│  │   │   Lese Winkel und Weg am I/O-Port     │   │   │
│  │   │   Berechne die entspr. Geschwindigkeiten│ │   │
│  │   │   Bestimme die Zugehörigkeitswerte    │   │   │
│  │   └──────────────────────────────────────┘   │   │
│  │                    ▼                          │   │
│  │   ┌──────────────────────────────────────┐   │   │
│  │   │   Berechne die Inferenz der gesamten  │   │   │
│  │   │   Wissensbasis                        │   │   │
│  │   └──────────────────────────────────────┘   │   │
│  │                    ▼                          │   │
│  │   ┌──────────────────────────────────────┐   │   │
│  │   │   Berechne mit CoA die scharfe Stellgrösse│ │
│  │   │   (Defuzzifizierung)                  │   │   │
│  │   └──────────────────────────────────────┘   │   │
│  │                    ▼                          │   │
│  │   ┌──────────────────────────────────────┐   │   │
│  │   │   Ausgabe der Stellgrösse über DAC    │   │   │
│  │   └──────────────────────────────────────┘   │   │
│  └──────────────────────────────────────────────┘   │
└─────────────────────────────────────────────────────┘
```

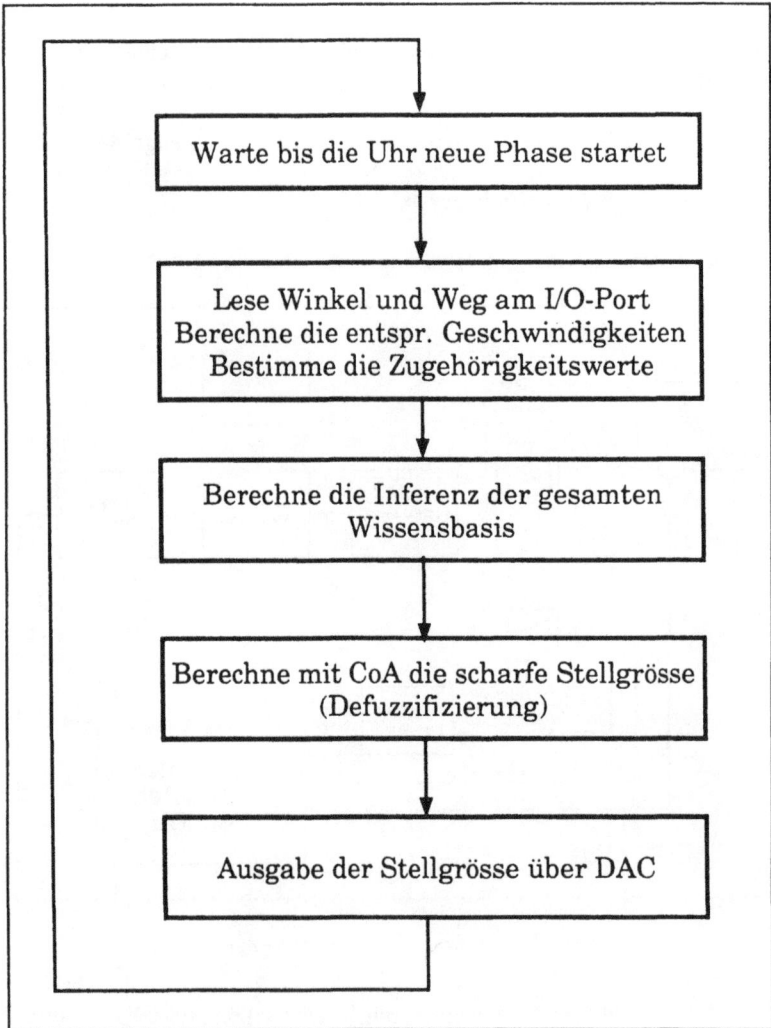

Bild 11: Die Programm-Regelschleife des Fuzzy-Reglers

2.1 Definition der linguistischen Variablen

Der Fuzzy-Regler hat fünf Eingangs- und eine Ausgangsvariablen, welche die folgenden Bereiche haben (T_A = Abtastzeit [s]):

- Winkel   -1.0 .. 1.0 [rad]
- Winkel314   -3.14.. 3.14 [rad]
- Weg   -0.7 .. 0.7 [m]
- WinkelGeschw -1.0 .. 1.0 [rad/T_A]
- WegGeschw   -1.0 .. 1.0 [m/T_A]
- µStell   -10 .. 10   [V]

Diese Werte gelten natürlich nur, wenn die Gewichtungsfaktoren G_1 bis G_5 gleich Eins sind. Für das Aufschwingen des Pendels aus der unteren in die obere Position wird der volle Winkel +/- 3.14 rad benötigt. Bei der Stabilisierung des Pendels in der oberen Position wird ein kleinerer Winkelbereich verwendet, was eine bessere Auflösung der Zugehörigkeitsfunktion ergibt.

2.1.1 Linguistische Variablen Winkel, WinkelGeschw und µStell

Für die Variablen Winkel, WinkelGeschw und µStell wurden linguistische Variablen mit jeweils fünf Termen gewählt. Die Form der Zugehörigkeitsfunktionen ist linear und symmetrisch überlappend (siehe Bild 12). Diese Wahl liefert gute Resultate und sollte daher nur in klar begründeten Fällen geändert werden. Zumindest sollte diese Empfehlung als Start-Einstellung für die Optimierung verwendet werden.

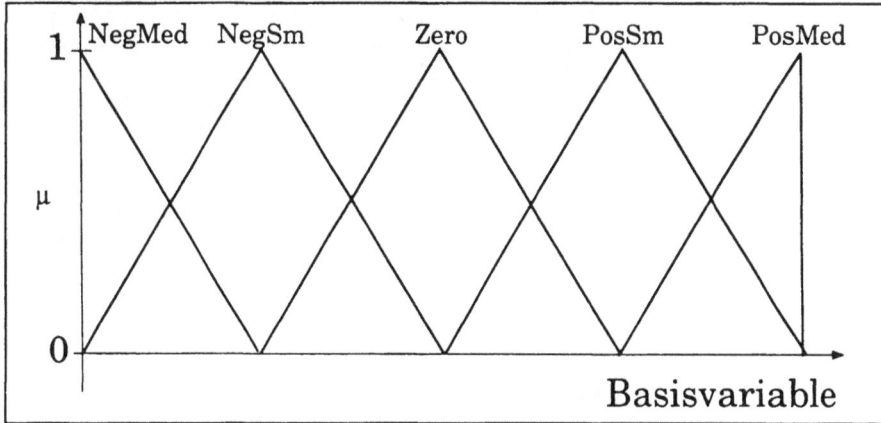

Bild 12: Zugehörigkeitsfunktionen für die linguistischen Variablen Winkel, WinkelGeschw und µStell

Die Terme "NegMed" bzw. "PosMed" der Ausgangsvariablen "μStell" müssen jeweils abgeschlossene Flächen bilden, damit der Flächenschwerpunkt bei der Defuzzifikation berechnet werden kann.

2.1.2 Linquistische Variable Theta314 für den vollen Winkel

Für das Aufschwingen des Pendels wird der volle Winkel:

Theta = -3.14 .. +3.14 [rad]

benötigt. Die linguistische Variable Theta314 besitzt die zwei Terme:"NegLarge" und "PosLarge" (Bild 13).

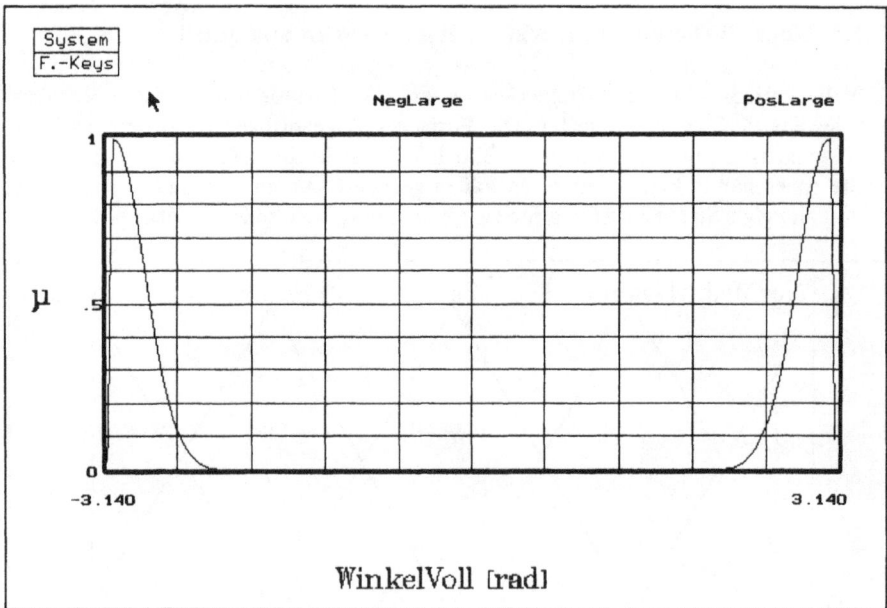

Bild 13: Terme der Variable Theta314, die beim Aufschwingen benötigt wird

2.2 Entwurf der Wissensbasis

Der Entwurf des Fuzzy-Reglers für das invertierte Pendel wurde mit Hilfe des Entwicklungstools *fuzzy*TECH durchgeführt. Das Tool hat eine grafische Bedienoberfläche, welche die Eingabe aller Daten auf eine einfache Weise ermöglicht. Der so entworfene Fuzzy-Regler kann dann anschließend mit einem C-Precompiler in ANSI-C-Code automatisch übersetzt werden. Der integrierte Debugger und die "OnLine"-Erweiterung ermöglichen insgesamt einen effizienten Entwurf des Fuzzy-Reglers.

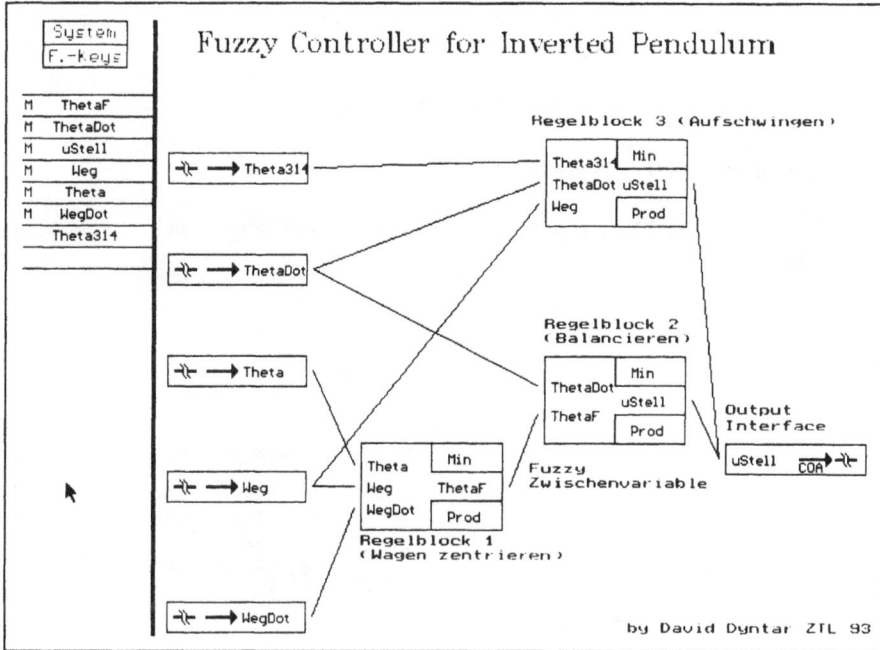

Fuzzy Controller for Inverted Pendulum

System
F.-keys

M   ThetaF
M   ThetaDot
M   uStell
M   Weg
M   Theta
M   WegDot
    Theta314

Theta314

ThetaDot

Theta

Weg

WegDot

Regelblock 3 (Aufschwingen)

Theta314   Min
ThetaDot uStell
Weg   Prod

Regelblock 2
(Balancieren)

ThetaDot   Min
ThetaF   uStell
           Prod

Output
Interface

uStell   COA

Theta   Min
Weg   ThetaF
WegDot   Prod

Fuzzy
Zwischenvariable

Regelblock 1
(Wagen zentrieren)

by David Dyntar ZfL 93

Bild 14: Struktur des Fuzzy-Reglers in fuzzyTECH

Ab einer gewissen Größe werden die vielen Regeln einer Wissensbasis unhandlich. Aus diesem Grund verwendet *fuzzy*TECH das Konzept der normalisierten Regelblöcke. In einem solchen normierten Block sind alle Regeln zusammengefaßt, welche dieselben Variablen in der Vorbedingung (condition) und in der Schlußfolgerung (conclusion) haben. Darüber hinaus werden für alle Regeln eines normierten Blocks einheitliche Operatoren benutzt. Die Regelblöcke können in 3D, oder in 2D dargestellt werden. Bei der 3D-Darstellung gibt die Höhe der Balken, bei 2D-Darstellung die Art der Schraffierung, den Plausibilitäts-Grad der einzelnen Regeln an. Das entsprechende Viereck einer vollgültigen Regel (Plausibilität=1) wird weiß dargestellt, eine ungültige Regel (Plausibilität=0) schwarz.
Der Fuzzy-Regler für das invertierte Pendel besteht aus drei Regelblöcken, fünf Eingangs- und einer Ausgangsvariable.

Die Aufteilung des Reglers auf verschiedene normierte Regelblöcke erhöht die Transparenz der sonst komplizierten und für den Menschen schwierig erfaßbaren Wissensbasis. Die einzelnen Regelblöcke sollten nicht mehr als zwei bis drei Eingangsvariablen haben, da sonst die Bestimmung der sehr vielen Regeln, aufgeteilt auf viele Regelebenen, praktisch verunmöglicht wird. Interessant an diesem Entwurf ist die Verwendung einer Fuzzy-Zwischenvariable (Regelblock 1), welche keine Zugehörigkeitsfunktionen besitzt (siehe auch das Debugger-Fenster in Bild 25).

Nachfolgend sind einige Regelblöcke für das Pendel dargestellt:

2.2.1 Regelblock 1 (Wagen zentrieren)

Die Regeln in diesem Block bewirken die Zentrierung des Wagens beim Balancieren des Pendels.

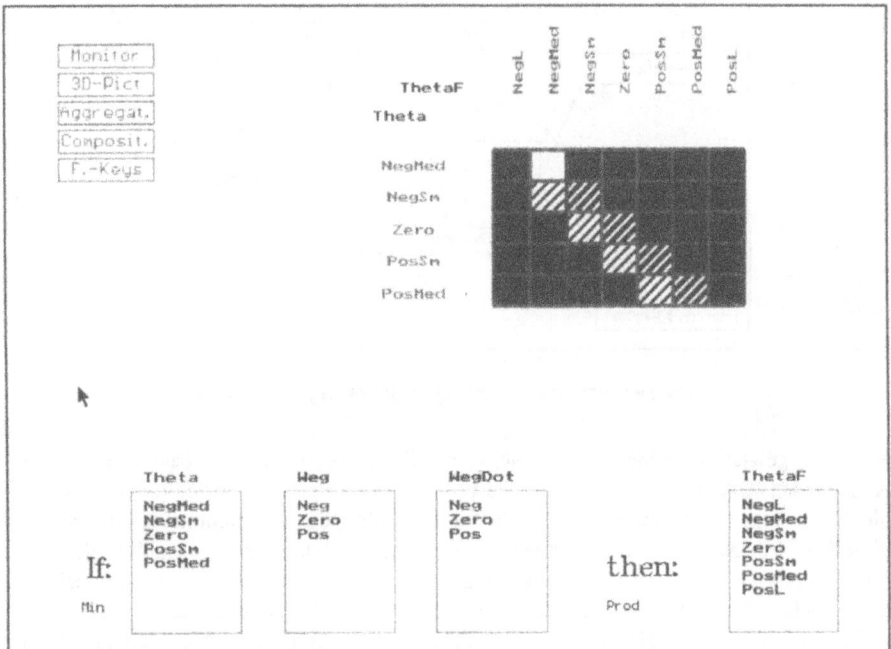

Bild 15: Regelblock 1: Regeln für Weg = Neg & WegDot = Neg

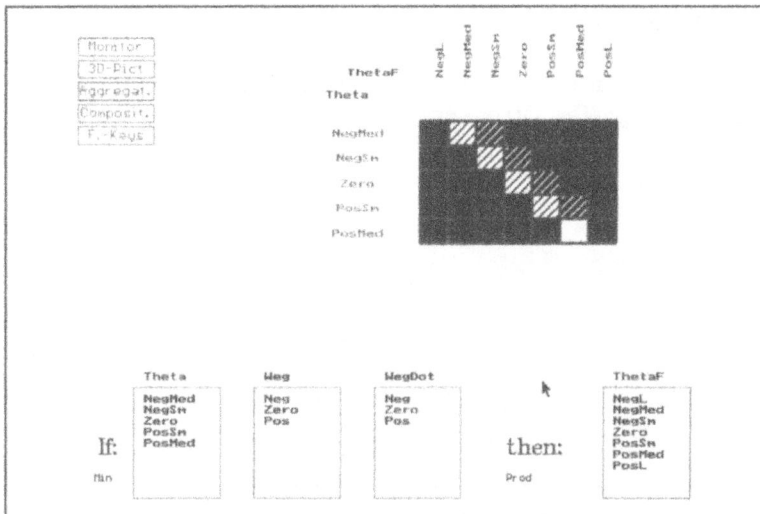

Bild 16: Regelblock 1; Regeln für Weg = Neg & WegDot = Zero

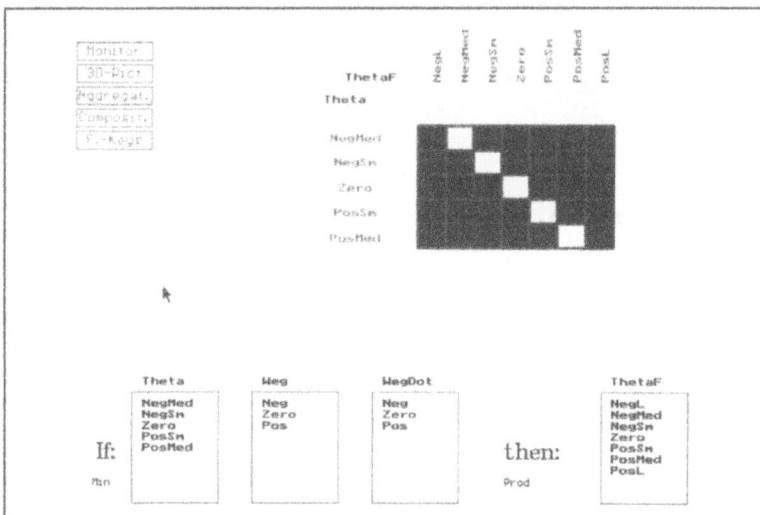

Bild 17: Regelblock 1; Regeln für Weg = Zero & WegDot = Zero

2.2.2 Regelblock 2 (Balancieren)

Die 21 Regeln in diesem Block erledigen das Balancieren des Pendels in der oberen, sonst instabilen Lage. Der Fuzzy-Regler verwendet dafür die zwei Variablen "Theta" und "ThetaDot".

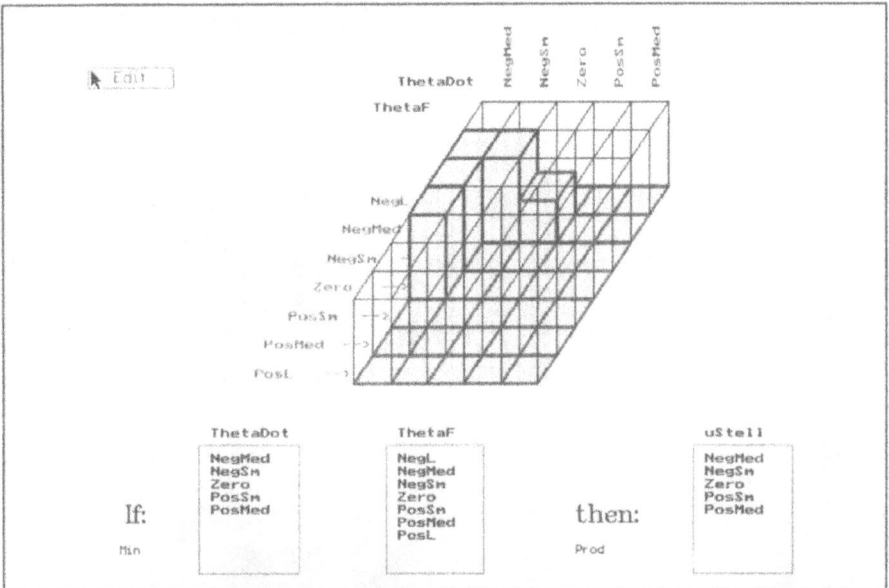

Bild 18: Regelblock 2; Regeln für Stellgröße µStell = NegMed in 3D-Darstellung

Die einzelnen Regeln werden wie folgt gelesen:

- IF ThetaF=NegMed AND ThetaDot=Zero THEN µStell=NegMed
  (Die Plausibilität dieser Regel ist 0.5, entspr. der Höhe des Balkens)

- IF ThetaF =Zero AND ThetaDot=NegMed THEN µStell=NegMed
  (Die Plausibilität dieser Regel ist 1, entspr. der vollen Höhe des Balkens)

- etc.

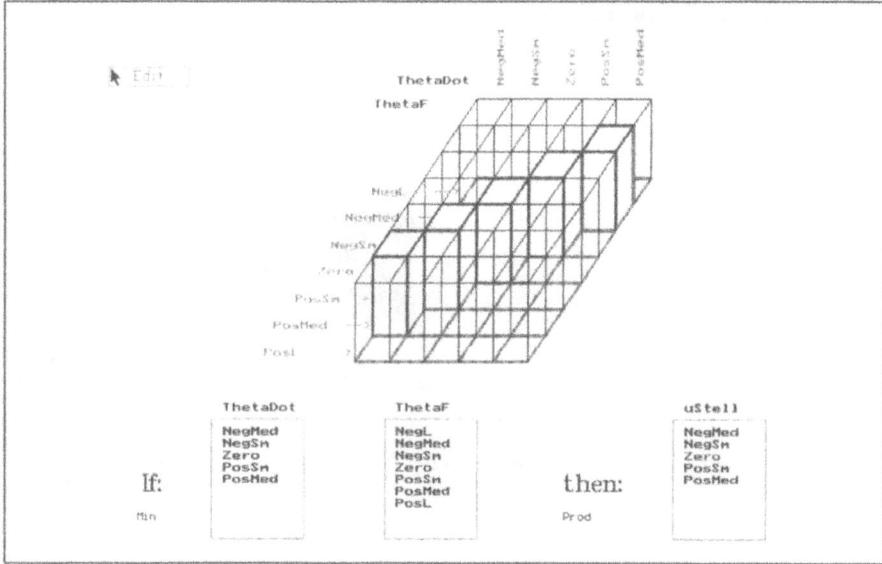

Bild 19: Regelblock2; Regeln für die Stellgröße μStell = Zero

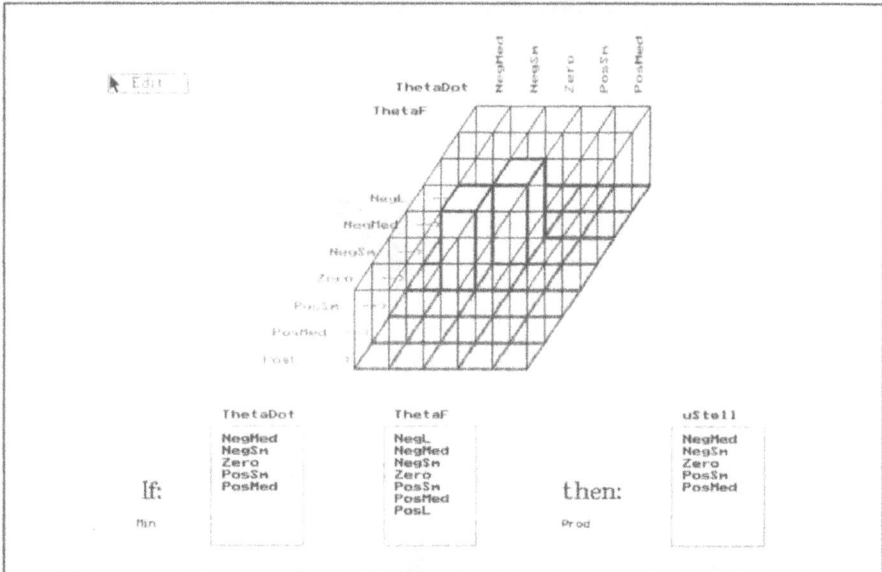

Bild 20: Regelblock2; Regeln für die Stellgröße μStell = NegSm

2.2.3 Regelblock 3 (Aufschwingen)

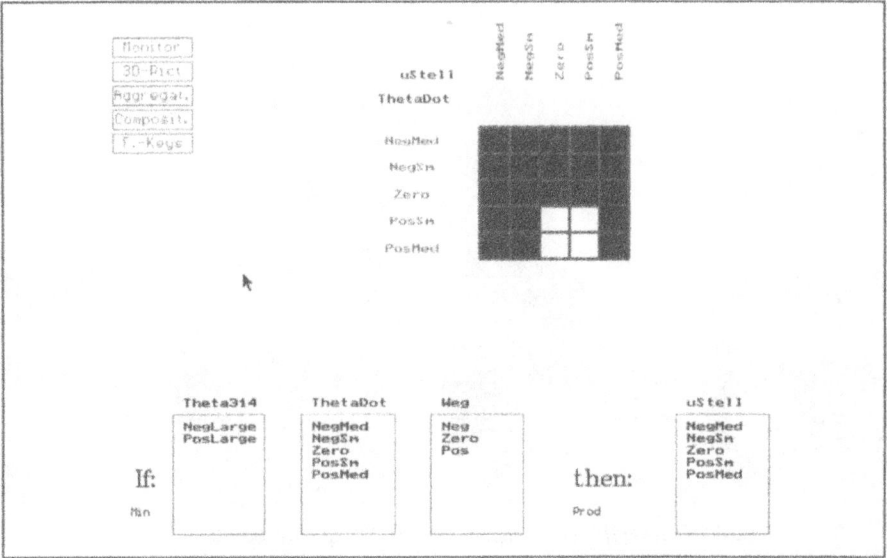

Bild 21: Regelblock3; Regeln für Theta314 = NegLarge & Weg = Neg

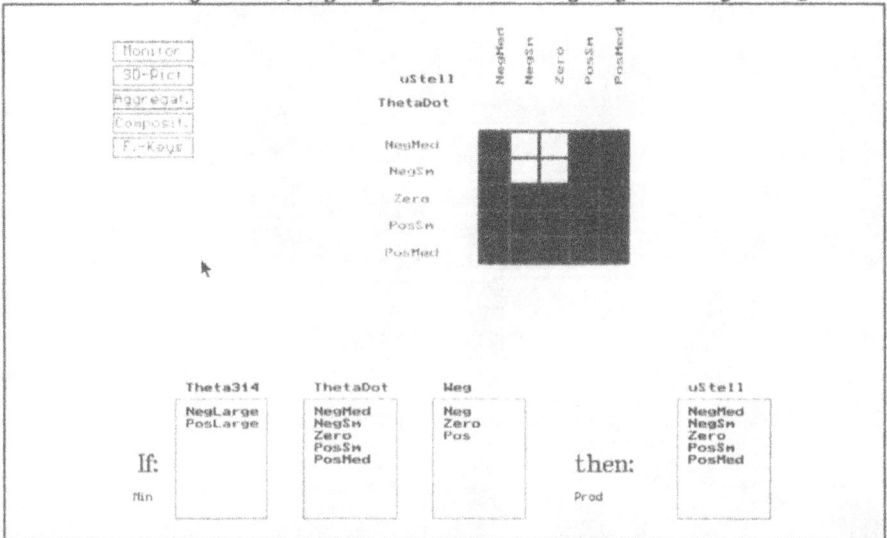

Bild 22: Regelblock3; Regeln für Theta314 = PosLarge & Weg = Pos

Die acht Regeln in diesem Block besorgen das automatische Aufschwingen des Pendels und die gleichzeitige Zentrierung des Wagens.

2.3 Praktische Erfahrung beim Entwurf der Wissensbasis

2.3.1 Erster Versuch

Der Entwurf der Wissensbasis wurde mit großem Elan mit dem Regelblock für das Balancieren des Pendels in Angriff genommen. Für die zwei Eingangsvariablen "Winkel" und "WinkelGeschw" wurden zuerst diejenigen Regeln bestimmt, die nach Ansicht des Designers die Schlußfolgerung "uStel = Zero" für die Stellgröße ergeben sollten (siehe Bild 19):

- IF Theta=Zero AND ThetaDot=Zero THEN µStell=Zero
  (In diesem Fall steht das Pendel bereits in der richtigen Position und der Antriebswagen muß nicht bewegt werden.)

- IF Theta=PosSm AND ThetaDot=NegSm THEN µStell=Zero
  (Hier *liegt* das Pendel zwar leicht rechts von der gewünschten Nullposition oben, aber es *fliegt* mit einer kleinen WinkelGeschw in die richtige Richtung. Es kann bei stillstehendem Antriebswagen abgewartet werden.)

- etc.

Auf Grund von ähnlichen Überlegungen wurden auch die anderen Regeln in diesem Block bestimmt. Anschließend wurde der Fuzzy-Regler mit dem Precompiler automatisch in C übersetzt, die entsprechende C-Funktion in das Hauptprogramm eingebunden und der erste Versuch am realen Pendel gestartet; wobei das Pendel von Hand in die obere Position gebracht werden mußte (kein automatisches Aufschwingen). Der Regelkreis war vorerst instabil. Es gelang aber relativ rasch, mit Hilfe der Gewichtungsfaktoren G_1, G_3 und G_5 den Regler zu stabilisieren. Nachdem das Pendel stabilisiert werden konnte, ist ein zweites Problem aufgetaucht. Der Fuzzy-Regler hat zwar das Pendel stabilisiert, der Antriebswagen bewegte sich aber dabei immer mehr nach rechts, bis er nach einigen Sekunden den rechten Endanschlag erreichte und die Regelung dadurch ausgeschaltet wurde.

2.3.2 Zweiter Versuch

Um das oben beschriebene Problem zu lösen, wurden in der Vorbedingung des Regelblocks zwei zusätzliche Variablen ("Weg" und "WegGeschw") hinzugefügt. Wegen der hohen Anzahl (3125 Regeln) ist die Bestimmung der Regeln eines Blocks mit vier

Eingangsvariablen aber so schwierig und unübersichtlich geworden, daß dieser Versuch aufgegeben wurde.

2.3.3 Dritter Versuch

Nach dieser bitteren Erfahrung hat der Autor selber einen Stab auf die Fingerspitze genommen, balanciert, und sich dabei überlegt, mit welchen Regeln ein Mensch den stabilisierten Stab von Punkt A zum Punkt B transportieren kann, bzw. wie er ihn am gewünschten Ort positionieren kann. Dieser Versuch zeigte, daß der Mensch dabei den Stab ziemlich weit nach rechts auslenken läßt, um anschließend schnell diese zu große Auslenkung durch eine horizontale Bewegung der Fingerspitze nach rechts zu korrigieren.

Damit war die Idee eines neuen, zusätzlichen Regelblocks und der Fuzzy-Zwischen-variable ThetaF geboren (siehe Regelblock 1 im Bild 14).

Der Regelblock 1 verarbeitet in der Vorbedingung drei Eingangsvariablen "Theta", "Weg" und "WegDot", und liefert in der Schlußfolgerung die Fuzzy-Ausgangs-variable "ThetaF" an den Regelblock 2. Solange der Antriebswagen in der ge-wünschten Position steht, entspricht "ThetaF" der Eingangsvariablen "Theta" des Regelblockes 1. Sobald sich aber der Antriebswagen aus der gewünschten Position wegbewegt, wird "ThetaF" in Abhängigkeit vom "Weg" und "WegDot" sinnvoll ver-fälscht, so daß der Fuzzy-Regler den Antriebswagen wieder in die Sollposition zurück bewegt. Mit diesen beiden Regelblöcken wurde das Pendel einwandfrei balanciert und der Antriebswagen gleichzeitig in der Soll-Position zentriert.

2.3.4 Regelblock 3 (Automatisches Aufschwingen)

Zum Schluß wurde noch ein dritter Regelblock für das automatische Aufschwingen des Pendels hinzugefügt. Dieser Block verarbeitet in der Vorbedingung den vollen Winkel "Theta314", die WinkelGeschw "ThetaDot" und den horizontalen Weg des Antriebswagens.

Auch beim Entwurf dieses Regelblocks ist die einwandfreie und genaue Kenntnis aller Prozeß-Funktionen notwendig. Ist man sich über die Vorgänge beim Aufschwingen des Pendels nicht ganz im klaren, so wird auch das Aufstellen von vernünftigen Regeln nicht gelingen. Dies gilt grundsätzlich für alle Prozeße, die mit einem Fuzzy-Regler geregelt werden sollen. Der Regelblock 3, mit seinen nur acht Regeln, zeigt, wie einfach die Struktur wird, wenn der Regler "im richtigen Moment das richtige tut".

3. Produktionsregel und Fuzzy-Inferenz

3.1 Beispiel für Produktionsregel und Inferenzmechanismus

Ein Grundelement der Verarbeitung unscharfer Information ist die Produktionsregel. Sie besteht aus Vorbedingung (condition, "wenn-Teil") und Schlußfolgerung (conclusion, "dann-Teil"). Nehmen wir jetzt an, daß der Winkel mit der Zugehörigkeit $\mu=0.3$ "PosSm", mit $\mu=0.7$ "Zero" und daß die WinkelGeschw mit $\mu=1$ "Zero" ist (siehe auch Bild 25).
Wir finden zwei Regeln, welche bei diesem Zustand feuern (Bild 23 und Bild 24).

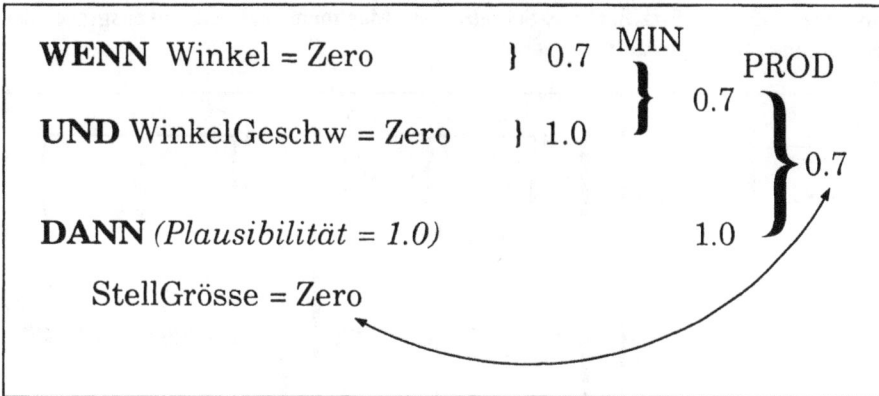

WENN Winkel = Zero $\quad$ } 0.7 $\quad$ MIN $\quad$ PROD

UND WinkelGeschw = Zero $\quad$ } 1.0 $\quad$ } 0.7

} 0.7

DANN *(Plausibilität = 1.0)* $\qquad$ 1.0

StellGrösse = Zero

Bild 23: Regel 1

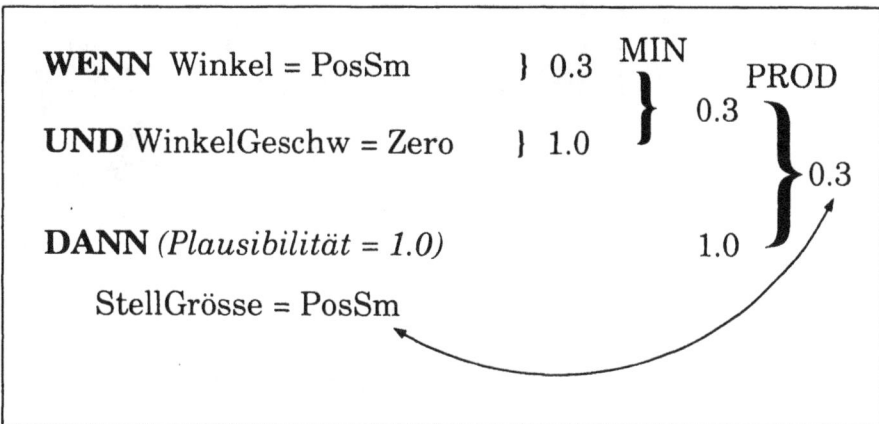

WENN Winkel = PosSm $\quad$ } 0.3 $\quad$ MIN $\quad$ PROD

UND WinkelGeschw = Zero $\quad$ } 1.0 $\quad$ } 0.3

} 0.3

DANN *(Plausibilität = 1.0)* $\qquad$ 1.0

StellGrösse = PosSm

Bild 24: Regel 2

Im ersten Schritt der Fuzzy-Inferenz (Aggregation) wird der Erfüllungsgrad des ersten "UND" der zweiten Vorbedingung mit dem MIN-Operator bestimmt.

Im zweiten Schritt (Composition) wird aus der Gültigkeit der Vorbedingung die Gültigkeit der Schlußfolgerung ermittelt. Bei jeder Regel wird dabei ein sogenannter "Plausibilitätsgrad" (degree of support) berücksichtigt, der die Gültigkeit der Regel selbst angibt. Auf diese Weise wird auch die Regel selbst fuzzy-definiert. Wenn für die Berechnung des Resultats der PROD-Operator (GAMMA-Operator mit $\gamma=0.0$) verwendet wird, so entspricht dies einer Gewichtung der entsprechenden Regel. Liefern mehrere Regeln die gleiche Schlußfolgerung, so wird für alle weiteren Inferenz- oder Defuzzifikations-Schritte das Maximum der Gültigkeitsgrade der Schlußfolgerungen gewählt.

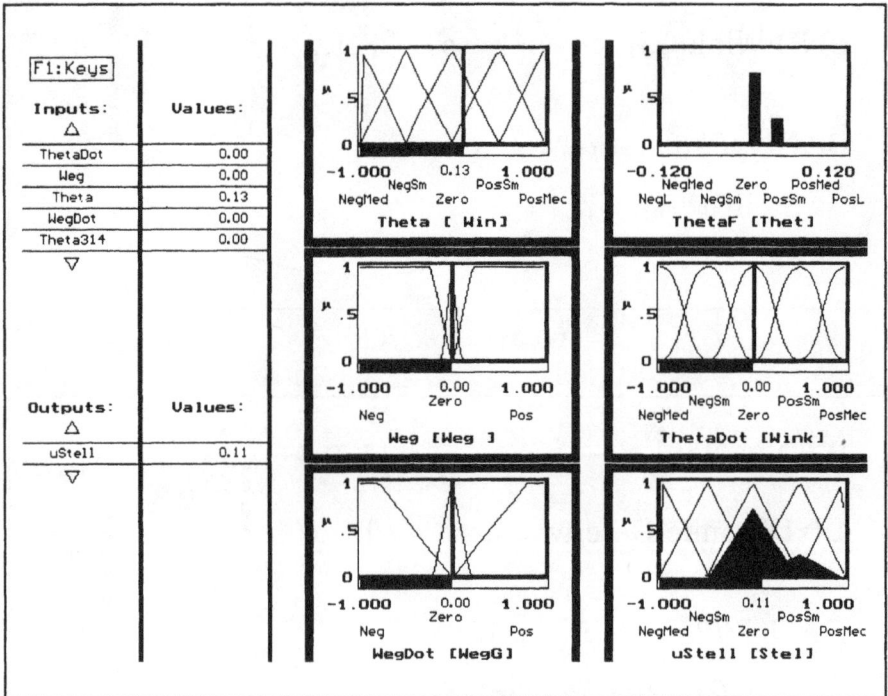

Bild 25: Ein Debugger-Fenster des fuzzyTECH-Tools, welches u.a. die Berechnung der scharfen StellGröße durch Scaling und CoA zeigt.

3.1.1 Defuzzifikation

Die "StellGröße" μStell als Fuzzy-Ausgangsvariable liegt nun vor:

StellGröße = Zero mit der Gültigkeit $\mu=0.7$
StellGröße = PosSm mit der Gültigkeit $\mu=0.3$

Die Defuzzifikation liefert die "scharfe" StellGröße μStell = 0.11 in zwei Schritten (siehe auch Bild 25):

1. Durch Scaling wird das Ergebnis der Inferenz in eine einzige unscharfe Menge μStell umgewandelt.

2. Mit dem Flächenschwerpunktverfahren (CoA = Center-of-Area) wird der scharfe Ausgangswert μStell = 0.11 bestimmt.

4. Optimierung des Fuzzy-Reglers

Bei der Optimierung eines Fuzzy-Reglers ist der Entwickler mit sehr vielen verschiedenen Parametern konfrontiert, ohne daß ihm eindeutige mathematische Methoden (wie beim Zustandsregler) für ihre Einstellung zur Verfügung stehen. Aus diesem Grund ist es notwendig, die Parameter je nach ihrer Sensitivität zu strukturieren. Nach einer solchen Strukturierung sind die Parameter in hochsensitive und weniger sensitive Gruppen aufgeteilt.

Was kann bei der Optimierung geändert werden?

1. Die Skalierungsfaktoren G_1 bis G_5.
Diese Gewichtungsfaktoren haben eine sehr hohe Sensitivität. Für ihre Wahl ist die genaue Kenntnis des Regelsystemes notwendig.

2. Fuzzy-Sets mit den entsprechenden linguistischen Variablen.
Die Fuzzy-Sets spiegeln die menschliche Intuition wieder. Kleine Variationen sind nicht notwendig, da sie nur einen geringen Einfluß bei der Optimierung haben.

3. Die Regeln selbst.
Es ist besser, die Regeln zuerst zu optimieren und die Form der Fuzzy-Sets vorerst beizubehalten. Die Regeln haben einen großen Einfluß auf das Verhalten des Systems.

4. Fuzzy-Operatoren.
Es wird empfohlen, mit der (MIN-PROD)-Inferenz und der (Center-of-Area)-Defuzzifikation zu beginnen. Diese Operatoren bringen in der Fuzzy-Logic-Control in den meisten Fällen die besten Resultate.

Die Optimierung des invertierten Pendels wurde zuerst mit Hilfe einer Computer-Simulation durchgeführt und die so gewonnene Erfahrung auf die reale Regelstrecke übertragen.
Es darf natürlich an dieser Stelle nicht verschwiegen werden, daß die Erfahrungen mit dem Zustandsregler eine entscheidende Hilfe bei der Bestimmung der Gewichtungsfaktoren geliefert haben.

5. Meßergebnisse

Bild 26 zeigt das Verhalten des Fuzzy-Reglers beim Aufschwingen und anschliessendem Balancieren des Pendels. Die Daten wurden in Echtzeit am Pendel-Modell aufgenommen. Die verwendete Abtastfrequenz beträgt 128 Hz. Bei der Erfaßung der Daten wurde jedoch nur jeder dritte Abtastwert abgespeichert.

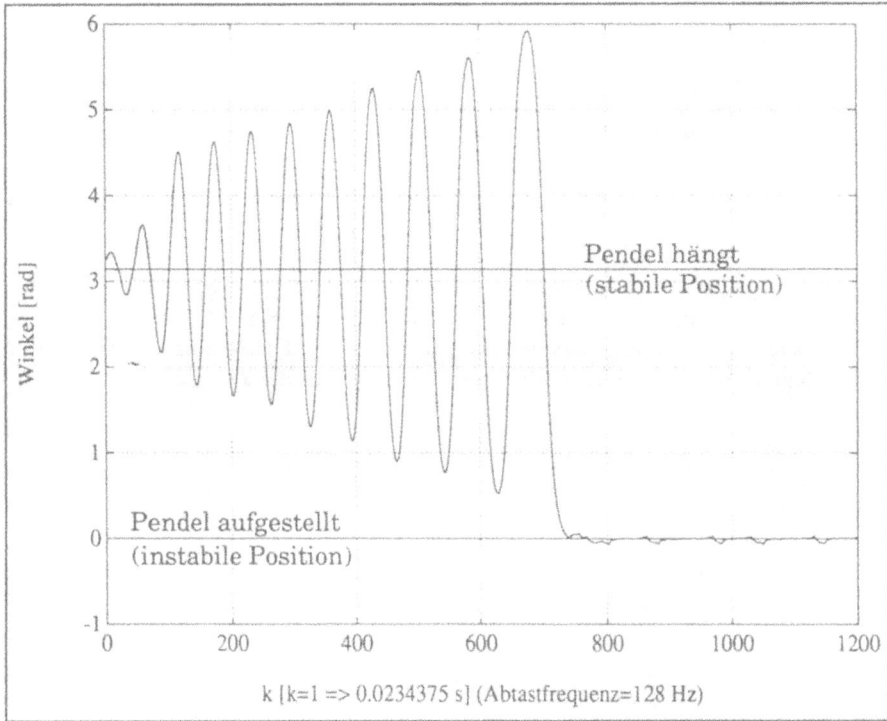

Bild 26: Winkelausschlag beim Aufschwingen und Balancieren des Pendels

Nachdem die Regeln im Regelblock 3 (Aufschwingen) das Pendel in die Nähe der instabilen Position (vertikal nach oben) gebracht haben, verlieren sie ihre Gültigkeit, wobei gleichzeitig die Regeln der Blöcke 1 und 2 das Balancieren und Zentrieren des Pendels in der instabilen Position übernehmen.

6. Vergleich der Robustheit

Die Robustheit des Fuzzy-Reglers kann jetzt natürlich nicht wie beim Zustandsregler mit Hilfe des Bodediagramms oder der Ortskurve beurteilt werden. Auch gibt es zur Zeit keine mathematischen Methoden, die dem Entwickler bei der Beurteilung der Stabilität und der Robustheit helfen. Vielmehr ist man auf praktische Versuche mit reellen Prozessen angewiesen. Beim vorhandenen invertierten Pendel wurden vorallem zwei Prozeßparameter verändert:

1. Pendel-Länge L und
2. Pendel-Masse m

Wie erwähnt, wurde der Regler für eine Länge L = 0,503 m und eine Masse m = 0,112 kg optimiert. Für die weiteren Versuche wurde das Pendel am oberen Ende mit einem kleinen Auflagetisch versehen, auf welchen dann verschiedene Lasten aufgelegt werden konnten.

Der Zustandsregler verkraftet eine maximale Zusatzlast von 180 g, der Fuzzy-Regler ist dagegen noch bei einer Last von 2000 g stabil. Größere Lasten konnten am vorhandenen Pendel-Modell aus Festigkeitsgründen nicht ausprobiert werden. Der Fuzzy-Regler zeigte eine wesentlich höhere Robustheit als der Zustandsregler.

21.

Abgleich von Zwischenfrequenzfiltern für Autoradios - Fuzzy macht scharf

Dipl.-Ing. Amadeus Lopatta
Becker Autoradiowerk GmbH

Was die Tester eines bekannten deutschen HiFi-Magazins [1] *zu wahren Lobeshymnen über die Empfangsqualität von Autoradios aus dem traditionsreichen badischen Hause BECKER hinreißt, sind vor allem Klangqualität und Trennschärfe. Bei BECKER Autoradio wurde nachgewiesen, daß Schärfe auch mit Hilfe von unscharfer Logik, sprich Fuzzy Logik, erzielt werden kann. Das Beispiel eines Filterabgleichs zeigt praktisch, wie an einem kleinen Projekt der Einstieg in die Fuzzy Logik vollzogen wurde.*

1. Am Anfang war das Interesse

Durch einige Artikel in Computer-Fachzeitschriften [2], [3] auf Fuzzy Logik aufmerksam geworden, entstand zunächst neugieriges Interesse daran, praktische Vorteile der vermeintlich - für uns tatsächlich - neuen Logik zu entdecken. Ein Software-Pröbchen der Firma INFORM, während der MessComp 1991 in Wiesbaden großzügig verteilt, führte deutlich einen für uns wesentlichen Vorteil vor Augen: Fuzzy-Regler bedürfen nicht einer eindeutigen analytischen Beschreibbarkeit der von ihnen zu regelnden Systeme, sondern lassen sich stark erfahrungsgeprägt programmieren.

Das Software-Pröbchen zeigt in einer Bildschirm-Simulation die Fahrt eines Fuzzy-geregelten Autos auf einer geraden Fahrbahn mit Hindernissen in unregelmäßigen Abständen, denen das Fahrzeug ausweichen muß. Drei fiktive Abstands-Sensoren identifizieren die Lage der Hindernisse und bilden die Eingangsgrößen für einen Fuzzy-Regler, dessen Ausgangsgrößen die Treibstoffzufuhr zum Motor (Gaspedal) und der Lenkrad-Einschlag bilden. Der Betrachter dieser Simulation kann die Fuzzy-typischen linguistischen Variablen weitgehend verändern, welche letztlich nichts anderes beschreiben als vom Betrachter gewünschte Reaktionen des Autos auf die denkbaren Fahrsituationen. Der aufrichtige Testfahrer wird also seine *Erfahrungen* - im wahrsten Sinne des Wortes - dem Simulationsauto beibringen wollen und so durch die Abstimmung von Gasgeben und Lenken einen Unfall zu vermeiden versuchen. Auf einen kurzen Nenner gebracht: Erfahrungsübertragung in Sekundenschnelle per Mausklick.

Daraus entstand die Idee, einen automatischen Filterabgleich mittels Fuzzy Logik zu realisieren, da Filter in ihrem Verhalten zwar grob analytisch beschreibbar sind, sich im Einzelfall in der Praxis jedoch starke Abweichungen von der analytischen Beschreibung ergeben, die der verwöhnte radiohörende Kunde beim Filterabgleich beachtet haben möchte. Der Filterabgleich erfolgte zum Zeitpunkt des Starts unserer Fuzzy-Versuche in der Fertigungslinie durch Handabgleich, dessen Schnelligkeit und Zuverlässigkeit stark erfahrungsgeprägt sind. Durch den Einsatz der Fuzzy Logik erhofften wir uns Erkenntnisse über deren praktische Einsetzbarkeit zu gewinnen mit der Option, sie auch anderweitig zu verwenden.

2. ZF-Filter, die unbekannten Wesen

Zwischenfrequenz-Filter, kurz ZF-Filter, sind Bestandteil des Hochfrequenzteils eines jeden modernen Rundfunkempfängers. Beim Abstimmen eines Empfängers auf eine gewünschte Senderfrequenz wird an einem Oszillator im Tuner eine Frequenz eingestellt und mit dem Empfangssignal gemischt. Das Resultat dieser Mischung wird dem ZF-Filter zugeführt, welches die Zwischenfrequenz mit dem aufmodulierten Nutzsignal möglichst frei von allen anderen Signalen durchlassen soll. Das ZF-Filter ist quasi die "Frequenz-Waschanlage" im Empfänger: Hier soll das vom Sender moduliert ausgestrahlte saubere Nutzsignal von allem "Wellendreck" befreit werden, der im wesentlichen aus Nutz- und Störsignalen benachbarter Sender sowie aus Nebenresultaten des Mischvorgangs im Tuner besteht. Hinter dem ZF-Filter muß das gereinigte Signal noch demoduliert werden, um das niederfrequente Signal zu erhalten. Bild 1 zeigt das Blockschaltbild eines Empfängers.

Ein schlecht abgeglichenes ZF-Filter (der Fachmann spricht von einem *verstimmten* Filter) läßt wegen seiner Breitbandigkeit noch zuviel "Wellendreck" hindurch (schlechte Trennschärfe) und mindert wegen seiner zu großen Dämpfung die Dynamik (schlechte Klangqualität) - beides Dinge, die der Käufer eines hochwertigen Radios unter keinen Umständen in Kauf nehmen will.

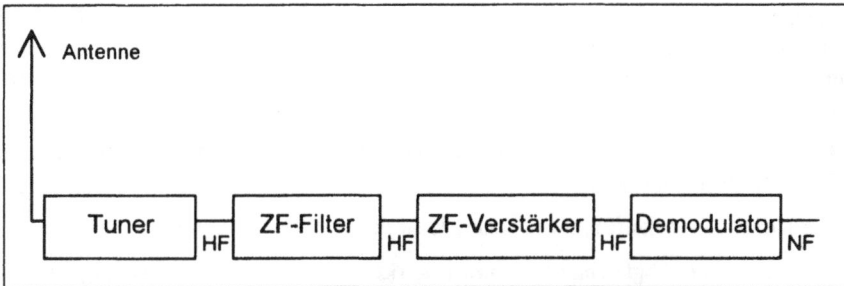

Bild 1: Blockschaltbild Rundfunk-Empfänger

3. Vom "Was" zum "Wie"

Untersucht wurde ein Zweikreis-ZF-Filter, wie es in gegenwärtig produzierten Auto-radios Verwendung findet. Der Abgleich erfolgt dadurch, daß die Filtercharakteristik verändert wird, indem man die in Schraubgewinden gelagerten Kerne zweier HF-Spulen mehr oder weniger weit in die Spulen hineindreht. Bei einem automatischen Abgleich wird ein geeignetes, moduliertes HF-Signal am Mischereingang des Tuners eingespeist, und der Automat mißt das NF-Signal am Ausgang des Demodulators, während er über Stellmotoren die Eindringtiefe der Kerne in die Spulen durch Drehen verändert. Grundsätzlich wird man so vorgehen, daß man die Stellmotoren zwischen den Messungen um einige Winkelgrade dreht und dann kontrolliert, ob das Filterverhalten besser oder schlechter wird.

In den Versuchen wurde ein Abgleich auf minimales HF-Signal durchgeführt. Hierbei wird die Amplitude des HF-Eingangssignals so nachgeführt, daß die NF-Amplitude am Demodulator-Ausgang eine konstante Amplitude unterhalb der durch den Begrenzerverstärker bestimmten Maximalamplitude hat. Hierdurch wird ein größerer Signal-Rausch-Abstand erzielt, den man jedoch mit höherem Aufwand an Meßtechnik und Abgleichzeit erkaufen muß.

Das ZF-Filter gilt als optimal abgeglichen, wenn bei konstanter Amplitude des HF-Eingangssignals die Amplitude des NF-Ausgangssignals (ohne Begrenzereinsatz) maximal wird, bzw. wenn für die konstant gehaltene Amplitude am NF-Ausgang eine minimale Amplitude des eingespeisten HF-Signals genügt.

Um einen Ansatzpunkt für die Regelung zu finden, wurde zunächst das Verhalten des ZF-Filters beim Verdrehen der Abgleichelemente aus der optimalen Position analytisch untersucht. Als Resultat wurde ein dreidimensionales Kennlinienfeld gewonnen, das die benötigte Amplitude des HF-Eingangssignals zum Erreichen konstanter Amplitude am NF-Ausgang in Abhängigkeit der Verdrehwinkel der beiden Filterkerne aus der optimalen Position darstellt (Bild 2). Drei Dinge werden daran deutlich:

a) Bereits eine geringe Primär- oder Sekundärkreisverstimmung verschlechtert die Filtereigenschaften dramatisch.

b) Die Kennlinie verläuft um so flacher, je stärker die Verstimmung ist.

c) Die Form der Abgleichkurve eines Filterkreises ist nahezu unabhängig von der Verstimmung des jeweils anderen Kreises. Es verschiebt sich lediglich die ganze Kurve um einen Offset.

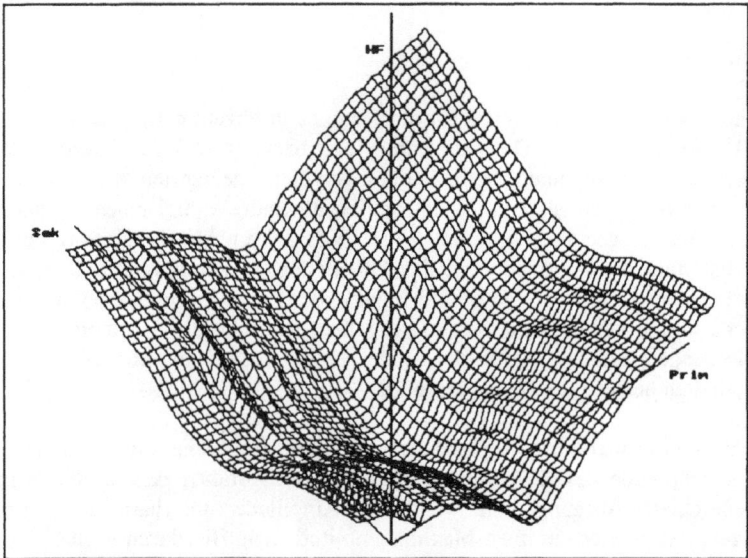

Bild 2: Das 3D-Kennlinienfeld des ZF-Filters zeigt die benötigte HF-Amplitude in Abhängigkeit der Verstimmung von Primär- und Sekundärkreis.

Weiterhin wurde im Vergleich mehrerer Filterexemplare festgestellt, daß der Abgleich aufgrund der Streuung der Filtereigenschaften nicht über Absolutwerte der HF-Amplitude erfolgen kann (es sei denn, wir begnügten uns zugunsten möglichst billiger Produktion mit geringerer Qualität, so daß uns statt eines Abgleichs auf optimales Durchlaßverhalten der Abgleich auf ein Mindest-Durchlaßverhalten des Filters genügen würde).

Als Ansatzpunkt für den Fuzzy-Abgleich wählten wir schließlich die Tatsache, daß die Filterkennlinie in geringer Entfernung vom optimalen Abgleichpunkt ihre betragsmäßig größte Steigung hat. Im Abgleichpunkt selbst ist sie Null, wechselt dort aber ihre Polarität, so daß die größten Schwankungen der Steigung beim Optimum stattfinden. In größerer Entfernung vom Abgleichoptimum nimmt die Steigung kleinere Betragswerte an, die außerdem weniger stark schwanken. So läßt sich durch drei Messungen in relativ kleinen Winkelabständen eine grobe Aussage über die Entfernung vom Abgleichoptimum machen.

Diese Tatsache erlaubt die Beschleunigung des Abgleichvorgangs dadurch, daß wir den Drehwinkel der Stellmotoren bis zum nächsten Meßpunkt nicht konstant halten, sondern in Abhängigkeit von der ungefähren (unscharfen) Entfernung vom optimalen Abgleichpunkt variieren. Weit entfernt vom Abgleichpunkt, wo wir zum Erreichen unserer konstanten NF-Ausgangsamplitude ein großes HF-Signal benötigen, werden wir größere Drehwinkel wählen, um schnell in die Nähe des Abgleichoptimums zu gelangen, an das wir uns dann mit kleineren Drehwinkeln "herantasten", bis wir es schließlich überschreiten, was wir an der Polaritätsumkehrung der Kennliniensteigung erkennen.

4. Der Entwurf

Nachdem das prinzipielle Vorgehen im Ansatz klar geworden war, mußte der Fuzzy-Regler definiert werden. Versuche mit einem ersten Reglerentwurf, die Ausgangsgrößen "Drehwinkel zum Primärkreisoptimum" und "Drehwinkel zum Sekundärkreisoptimum" möglichst früh und genau durch Analyse mehrerer Meßwerte zu bestimmen, führten zu der Einsicht, daß die Aufstellung der Regeln bei einer zu großen Zahl von Kombinationsmöglichkeiten rasch unübersichtlich wird. In dieser Phase war unser Vorgehen noch sehr stark geprägt von der Suche nach einem scharfen, analytisch berechenbaren Weg zum Ziel, während es den Stärken der Fuzzy Logik mehr entspricht, trotz der Unschärfe der Meßwerte einen sinnvollen nächsten Schritt zu folgen. Es empfahl sich also, den Rat im *fuzzy*TECH-Handbuch ernstzunehmen, nur so viele Fuzzy-Variablen zu verwenden, wie unbedingt benötigt werden.

Im zweiten Entwurf der Struktur des Fuzzy-Reglers wurden deshalb nur noch die Pegeländerung zwischen den beiden letzten Messungen "d_pegel" (Delta-Pegel) und die aktuelle Schrittweite "step" als Eingangsgrößen sowie die Änderung der Schrittweite für den nächsten Schritt "d_step" (Delta_Step) als Ausgangsgröße verwendet (Bild 3).

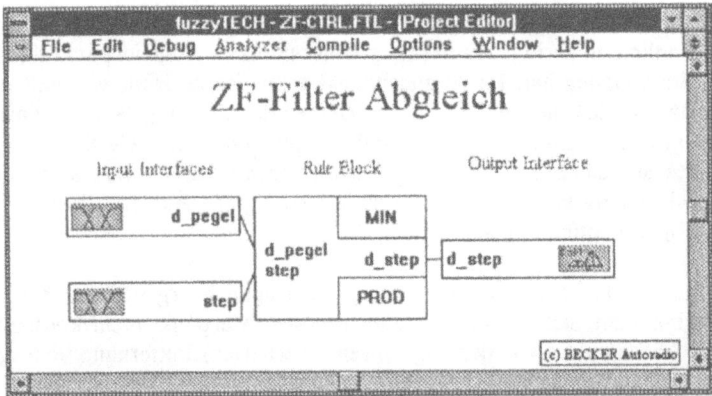

Bild 3: Regelblock des Fuzzy-Moduls für den ZF-Filter-Abgleich

Nach der Festlegung der Reglerstruktur mußte der Wertebereich der linguistischen Variablen definiert werden. Um unabhängig vom verwendeten Filter zu werden, erfolgte eine Normierung des Wertebereichs.

Anschließend waren die Terme der einzelnen Variablen zu definieren, wobei wieder darauf geachtet wurde, ihre Zahl möglichst gering zu halten. Aufgrund der obigen Betrachtungen über die Steigungen am dreidimensionalen Kennlinienfeld (Bild 2), bei dem eine negative Änderung des HF-Pegels zum Abgleichoptimum hinführt, wurden der Variable "d_pegel" die vier folgenden Terme zugeordnet:

- dp_nb: delta pegel negative big
- dp_ns: delta pegel negative small
- dp_ps: delta pegel positive small
- dp_pb: delta pegel positive big

Bei der Wahl der Winkel-Schrittweite für die Stellmotoren wurde zunächst nur zwischen großen und kleinen sowie - zur Unterscheidung der Drehrichtung - zwischen positiven und negativen Schritten unterschieden. Mit dieser Wahl der Terme für die Variable "step" bleibt das System mit seinen Regeln gut überschaubar:

- st_nb: step negative big
- st_ns: step negative small
- st_ps: step positive small
- st_pb: step positive big

Die Ausgangsvariable "d_step" des Reglers bestimmt die Änderung der Schrittweite zum Erreichen des nächsten Meßpunktes auf dem Weg zum Abgleichoptimum. Hier wird ein fünfter Term benötigt, weil die Schrittweite nicht beliebig groß werden darf und deshalb die Schrittweitenänderung auch Null sein kann. Die Terme für die Ausgangsvariable "d_step" heißen also:

- ds_nb: delta step negative big
- ds_ns: delta step negative small
- ds_0 : delta step null
- ds_ps: delta step positive small
- ds_pb: delta step positive big

5. Fuzzy bekommt Erfahrung

Wenn bisher die Festlegung der Reglerstruktur und die Zuordnung der Terme zu den linguistischen Variablen noch eher um der Überschaubarkeit willen erfolgte, so kam in den nächsten Schritten das Erfahrungspotential bzw. die Wissensbasis des Programmierers bezüglich des Filters bestimmend zum Tragen.

Bild 4 zeigt die Definition der Zugehörigkeitsfunktionen am Beispiel der Ausgangsvariable "d_step".

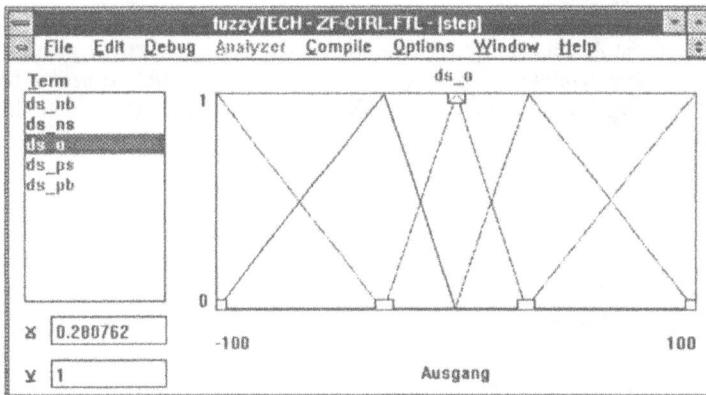

Bild 4: Zugehörigkeitsfunktionen zur linguistischen Variablen "d_step"

Bei der Erstellung der Regeln wurde sowohl für die Aggregation als auch für die Composition zunächst der min-Operator gewählt, welcher mit dem logischen UND verglichen werden kann. Hieraus entstanden 16 Regeln, die als logische Reaktionen auf Bedingungen betrachtet werden können, wobei der Programmierer aus seiner Erfahrung festlegt, welche Reaktion erfolgen soll. Er bestimmt gewissermaßen die Logik. Nachfolgend sind zwei der Regeln beispielhaft zusammengestellt und erklärt. Die erste Regel zeigt uns die Reaktion des Fuzzy-Moduls für den Fall, daß beim letzten Schritt in Optimum-Nähe mit einem großen Winkelschritt in die falsche Richtung abgeglichen wurde:

WENN d_pegel = dp_pb UND step = st_pb DANN d_step = ds_nb

verlangt z.B. eine Umkehrung der Drehrichtung (d_step = ds_nb), wenn die Änderung des HF-Pegels sehr groß positiv war (d_pegel = dp_pb) und zuletzt ein großer positiver Drehwinkel eingestellt war (step = st_pb), weil die letzte Drehung, die außerdem zu groß war, in die falsche Richtung vollzogen wurde. In diesem Fall befand sich der abzugleichende Kreis sehr nahe am Optimum. Der Regler sorgt dann dafür, daß der nächste Step den Abgleich mit kleinem Winkel in die entgegengesetzte Richtung fortsetzt, so daß wir uns dann langsam in Richtung des optimalen Abgleichpunktes bewegen.

Die zweite Regel zeigt uns die Reaktion des Fuzzy-Moduls für den Fall, daß wir beim letzten Schritt in großer Entfernung vom optimalen Abgleichpunkt mit großen Schritten in die richtige Richtung abgeglichen haben:

WENN d_pegel = dp_ns UND step = st_pb DANN d_step = ds_0

stellt fest, daß die Änderung des HF-Pegels ein wenig negativ war (d_pegel = dp_ns) und daß der letzte Drehwinkel groß positiv war (step = st_pb); d.h. der Meßpunkt liegt weit entfernt vom Optimum, der Abgleich bewegt sich aber in Richtung des Optimums. Da wir uns dann auf dem richtigen Weg befinden, wird an der Schrittweite nichts geändert (d_step = ds_0).

Nach der Definition der Regeln erlaubt der integrierte Debugger-Simulator von *fuzzy*TECH recht einfach die Überprüfung der Regelmenge, woraus das Verhalten des Fuzzy-Reglers beurteilt werden kann. Auf diese Weise ist es möglich, den Entwurf zu optimieren, ohne das System tatsächlich zu betreiben. Schließlich wurde die in Bild 5 gezeigte Übertragungsfunktion des Fuzzy-Reglers eingestellt, an der die Richtungsumkehr bei Drehen in die falsche Richtung an dem großen Sprung entlang der Z-Achse gut zu erkennen ist.

Die Wahl praktikabler Drehwinkel für große und kleine Winkelschritte mußte ebenfalls aus der Erfahrung gewonnen werden. Es ist leicht einzusehen, daß bei zu großer Wahl das Optimum nicht genau genug eingestellt werden kann, während bei zu kleiner Wahl der Abgleich länger dauert und Probleme mit lokalen Vertiefungen des

Kennlinienfeldes auftreten können, die durch Unregelmäßigkeiten der Abgleichelemente verursacht sind.

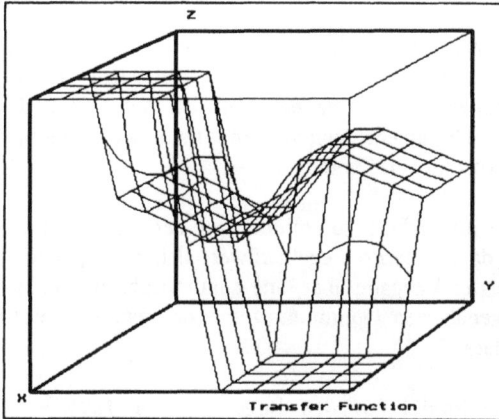

Bild 5: Übertragungsfunktion des Fuzzy-Regler-Moduls.
X-Achse: d_pegel, Y-Achse: step, Z-Achse: d_step

Natürlich mußte in dem Projekt eine ganze Reihe technisch bedingter Probleme
beachtet werden, von denen hier nur zwei genannt sein sollen:

• Beim Verstellen der Motoren - insbesondere bei Richtungswechseln - ist ein Spiel
  zwischen Motorachse und Kern der HF-Spule zu beobachten, das die Einstell-
  genauigkeit verringert und bei allen Berechnungen berücksichtigt werden muß.

• Das Kennlinienfeld des Filters fällt bei noch stärkerer Verstimmung, als sie in Bild
  2 gezeigt ist, in den äußeren Randbereichen wieder ab. Bei extrem verstimmtem
  Filter ist es darum denkbar, daß der Automat den Kern aus der HF-Spule heraus-
  oder auf Anschlag hineindreht. Beides muß durch besondere Vorkehrungen
  berücksichtigt werden.

Da diese Probleme nicht durch Fuzzy Logik gelöst wurden, wird an dieser Stelle
nicht weiter darauf eingegangen.

6. Entwicklung eines Rahmenprogramms

Das so eingerichtete Fuzzy-Modul muß in ein Rahmenprogramm eingepaßt werden,
welches die Meßwerte ermittelt und - ganz wichtig! - ein Abbruchkriterium für den

Abgleich findet. Andernfalls würde unser Abgleichautomat ganz "fuzzy" um das Abgleichoptimum herumpendeln, weil wir keinen Term "step null" (st_0) definiert haben und somit kein endgültiger Stillstand der Stellmotoren eintreten kann.

Als Abbruchkriterium wurde die Einschließung eines Minimums verwendet. Das Kriterium ist erfüllt, wenn der letzte und der drittletzte HF-Pegel-Meßwert den vorletzten überschreiten. Wenn das der Fall ist, haben wir das Minimum leicht überschritten. Um nicht einem relativen Minimum aufzusitzen, wurden außerdem Betrachtungen der Absolutwerte herangezogen.

Ist das Abbruchkriterium erfüllt, so befindet sich der Stellmotor ein wenig neben dem Abgleichoptimum, da der letzte Pegelmeßwert den vorangegangenen überschreitet. Deshalb wird als letzter Vorgang über eine quadratische Interpolation die tatsächliche Einstellung des angenäherten Optimums vorgenommen. Der Versuch zeigte hierbei einwandfreie Resultate.

Während das Fuzzy-Modul nur den Regelungskern darstellt, muß das Rahmenprogramm neben den Pegel-Messungen und der Überwachung des Abbruchkriteriums außerdem die Stellmotoren bedienen, die Steigung berechnen und die HF-Pegel nachstellen, damit wir das beschriebene Verfahren mit konstantem NF-Pegel einsetzen können.

7. Ergebnisse und Aussichten

Wie bereits erwähnt, wollten wir über diesen Einstieg in die Fuzzy Logik deren praktische Einsetzbarkeit abschätzen, wobei sowohl technische als auch kaufmännische Aspekte zu berücksichtigen sind. Als Bilanz des hier dargestellten ZF-Filter-Abgleichs können drei Fakten festgehalten werden:

- Das Fuzzy-Modul benötigte nur etwa 3,6% der Laufzeiten des Abgleichs. Rund 90% benötigten die Stellvorgänge an den Motoren und am HF-Generator sowie die Messungen über ein IEC-Bus-Meßgerät.

- Die Entwicklungszeit für den Fuzzy-Abgleich konnte gegenüber einem mit konventionellen Methoden durchgeführten vergleichbaren Abgleich um mehr als die Hälfte reduziert werden, wenn man die Zeit zur Einarbeitung in das Entwicklungswerkzeug und in die Grundlagen von Fuzzy Logik nicht berücksichtigt.

- Weitere Optimierungen des Abgleichs können auch noch innerhalb des Fuzzy-Moduls erzielt werden. Es wäre denkbar, die - als intuitiv bezeichnete - Vorgehensweise von erfahrenen Hand-Abgleichern über linguistische Variablen, deren Terme und die Fuzzy-Regeln deutlicher abzubilden. Durch Strukturierung des Fuzzy-Moduls ließe sich trotzdem die Übersichtlichkeit erhalten.

Dem Autor erscheint der Übergang von Boolscher Logik zur Fuzzy Logik einen ähnlichen Wandel der Denkweise zu erfordern, wie der Übergang von traditionellen Programmiermethoden zum objektorientierten Programmieren. Das Sammeln von Erfahrung mit Fuzzy Logik spielt für die erfolgreiche Anwendung jedenfalls eine wesentliche Rolle.

Bei BECKER Autoradio ist Fuzzy Logik weiterhin im Blickfeld. Nicht als Allheilmittel, aber unter immer neuen Gesichtspunkten in Entwicklung und Produktion. In jedem Fall darauf abzielend, die radiohörenden Kunden zu verwöhnen und zu überzeugen, denn wie schreibt das eingangs erwähnte HiFi-Magazin [1]: "Wir müssen unsere Richtlinien in punkto Empfangsqualität wohl umstellen, denn was der BECKER-Mexico an Komfort und Klangqualität bietet, ist schon überwältigend."

8. Literatur

[1]   T. Zimmermann: Ich seh' den Sternenhimmel, STEREO Heft 2/93, S. 40 - 42
[2]   C. von Altrock: Über den Daumen gepeilt. c't 3/91, S. 188 - 200
[3]   T. Wolf: Das Fuzzy-Mobil. mc 3/91, S. 50 - 57
[4]   M. Ludwig: Dokumentation 2. Praktisches Studiensemester

www.ingramcontent.com/pod-product-compliance
Lightning Source LLC
Chambersburg PA
CBHW031433180326
41458CB00002B/538